THE GENESIS OF CONCEPTS AND THE CONFRONTATION OF RATIONALITIES

BIBLIOTHECA EPHEMERIDUM THEOLOGICARUM LOVANIENSIUM

CCXCII

THE GENESIS OF CONCEPTS AND THE CONFRONTATION OF RATIONALITIES

THEOLOGY, PHILOSOPHY, SCIENCE

CONFERENCE PROCEEDINGS

LOUVAIN-LA-NEUVE, 7th-9th OCTOBER 2015

EDITED BY

JOSEPH FAMERÉE – PAULO RODRIGUES

PEETERS
LEUVEN – PARIS – BRISTOL, CT
2018

A catalogue record for this book is available from the Library of Congress.

ISBN 978-90-429-3597-6
D/2018/0602/51

PREFACE

The *Peter Kindekens Fund for the American College*, named after the first Rector of this seminary, was set up in 2012 by the United States Conference of Catholic Bishops in association with the KU Leuven and the Université catholique de Louvain (Louvain-la-Neuve) with the objective of preserving and enhancing the intellectual and spiritual heritage of the American College of Louvain (Leuven), and enabling both universities to maintain an openness towards the Catholic Church in the United States. Importantly, the funds offered by this organization to the Université catholique de Louvain can only be used to support teaching and research activities carried out by this university.

For this reason, the professors of both the Faculty of Theology and the Institut Supérieur de Philosophie of the Université catholique de Louvain (UCL) organized an exploratory trip to the United States in 2013 to meet with colleagues from several Catholic universities, including Boston College and Loyola University, Chicago. One of the fruits of these visits was the idea to organize a European-American conference that focused on the relationship between faith and science by bringing together theologians, philosophers, and scientists. After years of planning, the conference occurred on October 7th, 8th and 9th, 2015. Our ability to organize this successful event was due to the active collaboration of Professor John McCarthy (Loyola University, Chicago), who came to spend a few days in Louvain-la-Neuve in October 2014.

What is the "argument" or the topic of this conference, and, consequently, the presentations published within this volume?

The epistemological prestige of science challenges theologians and philosophers to give an account of their forms of reasoning. The universal character of scientific discourse contrasts with the multi-layered language of meaning used in both theology and philosophy. However, does that mean that the language of those disciplines goes beyond the boundaries of reason? Can theologians and philosophers justify their reliance upon rational discourse? Indeed, the epistemological status and capacity of these disciplines to enter into dialogue with the language of science depends on the rationality of their discourse. To deal with these questions, one must examine the elaboration of concepts in theology, philosophy and science, and confront their respective rationalities.

After an introduction from the Dean of the Faculty of Theology (UCL), which emphasizes the interest and importance of this rationale, the first part of this volume addresses the fundamental epistemology of theology, philosophy and sciences. Presentations by theologians Benoît Bourgine (a European) and John McCarthy (an American), by philosophers, Peter Verdée (a European) and Daniel J. McKaughan (an American), and by Thierry Magnin, a European scientist, will allow these experts to reflect on this topic from their own points of view. The challenge of each presentation is to articulate the rationality and genesis of concepts in their respective areas, including the problems faced by those working in each discipline. Thus, Benoît BOURGINE (UCL) will explore the rationality of theology as an experience of the Christian Community, and its adjustment to other rationalities, which allows it to be more aware of the religious specificity of the Revelation, while also accompanying the transformation of Christian identity within Modernity. John MCCARTHY (Chicago) will reflect on "thinking God" (not just about God), and locate this theological thinking within the wider activity of human thought. Peter VERDÉE (UCL) will point out the limitations of the formal methods as argued by Jean Ladrière in order to find an alternative foundation for mathematics: the so-called pragmatic foundations intend to mediate between the formal and informal systems. Daniel J. MCKAUGHAN (Boston) will refine the stance (especially shared sensibilities, attitudes, and values) from within the Judeo-Christian tradition and assess its relationship with science. Thierry MAGNIN (Lyon), a physicist, will propose a new relationship between subject and object in quantum physics: one should consider the incompleteness of the physicist in search of reality.

The second and the third parts of this volume are dedicated to two cross-disciplinary themes: temporality and liberty. These case studies will allow us to test the capacity of theologians, philosophers, and scientists to enter into a cooperative dialogue.

The second part, centred on the theme of "temporality" and approached through a series of case studies, includes four presentations that correspond to the three disciplinary approaches. Geert VAN OYEN (UCL) offers "some reflections on time in the Bible": "since everything is told as stories in the Bible, time is a metaphor used to talk about the presence of God within the world. It expresses how Israel had experienced the presence of God in the first place. Time is sacred because God is present in time. Yet, this sacredness is also linked with being or becoming a human person in a biblical perspective: there is no human life out of time. People will have to learn to live with and in time" (p. 95). Alexandre GUAY (UCL), a philosopher, asks: what is physics without time?

Despite appearances, the relegation of the notion of time to the background does not mean the end of physics. Regardless, the consequences of the question of time for personal identity and philosophical anthropology are so important that this debate could not be abandoned to the scientists alone. Dennis D. McCarthy (Washington) explores the question of time from the point of view of astronomy, which "has been a key element in our understanding and measurement of time", and "continues to contribute to our understanding of time through the investigation of pulsar time scales and its contributions to cosmology". Yet, "our speculations regarding the origin and fate of our universe cause us to continue to question" (p. 138) whether time exists. The philosopher Denis Forest (Paris) questions temporality from the perspective of memory and the recollection of human beings, while examining self-recognition's duration: "what is offered as a critique of Locke is, in fact, just a different view of the self that leaves his main question unanswered" [who am I?] (p. 150). This contribution is also a reflection on freedom and constitutes a good transition to the third part of the book.

The final section, centred on the theme of "freedom" starts out with Susan Ross' (Chicago) theological reflections on freedom, autonomy, and responsibility: intelligent and free human beings "can and do find in the Christian theological tradition a way of understanding freedom that makes sense and provides avenues of conversation with other approaches" (philosophy and the sciences in particular) (p. 167). As both a biologist and a philosopher of sciences, Bernard Feltz (UCL) confronts neural plasticity, determinism, and free will in their contiguities and differences: "Freedom", he concludes, "is embodied in a system of determinations that are constraining, but not completely deterministic, and which leaves room for the impact of linguistic signification in behaviour development" (p. 189). Two bioengineers, Renaud Ronsse (UCL) and Philippe Lefevre (UCL), describe their bio-inspired robotics project (from rehabilitation to human augmentation, and even substitution of human beings), and question its legitimacy: beyond modern robotics development, there is "an impressive series of ethical questions that society should urgently tackle" (pp. 206-207). In contrast to this contribution, Mark Hunyadi (UCL), an ethical philosopher, vigorously criticises the technical evolution of our society: do we attend a confrontation or a fragmentation of rationalities? Do we not need a global ethics, an ethics of the world as a whole that goes beyond individual rights?

The general conclusions of this research on "the genesis of concepts and the confrontation of theological, philosophical and scientific rationalities" are drawn together by both Jean-Michel Counet (UCL), a philosopher, and Annemarie C. Mayer (KU Leuven), a theologian. Counet develops an epistemological reflection on the multiple rationalities and methods, and retains philosophy as a form of mediation between different disciplines: "freedom, judgement, time, reflexivity, philosophy, science, and theology", he maintains, "have made up a set of meaningful concepts in which each term takes on an identity and sense. (...) what really matters is that all the elements remain linked together, while keeping a singular meaningful identity" (p. 225). Mayer proposes a theological perspective on the conference as a whole and compares some contributions, especially from the point of view of shifting concepts, methods, and paradigms. She also asks what could be the common tasks of theology, philosophy and science? Thus, she again questions the theme of this publication: can theologians, philosophers and scientists understand each other, and collaborate with a mutual set of goals? Her conclusion is daring: "Theology as thinking God, philosophy (or if you want to be even broader in scope, humanities) as thinking the human being, and natural science as thinking the natural world need each other!" (p. 235).

Paulo Rodrigues' (an engineer and theologian from UCL) postface offers a final reflection on this demanding and stimulating confrontation of rationalities: Questioning the field of the contemporary rationalities, it is asking the question of their unity and the ultimate sense of their evolution. This requires their inscription into a field of understanding wider than the restricted space in which they unfold themselves (cf. p. 240).

To conclude this introduction, I would like to thank all of the contributors for their hard work, especially B. Bourgine, B. Feltz, J. McCarthy, P. Rodrigues and G. Van Oyen for their efforts in preparing the conference that served as the origin for the current publication, without forgetting A. Wauters, who standardized the footnotes and drew up the Index of Names. I also want to thank the *Peter Kindekens Fund*, the *Fonds National de la Recherche Scientifique*, and the *Institut de recherche Religions, Spiritualités, Cultures, Sociétés* for the funding and support of this research project. Finally, we offer our sincerest thanks to the prestigious series *Bibliotheca Ephemeridum Theologicarum Lovaniensium* for publishing our book.

Faculté de théologie
Université catholique de Louvain

Joseph FAMERÉE

MOT D'ACCUEIL

À l'occasion de ce colloque consacré à la genèse des concepts et à la confrontation des rationalités, qu'il me soit tout d'abord permis, au nom de l'UCL et de la Faculté de théologie en particulier, de souligner l'intérêt d'une telle rencontre qui fait jouer à l'Université son rôle de mise en dialogue et de croisement entre diverses disciplines et approches du réel, et ici plus précisément de l'élaboration des concepts à l'intérieur de plusieurs domaines scientifiques. Dans cette optique, l'organisation d'un tel évènement n'est-elle pas l'expression même de l'essence de l'Université qui s'offre comme un lieu d'élaboration et de maturation, comme un «incubateur» des diverses disciplines qui progressent et s'affinent grâce au dialogue qu'elles peuvent entretenir entre elles? Un dialogue qui, soucieux de la démarche de l'autre, de sa méthode d'approche, de son épistémologie et de son langage, permet précisément la quête de la juste articulation entre plusieurs visions du monde, sans séparation ni confusion.

L'intérêt de ce colloque qui rassemble théologiens, philosophes et scientifiques, tous spécialistes dans leur domaine, est également d'avoir fait collaborer, pour sa mise en œuvre, des institutions universitaires et des collègues des États-Unis et de l'Europe. Tout en laissant le soin au professeur Joseph Famerée d'évoquer la genèse de ce colloque et l'origine du *Peter Kindekens Fund*, il convient de souligner l'importance d'un tel évènement pour les institutions partenaires, en particulier pour cette rencontre la Loyola University de Chicago, avec le département de théologie; le Boston College; Washington; notre université sœur de Leuven; autant d'institutions qui marquent leur intérêt non seulement à la thématique abordée mais à une réelle collaboration. Que les différents organisateurs et toutes celles et tous ceux qui ont œuvré à la mise en œuvre de cette rencontre trouvent ici l'expression de mes plus vifs remerciements.

L'intérêt de la problématique envisagée pour les diverses disciplines ici convoquées est important. Il s'agit bien, en effet, en faisant le détour par l'autre de se comprendre soi-même et d'approfondir en même temps que son identité propre sa relation et sa nécessaire articulation à l'autre. En permettant la rencontre et le dialogue sur le terrain fondamental de l'épistémologie, ce colloque lui-même met en jeu et opère déjà une certaine compréhension de cette discipline. Cette dernière n'apparait-elle pas comme le terrain de rencontre ou d'entente entre plusieurs rationalités elles-mêmes porteuses d'une certaine compréhension du monde? Il ne s'agit pas ici d'édifier une seule épistémologie en souveraine, mais d'entrer dans une démarche qui fasse droit au questionnement et au dialogue, qui honore la quête de sens et de vérité toujours tâtonnante et incertaine. E. Morin, dans son *Introduction à la pensée complexe* écrivait que «l'épistémologie, il faut le souligner en ces temps d'épistémologie gendarme, n'est pas un point stratégique à occuper pour contrôler souverainement toute connaissance, rejeter toute théorie adverse, et se donner le monopole de la vérification, donc de la vérité. L'épistémologie n'est pas pontificale ni judiciaire; elle est le lieu à la fois de l'incertitude et de la dialogique»[1].

Enfin, une citation de J. Ladrière, dont l'œuvre entière est marquée par ce souci d'articulation et de dialogue entre les diverses épistémologies, pourrait nous servir de fil conducteur et nous rappeler l'*eschaton* de nos démarches et de notre quête de sens.

«Nous sommes appelés à vivre dans l'horizon exigeant d'une tâche à comprendre et d'une vérité à faire. Mais nous avançons parmi des ombres, sans savoir si nous sommes dans la lumière naissante d'une aube annonciatrice ou déjà, peut-être, dans la clarté vacillante d'un interminable crépuscule. [...] Ce que nous attendons de l'université catholique, c'est qu'elle nous aide à ne pas désespérer, à nous garder à la fois de la tentation du nihilisme et des séductions ambiguës de l'esprit prométhéen, qu'elle nous apprenne en même temps l'audace et l'humilité, qu'elle nous donne, face au doute, la force de l'affirmation, et face au délire de la présomption, le courage de la confession des péchés. Ce qu'elle doit nous faire voir, c'est le cheminement de la vérité au milieu des abîmes de l'esprit, c'est l'annonce, dans nos fragiles pensées, dans nos discours chancelants, dans nos entreprises hasardeuses, au sein même de notre naïveté, de notre faiblesse et de notre déréliction, d'une réalité à venir et déjà présente dans laquelle, dès maintenant, tout est sauvé»[2].

Faculté de théologie
Université catholique de Louvain

Éric Gaziaux
Doyen

1. E. Morin, *Introduction à la pensée complexe*, Paris, Seuil, 2005, p. 64.
2. J. Ladrière, *La science, le monde et la foi*, Tournai, Casterman, 1972, p. 73.

TABLE OF CONTENTS

PART ONE

FUNDAMENTAL EPISTEMOLOGY OF THEOLOGY AND PHILOSOPHY AND SCIENCE

LA RATIONALITÉ DE LA THÉOLOGIE

Théologiens, philosophes et scientifiques, pouvons-nous nous comprendre? Pour ce qui regarde la théologie, quelle possibilité de l'esprit met-elle en œuvre? Quelle part de réel envisage-t-elle? (I. Quelle théologie?) Comment s'opère en elle la circulation du sens depuis le témoignage de foi jusqu'au concept qu'elle consacre? Qu'est-ce donc que le dogme qui prétend réguler l'exercice de la pensée théologique? (II. La genèse des concepts). Quelles relations entre nos différents langages? Sont-elles possibles, souhaitables ou nécessaires? Nous ne parlons pas le même langage: pouvons-nous à tout le moins nous donner mutuellement idée de la démarche qui est propre à chacune de nos disciplines? (III. La confrontation des rationalités). Telles sont les questions que je voudrais poser en théologien, en m'adressant à des philosophes et à des scientifiques.

Nos connaissances disciplinaires deviennent véritablement critiques à la condition d'accéder à la conscience de leurs frontières. Voilà pourquoi il est si important de saisir comment nos différents langages se limitent les uns les autres.

I. Quelle théologie?

Durant une longue période, les théologiens ont occupé une position dominante sur les savoirs en occident. Depuis lors, les sciences et la philosophie ont inversé les rôles en refusant par principe à la théologie le statut de discipline rationnelle débouchant sur une connaissance digne de considération. Le tournant de la modernité, la naissance des sciences expérimentales, l'essor des sciences humaines et sociales ont-ils relégué la théologie à un âge de la raison définitivement révolu? À la théologie de s'expliquer sur sa rationalité, de manière à être comprise, non dans la volonté un peu vaine de se justifier, mais dans l'espoir de gagner des interlocuteurs dont elle ne peut pas se passer: le scientifique et le philosophe.

Au moment de s'adresser à eux, le théologien doit tenir présentes à l'esprit les préventions du scientifique et du philosophe à l'endroit de sa discipline. L'objection courante du scientifique est bien exprimée par les mots de Freud: «Quant au ciel, nous le laisserons aux anges et aux pinsons»[1]. Les positions vont grosso modo d'une opposition militante de l'athéisme scientifique pour lequel la recherche théologique est nulle et non avenue, voire nocive, jusqu'à l'indifférence polie d'une grande partie des scientifiques qui considèrent les théologiens comme les poètes d'une *terra incognita*. Quant aux philosophes, la situation est éminemment contrastée selon qu'on se situe dans la tradition analytique ou dans la philosophie continentale, mais en ressort au minimum l'objection selon laquelle le théologien ne jouirait pas d'une authentique liberté de recherche, étant lié par des dogmes qui confinent l'exercice de la pensée à l'espace d'une tradition ou d'une idéologie particulière, close sur elle-même.

Pour tenir compte de ces préventions, partons d'une autre proposition de Freud en en prenant l'exact contrepied: les dogmes «ne sont pas des précipités d'expériences ni des résultats d'une pensée, ce sont des illusions, des accomplissements des désirs les plus anciens, les plus forts, les plus urgents de l'humanité»[2]. La démarche de la théologie peut se comprendre comme la pensée d'une expérience. Historiquement c'est ainsi qu'elle s'est élaborée. Au commencement était une expérience du salut s'exprimant dans un langage premier, celui de la prière, du témoignage, du récit, de la confession de foi, de la proclamation. Cette expérience n'est donc pas dénuée de langage, ni de raison. Pourtant elle appelle de soi une reprise, une compréhension, une mise en concepts; croire conduit à se demander: comment ce qui est cru est-il vrai? La question de la vérité oblige à une prise de distance réflexive et critique par laquelle le croyant situe cette expérience particulière de la foi parmi les autres expériences dont son existence est tissée. Cette réflexion procède non seulement d'un besoin du croyant pour intégrer l'expérience religieuse au tout de son existence ou encore pour rendre compte à autrui de cette expérience; elle émane aussi de la logique même de la foi et du désir de mieux entrer dans l'intelligence de ce qui est cru. On arrive à la logique de la définition anselmienne de la théologie que je prendrai telle quelle à mon compte: *fides quaerens intellectum* – la foi en recherche de son intelligence. Dans cette recherche d'intelligence, la foi prend appui sur le langage premier de l'expérience et, au terme d'un travail de pensée, aboutit à un langage second qui exprime non pas une meilleure connaissance de son objet, au sens d'une relation plus étroite avec ce qui est connu dans la foi, mais aboutit à un discours qui emprunte au langage commun, un discours permettant au croyant d'inscrire consciemment son existence dans un chemin riche de signification, un discours à même de

1. S. FREUD, *L'avenir d'une illusion*, Paris, Points, 2011, p. 108.
2. *Ibid.*, p. 78.

donner idée de cette expérience au-delà du cercle des croyants. Dans cette définition provisoire, la théologie est l'opération qui consiste, par un travail de pensée, à passer d'un langage premier de l'expérience religieuse (récit, prière, témoignage) à un langage second, celui du concept théologique.

En adoptant cette position, je m'inscris dans une compréhension de l'exercice de la théologie qui fait fond sur une continuité essentielle de la démarche théologique par-delà les siècles et les différents âges de la raison: entre l'approche d'un Paul de Tarse au Ier siècle, d'un Irénée de Lyon au IIe ou d'un Origène au IIIe et celle d'un théologien systématique au XXIe siècle, je fais volontiers prévaloir la ressemblance sur la dissemblance. John McCarthy représente un autre point de vue tout aussi légitime, qui met davantage en évidence l'originalité du questionnement actuel de la théologie. Ce qu'est la théologie est une question disputée, voilà ce que cette dualité de points de vue manifeste, conformément à la diversité des pratiques aujourd'hui en vigueur sous la même appellation de théologie systématique.

Cette compréhension de la théologie comme *fides quaerens intellectum* est-elle propre au christianisme? La réponse ne peut qu'être nuancée.

Cette compréhension est propre au christianisme dans la mesure où la théologie chrétienne s'appuie sur une tradition singulière qui a, dès les premières générations, fait le choix du *logos* contre le *mythos*. La pensée de la foi s'est confrontée à la philosophie grecque et a emprunté la voie de la raison plutôt que de s'inscrire de plain-pied dans le champ des mythologies et des religions. En cela, la théologie chrétienne est l'héritière d'un judaïsme hellénistique qui avait su, avant elle, croiser pensée grecque et pensée biblique. Depuis lors, elle a confirmé ce choix avec constance: au Moyen Âge avec la théologie universitaire et lors du tournant de la modernité, avec plus ou moins de résistance, en prenant acte des grandes révolutions modernes: autonomie de la science physique puis de la science historique, légitimité démocratique et pluralisme des convictions – autant de bouleversements qui devaient conduire la théologie à réviser de fond en comble son rapport aux sources bibliques et complexifier son rapport à la vérité. Le christianisme se distingue ainsi d'autres religions qui n'ont pas connu cette confrontation continue à la rationalité occidentale et à ses crises. Il s'agit de mon point de vue d'une situation résultant d'une trajectoire historique qui ne signifie nullement que le christianisme serait par là même une religion plus apte à assumer un langage rationnel, pas plus que cela ne signifie de soi qu'elle serait une religion supérieure aux autres. Pensons à l'islam, dont la théologie a connu des âges d'or, entre mystique, philosophie et droit. Pour des raisons conjoncturelles, l'islam n'a pas rencontré les enjeux de la modernité occidentale, sinon chez quelques pionniers encore peu représentatifs. Les islamologues ajoutent que la réflexion en islam ne connait pas la même orientation dans la recherche de la connaissance. La question: «Qui est Dieu?» y a moins de pertinence que la question: «quelle est sa volonté?».

Il convient cependant de rappeler que la démarche théologique chrétienne connait des équivalents dans les autres religions, sous d'autres modalités. De plus, la plasticité des religions à l'échelle historique est telle qu'on peut penser que la démarche qui s'épanouit au sein du christianisme dans la rencontre avec la rationalité occidentale peut fort bien avoir lieu dans d'autres traditions religieuses, selon des formes spécifiques, comme le judaïsme et le bouddhisme en donnent l'exemple. Pour m'en tenir à mon domaine de compétence, je me limiterai dans ces réflexions à la théologie chrétienne.

Pour clarifier la position ici défendue, il importe de distinguer la théologie des autres sciences qui prennent le fait religieux pour champ d'investigation. Les sciences des religions emploient la méthodologie de la philosophie, de l'histoire, des sciences sociales et humaines telles que l'anthropologie, la sociologie, la psychologie ou le droit. Elles se tiennent à une distance respectueuse de la réalité qu'elles prennent en compte et mettent en évidence des données d'une grande importance pour le théologien. Non seulement le théologien a fait le deuil d'un surplomb des savoirs, mais il doit aussi admettre la légitimité d'autres sciences jusque dans le domaine religieux où il jouissait, avant la modernité, d'un monopole incontesté. La théologie se développe pour sa part de l'intérieur de la logique propre à la foi comme *fides quaerens intellectum*. Comme la guerre est une continuation de la politique par d'autres moyens, la démarche théologique prolonge la recherche religieuse, par le moyen de la raison, dans une tension vers la vérité.

Le désir de compréhension procède de la foi: la foi suppose une connaissance, mais elle appelle un approfondissement, une clarification qui conduit à traduire l'expérience dans les mots de tous les jours. Au terme, il s'agit d'aboutir, non pas à une connaissance plus profonde, tant il est vrai que le théologien ne connait pas mieux ce dont il parle que le mystique ou le saint, mais bien à une connaissance qui revêt les habits du pensable disponible en une culture donnée. Comprendre comment est vrai ce qui est cru, non pour réduire la foi aux limites de la raison, mais précisément en vue d'investir le langage commun et soustraire l'expérience religieuse aux réductions qui viennent de ce que le langage commun lui-même n'est pas neutre, il porte des conceptions parfois très éloignées de la foi. Il convient d'habiter le langage commun en vigueur dans la société pour mettre des mots sur l'expérience singulière de la foi, mais un travail sur ce langage apparait nécessaire pour qu'il exprime l'expérience de la foi à nulle autre pareille. On a pu parler d'une hellénisation du dogme parce que les conciles de l'Antiquité qui ont précisé l'intelligence de la foi ont emprunté au vocabulaire de la philosophie grecque; dans l'esprit des théologiens de l'époque, il s'agissait au contraire de prévenir une falsification de l'expérience et de la doctrine chrétiennes. Les mots de la philosophie grecque sont repris, mais remplis d'une signification censée refléter l'équilibre propre de la foi. Le travail de pensée théologique balise ainsi la voie chrétienne en mettant à distance des visions du monde incompatibles avec elle.

Notons que la distinction entre théologie et sciences des religions est elle-même une question disputée: des théologiens militent pour résoudre la théologie à la formalité des sciences des religions; d'autres considèrent, c'est mon cas, qu'il est possible de développer une réflexion selon une ligne à la fois confessante et rationnelle.

La démarche de la théologie est paradoxale: née d'un désir de la foi de mieux se comprendre, elle conduit à une suspension de la foi à travers l'usage de la raison; elle porte sur ce qui par nature transcende l'expérience: Dieu, mais aussi l'homme et le monde engagés dans son projet de salut, et donc des objets pour lesquels les mots de notre expérience sont trop courts. Voilà qui rend le langage de la théologie fondamentalement analogique: viser l'invisible par les mots qui expriment le visible, désigner l'inconnu par les mots de l'expérience. C'est en réalité suivre le même chemin que le langage des paraboles qui introduit à l'énigme du Royaume de Dieu à l'aide de réalités humaines ou du monde naturel. L'important est de garder à l'esprit l'inadéquation du langage avec la réalité visée, par définition insondable, en excès infini par rapport aux capacités du langage et de la pensée. Pour le dire avec les mots d'Augustin: «Si tu comprends, ce n'est pas Dieu» «*Si comprehendis non est Deus*» (Augustin, *Sermones* 117,3,5)[3]. Pour autant la foi n'en cherche pas moins à comprendre.

II. La genèse des concepts

Comment opère la raison de la théologie, cette pensée de l'expérience religieuse? Comment s'effectue la circulation du sens aboutissant à une

3. Autre formulation de la même idée: *Si comprehendere potuisti aliud pro Deo comprehendisti* «si tu as pu comprendre tu as compris autre chose à la place de Dieu», Augustin, *Sermones* 52,6,16.

semblable mise en discours, depuis la proclamation du salut jusqu'aux notions de la théologie? Comment le récit se fait-il concept? Comment l'expérience première devient-elle exposé logique, rigoureux, ordonné?

Au commencement, il y a l'expérience des premières communautés chrétiennes qui tiennent l'évènement Jésus Christ, à savoir l'existence historique d'un homme singulier, sa mort et sa résurrection, pour l'action décisive de Dieu en faveur du salut de tous les hommes. Pour exprimer ce salut, ces communautés s'appuient sur une histoire antécédente, l'alliance de Dieu avec son peuple choisi, Israël. Pour en déclarer l'accomplissement final en Jésus de Nazareth, elles emploient le langage des Écritures juives: Torah, Prophètes et Écrits. Le langage premier de l'expérience de salut est donc le suivant dans sa version courte: «Viens Seigneur Jésus» (Ap 22,20). Et dans une version plus ample: «Que toute la maison d'Israël le sache donc avec certitude: Dieu l'a fait Seigneur et Christ, ce Jésus que vous, vous avez crucifié (...) Et maintenant, exalté par la droite de Dieu, il a reçu du Père l'Esprit Saint, objet de la promesse et l'a répandu» (Ac 2,36.33a).

Observons que l'expérience de la foi primitive s'appuie sur des évènements d'histoire, l'existence et le destin individuel de Jésus, le rassemblement des disciples qui disent l'avoir vu ressuscité après sa mort publique, le don de l'Esprit sur la communauté rassemblée. Notons ensuite que la portée de cet évènement ne fait signe que sur l'horizon d'une histoire et d'écritures qui le précèdent. La tradition biblique s'est constituée comme une relecture de l'action de Dieu dans l'histoire et le destin d'un peuple. Cette relecture, qui est aussi un processus d'écriture selon des genres variés (loi, récit, hymnes, proverbes), est relancée pour s'ajuster aux vicissitudes du peuple. La révélation du Dieu de l'alliance n'est donc jamais indépendante de la relation que Dieu entretient avec son peuple et de ses réactions à ce qui lui arrive. Il parle par la médiation d'envoyés sous forme de prescrits de loi, de secours dans l'épreuve ou d'avertissement prophétiques. La connaissance, intimement liée à l'expérience, passe d'une génération à la suivante par une opération de transmission et de réception, qui implique une réappropriation en fonction de la situation chaque fois nouvelle. Il en va ainsi de l'évènement que les chrétiens placent au centre de l'histoire du salut, qui fait l'objet d'une réception et d'une transmission, comme en témoigne Paul, le pharisien devenu disciple de Jésus, en accord avec le vocabulaire de la tradition juive: «Je vous ai transmis en premier lieu ce que j'avais moi-même reçu: Christ est mort pour nos péchés, selon les Écritures. Il a été enseveli, il est ressuscité le troisième jour, selon les Écritures» (1 Cor 15,3-4).

C'est en effet de cette tradition juive de réception et de transmission à chaque génération dont hérite le christianisme, avec la compétence associée consistant à ajuster le discours de la foi selon l'action présente de Dieu dans le monde et la communauté des fidèles.

Voici résumée l'énonciation du langage premier de la confession et de la prière, qui est un langage d'interprétation de l'action de Dieu dans l'histoire, en fonction d'une tradition de foi et de connaissance s'attestant dans l'écriture des livres bibliques, Nouveau Testament compris.

Bientôt cependant, apparait l'exigence d'un langage second lorsque cette connaissance exprimée dans le vocabulaire des Écritures juives rencontre des cultures hétérogènes ou des philosophies concurrentes qui, de l'intérieur ou de l'extérieur de cette foi, mettent en péril le sens des paroles traditionnelles et donc aussi le continuum de la réception et de la transmission. Le gnosticisme, le moyen platonisme et le néoplatonisme obligent à exprimer la connaissance de foi dans les catégories qui véhiculent le sens en milieu grec. Dans le passage du langage de la confession à un langage de raison, remarquons que le discernement s'opère en fonction d'une obsession: ne pas réduire l'expérience du salut que vivent les communautés à l'occasion du baptême, de la célébration annuelle de Pâques ou de la célébration hebdomadaire de l'eucharistie dominicale, c'est-à-dire l'expérience de filiation divine, de partage de la vie même de Dieu. Tel est le principe du discernement qui conduit à poser, au terme de longues délibérations et d'âpres échanges au cours des conciles antiques, que le Fils est de même nature que le Père, que Dieu est une essence en trois personnes et que Jésus Christ est une personne en deux natures: rendre compte à l'aide des catégories de la pensée du temps ce qui ne peut pas s'exprimer dans les catégories de la pensée du temps autrement que de manière négative. Le travail de pensée vise à ajuster les conceptions à l'aune de l'incroyable richesse de l'expérience du salut, en prévenant toute réduction à des dimensions sans proportion avec elle.

Notons que le passage du langage premier au langage second, s'il fait accéder la connaissance de foi à une expression rationnelle, même située et datée, ne prétend pas comprendre le mystère: la théologie n'oublie pas l'incompréhensibilité à l'ombre de laquelle elle cherche à comprendre. Le langage second prétend orienter en direction de la vérité, non la saisir; d'ailleurs ce qui est cru doit encore s'accomplir jusqu'à la fin de l'histoire. Notons également que le langage second du dogme et de la théologie qui veut rendre présent dans le langage le mystère vécu par les fidèles est toujours en dette vis-à-vis du langage premier de la confession. En effet il ne fait que rendre présent dans la pensée ce que le langage premier effectue par son énonciation: une action véhiculant le salut, sous la forme de la prière ou du récit, de la confession de foi ou du témoignage. Vis-à-vis du langage premier de l'expérience, le langage second de la théologie est tenu à une exigence de réappropriation, de réajustement, de correction au rythme du processus de transmission et de réception d'une génération à l'autre, ou à l'occasion du passage d'une culture à une autre. Aucun théologien sain d'esprit n'a jamais prétendu connaitre mieux que le rédacteur de l'évangile de Jean le Verbe qui a fait voir le Père. Toute théologie d'hier et d'aujourd'hui est en revanche redevable d'une correspondance, toujours à reprendre, vis-à-vis des écrits fondateurs qui recueillent la trace de l'expérience originelle du salut.

Je viens de décrire l'opération herméneutique qui constitue encore l'agenda de la théologie dans ses différentes disciplines. L'exégèse biblique pour interpréter au plus juste le texte de la révélation, la théologie pratique pour repérer les conditions nouvelles de la vie chrétienne et, en dépendance de ces deux disciplines, la théologie systématique qui reprend le travail de mise en forme rationnelle du discours de la foi en s'assurant d'une *réception* plus ajustée de la parole du salut, grâce à l'exégèse, et d'une *transmission* mieux calibrée par l'apport de la théologie pratique qui la met au diapason de la situation concrète des croyants.

Les objections du scientifique et du philosophe peuvent maintenant être réévaluées. Le discours second de la théologie et du dogme résulte d'une mise en forme rationnelle d'une expérience communautaire. Cette expérience demeure vivante, par-delà les siècles et les cultures, grâce à un processus de réception et de transmission. Ce processus donne lieu à un ensemble complexe d'opérations dont l'herméneutique philosophique de Gadamer a bien mis en évidence le ressort entre tradition orale et tradition écrite, mémoire du passé et actualisation dans le présent. En s'assurant d'une connaissance valide, le travail des théologiens n'invoque nul arrière-monde. Ai-je convaincu les scientifiques?

Quant à l'objection liée à l'absence de liberté de pensée, considérons la notion de dogme. Si dans le vocabulaire courant, dogme est synonyme de dictat figeant la vie et entravant la pensée, la notion de dogme en théologie désigne bien plutôt l'espace circonscrit, certes, mais aussi l'espace dégagé d'une pensée authentiquement créative et pleinement libre. Les dogmes, loin d'être des carcans de la pensée, constituent l'équivalent des propositions de base indémontrables que toute discipline scientifique doit impérativement se donner pour exister, sans pour autant être à même de les établir. Une créativité de l'esprit est-elle pensable hors de toute contrainte, en l'absence de tout corpus préalable, alors que font défaut tout désir et toute attente? Prenons l'exemple du dogme de la création: le fait de rapporter le cosmos à Dieu emporte-t-il un sens déjà constitué qui s'assimilerait à un dictat interdisant la pensée et figeant la vie? Il suffit de constater la fécondité de cette idée religieuse dans l'histoire de la pensée, théologique, philosophique et scientifique, la richesse et la variété des élaborations qu'elle a produites aux différents âges de la pensée pour défendre avec une certaine assurance la thèse opposée[4]. Ai-je ébranlé les préjugés des philosophes?

III. La confrontation des rationalités

La théologie, entre expérience et pensée, expose la foi aux évolutions de la raison. Que devient la démarche théologique lorsque la raison se diversifie en de multiples rationalités, tendant à une spécialisation toujours plus poussée?

Notons qu'en l'absence d'une unité de visée, les disciplines de la théologie risquent un éloignement délétère: l'exégèse tend à se modeler sur les disciplines littéraires et délaisse les questionnements théologiques; la théologie pratique épouse les préoccupations de la sociologie et la théologie systématique se mue en philosophie de la religion. L'éclatement de la raison se propage à la théologie si elle perd de vue l'unité de son acte herméneutique.

Dans sa rencontre avec les révolutions modernes de la science, de la démocratie et du pluralisme, la théologie a développé une aptitude au dialogue.

La science acquiert son autonomie et impose son magistère pour ce qui regarde le savoir du monde phénoménal; pour accorder la connaissance qu'elle a de l'homme et du Dieu créateur à la biologie évolutive, la théologie doit commencer par reconnaitre les vertus du *No Overlapping Magisteria* de Stephen Jay Gould qui permettent d'éviter tout concordisme, mais elle ne peut s'en contenter sous peine de laisser les deux registres scientifique et religieux sans aucun rapport l'un avec l'autre. La théologie doit revisiter le texte de la révélation pour le mettre en relation avec le nouveau récit scientifique, qui emporte un extraordinaire élargissement de la ligne du temps et une affirmation irrécusable de l'autonomie de la nature. La théologie prend ainsi mieux conscience de la spécificité religieuse du récit biblique et de son indépassable puissance symbolique, en faisant le départ de ce qui relève en lui du genre mythique et d'une culture datée.

4. À titre d'exemple, on lira avec profit: J. Greisch – G. Florival (éds), *Création et événement: Autour de Jean Ladrière* (Bibliothèque philosophique de Louvain, 45), Leuven, Peeters, 1997 ou encore F. Mies (éd.), *Que soit! L'idée de création comme don à la pensée* (Donner raison, 41), Bruxelles, Lessius, 2013.

L'éthos démocratique opère un changement de fond sur la manière dont se perçoivent les individus dans la société, sur les possibilités qui s'ouvrent à eux, sur la conscience d'une responsabilité collective. Comment l'expérience de l'être ensemble dans la communauté des croyants n'en serait-elle pas modifiée? Comment ces bouleversements ne retentiraient-ils pas en liberté et en responsabilité accrues des fidèles dans la mission commune confiée à l'Église? Au plan institutionnel, le dialogue de la théologie avec la philosophie politique a conduit l'Église catholique à adhérer lors du concile Vatican II aux idéaux de la liberté religieuse.

Le pluralisme des convictions, imposé par l'État moderne, interpelle la communauté des chrétiens à respecter la liberté dans l'accès à la foi et le droit des autres traditions religieuses. Comment à cette aune ne pas interroger les reliquats d'autoritarisme et de cléricalisme encore présents dans le fonctionnement des Églises? Jamais l'adhésion à la foi et à la voie chrétienne ne saurait conduire les fidèles à sacrifier quoi que ce soit à l'impératif d'obéir à sa conscience, dont les droits ont fait l'objet de reconnaissances multiples au sein des sociétés occidentales.

Dans ces évolutions la théologie joue un rôle décisif consistant à valider, en accord avec ses sources, les innovations rendues opportunes par l'évolution de l'expérience commune. Le projet moderne de la rationalité, en imposant la science au niveau du savoir, la démocratie dans le registre de l'organisation collective et le pluralisme au plan des convictions, bouleverse l'expérience humaine et transforme aussi l'identité chrétienne. La théologie accompagne par un travail de pensée les changements rendus nécessaires par ces évolutions. Sans ce travail, le christianisme risque sclérose, marginalisation, désynchronisation. Par sa nature à la fois confessante et rationnelle, la théologie jouit de la légitimité nécessaire au sein des croyants pour soutenir des changements au sein des communautés religieuses.

La théologie est ainsi appelée à se confronter directement aux autres langages ayant un impact sur l'expérience commune, d'où le nécessaire dialogue qu'elle doit entretenir avec philosophes et scientifiques. Le lieu de cette confrontation est par excellence l'université où elle peut entrer en dialogue avec les autres rationalités. C'est aussi le lieu de l'espace public et de la société civile où le langage de la théologie se confronte aux exigences du débat démocratique et aux vertus du pluralisme. C'est enfin le lieu de la communauté des fidèles où le travail de la pensée théologique féconde un renouvèlement de la vie religieuse et une contribution critique de ces communautés au cours de la vie sociale.

Entre expérience et pensée, la théologie vit d'une réception toujours renouvelée du don de Dieu et d'une transmission incessamment ajustée à l'âge de la raison. Une théologie trouve un profil spécifique selon qu'elle se tourne vers ses racines traditionnelles pour y trouver sa norme, ou donne la priorité à la situation actuelle pour mieux accorder son discours. Après une théologie plus portée à l'enracinement, la contribution suivante de ce volume donne voix à une théologie privilégiant la coordination aux questions de l'heure.

Question d'accent, de priorité – que vaudrait une coordination sans enracinement dans la tradition ou un enracinement sans coordination aux joies et aux espoirs, aux tristesses et aux angoisses des hommes de ce temps?

Faculté de théologie
Institut de recherche RSCS
Université catholique de Louvain
Grand-Place 45 / L3.01.01
BE-1348 Louvain-la-Neuve
Belgique
benoit.bourgine@uclouvain.be

Benoît BOURGINE

THEOLOGICAL UNDERSTANDING AND THINKING GOD

Let me begin by stating what I understand the task of my intervention to be. Two major issues are before us as indicated by our conference title: 1) the origin or formation of concepts in the fields of modern science, philosophy, and theology, and, 2) the way each of these fields thinks with these concepts, provocatively labeled "the conflict of rationalities". I am assuming that the participants in our conference are for the most part academics, students, and professionals within these three broad fields, each with a genuine interest in explaining how they think within their own field, and learning how that is similar to, and different from, other fields of thinking. My task is to clarify what theological understanding is. Given that task, the thesis I want to explore, stated concisely, is this: theology is the thinking that thinks God. By clarifying this sentence I hope to appreciate the activity of thinking that goes on in all our fields, and locate theological thinking in the wider activity of human thought. What follows is the outline of a fundamental theology of the project of theology itself. I will pursue my task in two parts, first, by addressing, not quite randomly but also not systematically, some important aspects and issues that arise in the way that I am defining theology; second, this time in a more systematic way, by responding to four questions to develop my thesis. I'll end with some comments on how this way of approaching theological understanding might contribute to future projects at the intersection of science, philosophy, and theology.

I. The Thinking That Thinks God: Five Initial Considerations

Let me turn then to some aspects and issues involved with stating that theology is the thinking that thinks God. First, this way of approaching theology hypothesizes that the real object of theology is thinking, human thinking, not God, God's thinking, or God's thinking as *sacra doctrina*. At one level this is a rather trivial observation, a kind of analytic statement like all triangles have three angles. If theology is thinking, it is human thinking. But it is also more than trivial for our purposes, precisely because it brings theology into proximity with philosophy and science through the category of thinking. As scientists, philosophers, and theologians we think, and we think as, or within, the various discourses of modern sciences, philosophies, and theologies. So here we have some common ground: thinking.

Second, by approaching theology as the thinking that thinks God, I am quite deliberately avoiding the phrase "thinking that thinks about God". And why be deliberate about this? For good theological and philosophical reasons. At its best, theology has taken seriously that whatever God is, God is not one object alongside, above, or simply greater than all other objects. God is not a thing among things, and in this specific sense, God is no-thing, nothing. Christian theologies of creation emphasize this point by asserting that theologically the doctrine of creation is not teaching about the origin of the universe; it is rather a teaching about the relationship between the Christian God and all else. Whatever is not God is created; whatever is God is uncreated. Simply put again, God is not a thing among things. Philosophically much the same point has been made in the numerous discussions about overcoming "onto-theologies", the metaphysical tendency to associate God with the being of beings. It may be extraordinarily difficult to understand the interaction through which the human genome controls a particular morphological expression, or how the mind both is and is not the brain, but it is at least about something. Nothing is precisely that: no thing; there is not-thing to think about[1]. So if this distinction between "thinking God" and "thinking about God" is as important as I am claiming, then, for our purposes it raises two further questions that must be addressed: 1) within theology, what is this thinking that does not think about a thing?; and 2) is this kind of thinking found in the sciences and in philosophy, or is our common ground in thinking stopped before it is started?

A third issue: I want to make a distinction between what I am calling theology as the thinking that thinks God and the many disciplines and results of disciplinary thinking that are associated with theology. Because

1. The classic modern source for the discussion of onto-theology remains M. HEIDEGGER, *The Onto-Theological Constitution of Metaphysics*, in *Identity and Difference*, New York, Harper and Row, 1969, 42-76. The relation of the discussion of "nothing" to dialectical theology in the 20th century is well summarized in C.A. RASCHKE, *The End of Theology*, in *Journal of the American Academy of Religion* 41 (1978), no. 2, 159-179. The relation of thinking God as "no-thing" to contemporary examples of fundamental theology is well summarized in R.P. SCHARLEMANN, *The No to Nothing and the Nothing to Know: Barth and Tillich and the Possibility of Theological Science*, in *Journal of the American Academy of Religion* 55 (1987), no. 1, 57-72. The relation of thinking God as "no-thing" to contemporary postmodern theologies is well summarized in G. COLLINS, *Thinking the Impossible: Derrida and the Divine*, in *Literature and Theology* 14 (2000) 313-334. The relation of thinking God as "no-thing" to the prominent postmodern theme of "alterity" is well summarized in T.J. CSORDAS, *Asymptote of the Ineffable: Embodiment, Alterity, and the Theory of Religion*, in *Current Anthropology* 45 (2004), no. 2, 163-185.

a topic is conventionally associated with the field of theology, or a discipline is located within a theology Department, or a work is produced by a theologian, does not make it theology. Contemporary biblical studies are more often than not an instance of historical or literary or linguistic thought than they are theological. But so also may Christology, or ecclesiology, be more a form of community or cultural identity thinking than they are theological. I take this point to be similar to Schleiermacher's claim that Christian teaching can be considered in many ways, but only when it is considered as a specification of the feeling of absolute dependence does it become *Glaubenslehre*. So also, I am suggesting that whatever thinking thinks God is theological wherever that thinking might occur, possibly in theology, possibly in a science, possibly in philosophy, possibly elsewhere. For our purposes this means at least two things: 1) theology as a way of thinking may or may not coincide with what we conventionally associate with theological disciplines, and 2) we need to be attentive to the possibility of theology outside of theological studies, just as we are attentive to good history resulting within biblical studies, or good philosophy resulting within fundamental theological studies, or good science resulting within recent environmental theologies.

Fourth, within the sentence, "theology is the thinking that thinks God", "thinking" is not synonymous with "knowing", at least in so far as knowledge is understood to be the result of a judgment about the truth value of a proposition[2]. To be sure, thinking includes knowing and includes this particular form of knowing. To suggest that thinking may also be something other than knowing is not an invitation to fideism, warrant by authority, or something less than critical thought. As ϑεός / λόγος there must be some λόγος to this thinking, some paths this thinking takes that can be critically discussed under the rubric of "truth", and not simply under the rubrics of coherent meaning, or individual and communal meaningfulness, or personal investment. Stated differently, to speak of true love, true hope, true justice, true worship, true belief, may call for different forms of judgment than propositional judgments, and require different forms of thinking, different kinds of logics, and yet still remain responsible thought. Again, for our purposes this means that our considerations both fit under and exceed the field of epistemology, the λόγος of ἐπιστήμη. Human thinking is more than human knowing, and, if our common ground is thinking, then it may be important in our conversations to see how thinking informs knowing and knowing informs

2. M. HEIDEGGER, *Discourse on Thinking*, New York, Harper and Row, 1966; ID., *What Is Called Thinking?*, New York, Harper and Row, 1968.

thinking, but not rush to the assumption that epistemology is the only meeting place between the sciences, philosophy and theology.

Finally, before turning to a more systematic way of approaching this "thinking that thinks God", let me introduce one further consideration. One of the more enduring understandings of theology is Anselm's concise statement, "*fides quaerens intellectum*"; theology is faith seeking understanding, or intelligibility. Like philosophy and science, theology has changed over time in its questions, its resources, its contexts, and its discussion partners. The category of "faith" within theology has been looked to to perform a variety of functions: as an anchor to a communal tradition; as a unique way of elevating the intellect within revelation; as a disclosive other to various forms of competing knowledge; as the indispensable relationship to God if theology is to be done; as the way to saving knowledge whose job it is for theology to explain. And outside of theology, faith has had no less, but possibly not as positive, a history of consideration: as the foundation or horizon of all-knowing; as a basic trust that grounds all science; as a poor substitute for certainty; as a weakness of will in the quest for truth; as an illusion grounded in fear. As a starting point to explore theology, I choose not to enter this fray, not because we have somehow gone beyond faith through science or philosophy, but because it is not theology's issue in our times. So the approach I am suggesting begins not in *fides*, but in *intellectus*. It is to this extent thoroughly hermeneutical with the conviction that we are always in the situation of understanding – we are the type of living organism that understands by thinking. To be sure, this is not the same as "the rational animal" unless by "rational" we are to chasten any claims that our rationality is that faculty of the human that allows us to discuss a corresponding rational order in all existence. Rather thoughtful, or thought-filled understanding as the human form of understanding, leads us to an approach to theology more along the lines of *intellectus quaerens deum*, thinking seeking God, with all of the critical demands and responsibilities of our age, including transformative interactions with science and with philosophies and with other forms of responsible thought[3].

II. The Thinking that Thinks God: Four Questions

To the second part of my remarks then: a more systematic explanation of theology as the thinking that thinks God. I propose to do this by briefly

3. J. Kuan, *There Can Be No Universal Talk of God*, in *Tikkun*, 25 (2010), no. 2, 46.

responding to four fundamental questions: what is theology as thinking? What is God as the thought of theology? What kinds of thinking think God? What does this thinking do? For good reason it may not be possible to separate the first two questions: what is theology as thinking? And what is God as the thought of theology? The reason for this lies in thinking itself. Phenomenology is certainly not the first form of reflection to identify the intentional structure of conscious thought as a unity prior to any analytic division between subjectivity and objectivity. Thinking is its thought, and its thought is thinking. At this purely formal level, thinking that thinks God is no different in its formal unity of intended and intending than any other form of thinking. By starting at this very fundamental, formal level of thinking as our common ground, we are asking theology – as I think we should also ask the sciences and philosophy to do – to capture its own thinking as much as possible in this formal unity of intended and intending consciousness. What differentiates theology in its thinking is not its formal unity but the kind of unity that thinks God. It is here that the real struggle to articulate theology as thinking begins, not so much from thinking God, but by maintaining the unity that does not succumb to the slippage of thinking God as an object, as a thing. The path that I think is most helpful for this is neither the path of the unitive mystic nor that of negative theology, the paths of either ineffability or the "no" to any positive statement. It is the more dialectical path of the hermeneutical spiral, what Paul Ricoeur called the movement from first to second naïveté, and what I would call the ongoing movement from unities to complexities to unities. Maintaining the intentional unity of thought thinking God, while yet recognizing the difference between intending and intended, has some hope of overcoming this seeming contradiction by allowing for the temporal duration of moving between understandings and explanations, first naïveté's and second naïveté's, unities and complexities[4].

But beyond these formal remarks about theological thinking how do we get going on thinking God, without thinking an object, a thing? Here I think we must attend to the character of resistance within theological thinking. No-thingness, nothing resists thought. Thinking nothing is a resistant thinking, a thinking of that which resists thinking, not so much because it is complex or arduous, but because the intended is that which is present to consciousness in and as absence. But resistance to thinking is not the only characteristic of theological thinking as thinking nothing, since the character

4. P. RICŒUR, *The Symbolism of Evil*, Boston, MA, Beacon Press, 1969, pp. 347-357. A similar yet distinct way of approaching this through the structure of paradox is explained in COLLINS, *Thinking the Impossible* (n. 1).

of this resistance does not seem to be complete withdrawal, a nothing without a trace. Rather this resistance to thought is also the lure to thinking[5]. Historically, socially, psychologically, philosophically, "god" does not seem to go away like ether, a Ptolemaic universe, or various forms of metaphysics. Despite countless ways of both asserting god and denying god, there remains a lure to thinking god – as this very conference demonstrates. And the trace that remains from the resistance to thinking nothing seems to be the possibility to think otherwise than the thought of things. We arrive here, I would suggest, at a first dialectic in the character of theological thinking: the dialectic of resistance and the lure[6]. And surely this is not as strange to human thinking as these phenomenological descriptions of thinking nothing might suggest: space time is not a thing, freedom is not a thing, life is not a thing, to be is not a thing, and yet we are going to discuss these topics thoughtfully throughout our conference. This first dialectic of theological thinking has not sealed theology off from other forms of thinking by its involvement with no-thing.

So what is it that the little word, "god", introduces into thinking that seems to generate a whole way of thinking, to establish theology as something other than the sciences or philosophy? Here I think we must attend to another characteristic of this thinking that the little word, "god", is a name before it is a concept. This has been a consistent feature of Christian theology, and this feature sets theological thinking on a different, but not unrelated, track of thinking nothing than the nothing of "space time" or "freedom". The resistance and the lure characteristic of thinking God are made present when "god" enters discourse as a name. Thinking god, this intentional unity, is first and foremost naming god, and just as thinking is its thought, and thought is its thinking, so also here naming is the name, and the name is naming. This naming calls this nothing into an interactive relationship. God becomes a locale in discourse for the resistance and lure of thinking precisely because, as a name, it is now put in play with all the other signs – the words, gestures and actions – that make up human discourse. And there is no guarantee that this name is unlike any other φαρμακόν, simultaneously medicine and poison. This is what begs theology to think through how God is named. In naming God, thinking God is set in its direction; naming

5. A similar approach is seen in M. Ludwigs, *Three Gaps of Representation/Three Meanings of Transcendence*, in *Anthropoetics* 15 (2010), no. 2, 1-22.

6. There is a long history of this dialectic generally contained within various efforts to present a phenomenology of the holy or of religion. See here Csordas, *Asymptote of the Ineffable* (n. 1) and E. Dahl, *Phenomenology and the Holy: Religious Experience after Husserl*, London, SCM, 2010.

places the resistance and lure on a vector. This name calls nothing into presence and gives it a discourse. It may call this resistance and lure in a discourse of power, or oppression, or authority, or imagination, or hope, and when theology thinks the name of god, it thinks it through what nothing does within this particular discourse. Anselm was in this sense correct in his famous thought experiment to begin with what God names: that than which nothing greater can be thought, and then to call for a thinking of that name. To be sure much goes wrong with this argument that a host of thinkers from Descartes to Kant to Plantinga have struggled with. And something important with how theology struggles when thinking God as a name is clearly evident from Anselm's approach; there is in Anselm's case a slippage in naming; the name elides with the concept of necessary existence. Inevitably, it seems that when the name, "god", enters discourse, the name is renamed by the field into which it enters. God is necessary being, creator, savior, warrior, omnipotent, a person, a "he", a "she", an exclusive possession of a particular tradition, an ultimate authorization to savage what is other. For the thinking that thinks God as name in the condition of resistance and lure the gravity of discourse renames a name[7].

This kind of slippage reveals a second dialectical characteristic to theological thinking, one that can only be recognized in the distinction between thinking god as a name and thinking god as a concept. As a name that names nothing the resistance to thought that theological thinking encounters becomes a deflection: the name deflects the lure of thinking by resistance to some available sign system and gives this lure to thought a particular voice, a vocabulary, a grammar and a body by which discursive action becomes a possibility; nothing enters the field of meaning and truth.

This is not strange in the case of a name. To illustrate: my brother's name is "Dennis", but if I were to ask what "Dennis" is I would immediately encounter a problem: Dennis as a name does not respond typically to "what" questions, unless I turn Dennis into a concept like hominid, or scientist, or father. And when I do that, I have still not responded to the name; the name has deflected the meaning intention to a concept. More appropriate to a name like "Dennis" would be a deflection into a narration, a story that deflects the name into a character and supplements the name with temporality, action, memory, and the like. The deflection to the sign system that the narrative affords fills the name with what can be thought about Dennis. At the same time that the name deflects to a

7. M. HEIDEGGER, *An Ontological Consideration of Space*, in *The Question of Being*, New Haven, CT, College and University Press, 1958.

supplement, it also redirects. The deflection of the name is a redirection to choice, to the action of selection. When I am asked to think about Dennis as my brother I am both directed to memory, and, within memory, I must recall what "Dennis" as a name calls to mind. The no-thing that the name "Dennis" names becomes a life about which meaningful and truthful thoughts become possible, but always with the caveat that the no-thing of "Dennis" is never conceptually captured by these thoughts.

Whatever else Dennis is, in the Christian theological tradition there would be strong resistance to say that Dennis is God. There is much less resistance to saying that Jesus is God. And I would suggest that a "thinking God" here is the kind of thinking that deflects a meaning intention to a whole host of signs, maybe even the possibility of all signs, and redirects by some form of recall what we choose Jesus to be. And of course, the history of thinking about what to recall as Jesus displays a huge range of discourses: healer, warrior, sage, storyteller, etc. "Jesus" theologically is the deflection and redirection created by the name, God, within a broad historical and cultural human sign system. Like the name, God, the name, Jesus, can transition easily into a concept. God becomes omnipotent, or the good; Jesus becomes savior, or Liberator. And in each of these kinds of moves the name is supplemented. Whether "omnipotent" and "savior" act as concepts, or more like nicknames, determines whether the unitive character of thinking God remains within the field of names or accepts the supplement of the concept. Contemporary theology is full of struggle with the name, God: on one hand theology seems to desperately want to preserve the resistant/deflective character of thinking that names an original unity with words like "the impossible" (Derrida); "the infinite" (Tracy); "the God who may be" (Kearney); "the totally other" (Levinas); "the event" (Caputo). On the other hand the lure and re-directive character of the name conceptually becomes evident in so many forms of critical theologies, cultural theologies, and institutionally invested theologies.

But at this point, let me recall my first two interrelated questions, the response I have outlined, and then go briefly to my other two questions. The interrelated questions are "what is theology as thinking"? And "what is God as the thought of theology"? Theological thinking I am maintaining is thinking the name, not the concept, of God, and that thinking has a certain character to it which I have labeled through the twin dialectic of resistance\lure and deflection\redirection. This thinking is the genesis of concepts within theology, a kind of supplement to the struggle to name God. More should be said here, but let me go on briefly to the other two questions I have posed: what kinds of thinking think God? And what does this thinking do? The kinds of thinking must be consistent with the kinds of thinking that are appropriate to the naming of God, the deflective\re-directive character that I have identified. Here I think there are three kinds of thinking that do or should go on within theological thinking in our times. Because the name of God not only deflects but redirects, there must be some kind of thinking akin to what Jean Nabert labeled "a criteriology of the divine", or what I would call an ethics of belief. The redirection that happens with the name God compels a testimony to values and choices of action. The vector or direction that the little word, "god", introduces into discourse is a φαρμακόν, a medicine and a poison. It is the introduction of a value, one that is often times called on to authorize all other values. Thus one kind of thinking that thinks god is that which thinks through and calls for an account of what we value as human beings. If I were to put another name to this kind of thinking, it would be critical thought[8].

A second kind of thinking associated with the name God as deflection and redirection is a specific form of imagination: imagining our future. This kind of thinking lies at the intersection of ethics and poetics where the deflection and redirection that occurs with the name God both appeals for action and makes an appeal for a possible future[9]. It is this kind of thinking that seems to be the theological heart of Pope Francis's recent encyclical, *Laudato si'*, which in fact brings together the thinking of science, philosophy, and theology in response to the question of what we want our future to be.

A third kind of thinking associated with the name God is recall, what Johann Baptist Metz labeled many years ago as the thinking that is "dangerous memory", the recall not only of that which is comfortable or triumphant, but also that which was jettisoned within systems of oppression, or forgotten as being all too common, or ignored because it was too uncomfortable, too challenging, too much "the other"[10].

And what does this thinking do? My fourth question. This thinking accompanies other discourses – scientific, philosophical, political, economic, legal, artistic. These forms of thinking, like all "thinking God", are redirected into and with the historical and cultural sign systems of the times, and the relations that various forms of thinking create within the sign systems. Theology does not dictate; it does not command; it does not get lost in identity formation; or good wishes; or its own self-referential indulgence. It must accompany the sign systems of human

8. P. Ricœur, *The Hermeneutics of Testimony*, in *Anglican Theological Review* 61 (1979), no. 4, 435-461.

9. J.D. Caputo, *The Gap God Opens*, in *Tikkun* 25 (2010), no. 2, 41.

10. J.B. Metz, *Faith in History and Society: Toward a Practical Fundamental Theology*, New York, Seabury Press, 1980, pp. 184-204.

thought in each era as the discourse companion whom David Tracy describes when speaking about dialogue:

> Conversation is a game with some hard rules: say only what you mean; say it as accurately as you can; listen to and respect what the other says, however different or other; be willing to correct or defend your opinions if challenged by the conversation partner; be willing to argue if necessary, to confront if demanded, to endure necessary conflict, and to change your mind if the evidence suggests it[11].

What theology does in "thinking god" is carry on this kind of conversation with hard rules, in our times about what kind of gods we create, what kind of future we imagine, what kind of memories we must recall if our thinking is to be truthful.

Finally, what might this way of approaching theological understanding contribute to future projects at the intersection of science, philosophy and theology? It can accompany the thought of science and philosophy by raising issues about the gods we create socially, ecclesiologically, and politically through our technologies; it can raise questions about the futures we create and the cost of those futures; it can recall paths we have gone down in the name of absolute value and firm conviction so that we are cautious about charting paths with today's versions of these attitudes. In short, theology can remind all of our "things" about "nothing".

400 years ago, in his famous letter to Christina the Grand Duchess of Tuscany, Galileo wrote that he hoped to proceed in his inquiry with a "greater piety" then those who represented the pious structures of the church and the academy at that point in time. Piety may or may not be the right word for today's cultures and issues, but what Galileo names by this phrase "a greater piety", a kind of thinking that is unafraid to think about both the greatest challenges of the day and to do that with the best available resources of the day where ever they come from – that I think is still an admirable name for what we are trying to forge in our interchange here.

Department of Theology
Loyola University Chicago
1032 West Sheridan Road
Chicago, Illinois, 60626
U.S.A.
jmccar1@luc.edu

John McCarthy

11. D. Tracy, *Plurality and Ambiguity: Hermeneutics, Religion, Hope*, New York, Harper and Row, 1987, p. 19.

THE LIMITATIONS OF FORMAL METHODS

FROM LADRIÈRE'S VIEWS TO PRAGMATIC FOUNDATIONS

I. Introduction

At the end of the nineteenth century, mathematics went through an existential crisis, suffering from a realistic threat of arbitrariness and paradoxes. Paradoxes, for example, were found in Cantor's calculus of transfinite numbers and in Frege's naive set theory, while arbitrariness seemed to be a danger for e.g. geometry, where the one and only Euclidean standard was replaced by a variety of coherent alternative geometries. Which one corresponded to the ultimate mathematical truth? Is there even an ultimate mathematical truth? And if we can no longer maintain the unjustified belief that there is a clear interpretation behind mathematics which makes its results evidently true, how do we know that what we are doing in mathematics is still consistent and meaningful?

It is in this context that philosophers and mathematicians, like Hilbert, Russell, Frege, Brouwer, and Heyting began to look for ways to provide a stronger foundation for the discipline. One promising means of achieving this was through *formal systems* that are supposed to structure the truths (or, more accurately, the theorems) of mathematical theories in a precise way.

What is a formal system? A formal system is the combination of a precise language and a collection of purely syntactic transformation rules that could be used to produce an exact set of sentences aligned in a very specific manner. In a context of mathematical proofs, the formal system will provide precise ways to construct the provable theorems of an *axiomatic theory*. An axiomatic theory is a theory that is based on axioms. The truths, or, more neutrally put, the theorems of an axiomatic theory are those sentences that are derivable from axioms by means of proofs. Moreover, the axioms of formal theories are precise strings of symbols and the proofs are entirely governed by rules for their exact transformations.

Thus, the purpose of formal axiomatic systems is to prove the theorems of the theory in a purely syntactical way. The advantage of a purely syntactic method for proving the theorems of a theory is that we obtain an exact and objective standard for verifying theoremhood. Informal proof methods are always to some extent subjective. As soon as the (not exactly specified) meaning of the terms becomes relevant for what a correct proof is, one introduces a subjective element into the justification of theoremhood.

If theoremhood is reduced to what is obtainable by means of strict rules for the manipulation of strings of symbols, the theorems of the theory are less obscure and less uncertain. Once there is a verified proof, there is no longer any doubt as to whether the result is a theorem of the theory. In other words, a formalized theory is exactly determined. The theory itself becomes a well-defined mathematical object and the beliefs that one may obtain after proving things with the theory are maximally contextualized. One has specified exactly by which principles the proof depends and all proofs can be verified by both any mathematician and a computer.

Formal methods for certain mathematical theories have the strength to express some form of self-reference. While reference is a semantic notion and formal theories are precisely intended to avoid the influence of semantic aspects, some formal theories have enough strength to express sentences that behave as if they were self-referential. It is this unavoidable property that leads to the essential limitations of the theories. Which theories have this pseudo-self-referential strength? Gödel has proven that all formal theories that can capture recursive functions have this strength and that ordinary formal arithmetic (i.e. the most common formal theory of natural numbers; henceforth we will call it Peano arithmetic) does so, as well.

How can we understand this simulated self-reference? Every formal system is entirely based on strings of symbols, and manipulations between strings of symbols. David Hilbert was the first to notice that a formal system in this sense can be "arithmeticized", i.e. its formulas can be represented by numbers and its permitted manipulations by operations on those numbers. The whole system is thus reduced to purely arithmetical notions. It is then not surprising that theories that can do a certain amount of arithmetic have the strength to talk about the properties of formal theories and, more specifically, about their own properties. This indirect form of self-reference can be expressed by theories.

Self-referential strength brings along some fundamental limitations to formal systems. We will next present a succinct overview of the theorems that clarify these limitations: the so called limitative theorems.

II. Limitative Theorems

1. *Gödel's First Theorem: Incompleteness of Mathematical Theories*

Kurt Gödel[1] has proven that every consistent formal theory with a certain expressive strength is by definition incomplete. The expressive

1. K. Gödel, *Über formal unentscheidbare Sätze der Principia Mathematica und verwandter Systeme*, in *Monatshefte für Mathematik und Physik* 38 (1931) 173-198.

strength is present from at least the level where one can define recursive functions; the best known example is Peano arithmetic (the most common way to formalize arithmetic). Incomplete can mean two things: first, that the theory cannot prove all the truths of the domain. In other words: Gödel's first incompleteness theorem says that, for every theory of a certain strength, there is always a true formula that is not provable. The formula constructed by Gödel is currently called the *Gödel sentence*. This is a sentence that can be interpreted as showing (in some specific sense) that it is not provable.

Secondly, the theory can neither prove nor disprove certain formulas. They are in a certain sense undetermined from the point of view of the theory. In other words: Given this second reading, Gödel's first incompleteness theorem says that for each theory of certain strength, there is a formula *A* such that neither *A* nor not-*A* is provable in the theory. The Gödel sentence is an example of a sentence *A*.

While we have no exact way to determine the truth of non-empirical statements other than by means of formal theories, the one precise method we do have will thus never be sufficient to capture all truths.

2. *Gödel's Second Theorem: Non-Provability of Consistency*

This theorem states that a formal theory of certain strength (at least as strong as Peano arithmetic) cannot prove its own consistency if it is consistent.

Gödel has also suggested that his first incompleteness theorem can be proven inside Peano arithmetic. This was later formally proven by Hilbert and Bernays[2]. This means that, if we can prove Peano arithmetic's consistency within Peano arithmetic, we can also prove that the Gödel sentence is not provable. Yet, we can also prove that the non-provability of the Gödel sentence is equivalent to the Gödel sentence itself. Hence, if we can prove Peano arithmetic's consistency within Peano arithmetic, we can also prove the Gödel sentence within that system. The first incompleteness theorem, however, denies the possibility of the latter (unless Peano arithmetic is inconsistent). Hence, by *reductio ad absurdum*, it is impossible to prove the consistency of Peano arithmetic within the theory itself.

Thus, the most common formal system of arithmetic cannot prove its own consistency. Perhaps, *prima facie*, this does not appear to be problematic. After all, arithmetic is not primarily meant to prove its own consistency. And even if an arithmetical theory were to prove its

2. D. HILBERT – P. BERNAYS, *Grundlagen der Mathematik*, Berlin, Springer, [2]1968 [1934].

consistency, would this give us any more faith in it? Consider that, because inconsistent theories prove everything, every inconsistent theory also proves its own consistency. If we took seriously the possibility that a given theory could be inconsistent, we would not think that we would have obtained a reason to put aside any scepticism about its consistency just because we received the information that it contains a proof of its own consistency. Compare this to the situation where someone you do not trust to tell the truth tells you that he tells the truth. Would this make you trust him? I do not think so.

Yet, the theorem is very important to help one understand the power and limitations of formal systems. Why? In order to explain this, I need to provide some information about David Hilbert's project to formalize mathematics. This project aimed to formalize all mathematics, especially arithmetic, in order to study the metatheory within the field as a precise mathematical notion. All important aspects of formal theories can be translated into facts about numbers. Sentences in a formal language and proofs of a formal system can be uniquely coded by natural numbers. The provability of a sentence is then just an arithmetical property of the number that corresponds to that sentence. Thus, the consistency of a formal system can be expressed as an arithmetical statement.

Hilbert wanted to achieve this arithmetisation of mathematics in order to prove the consistency of its formal systems. Formal mathematics is, by definition, abstract and devoid of any meaning. The upside is absolute exactness, but the downside is that it is uncertain if the formal theories can have any interpretation at all. In the worst case scenario, the formal theory may be inconsistent and therefore trivial. Trivial theories are uninteresting for mathematicians and any effort to prove theorems within them is a complete waste of time. This problem would be solved if we could find a reliable (finitistic) part of mathematics (which e.g. is less abstract and closer to the real world), in which we can prove the consistency of highly ideal and abstract mathematical theories. This reliable part would have an accessible enough interpretation so that we would not need to fear inconsistency.

Hilbert never specified what part of mathematics would be reliable enough, but there was little doubt that it should be a part of arithmetic. Now, if we cannot even prove the consistency of arithmetic (as the second incompleteness theorem teaches us), we definitely cannot prove the consistency of more complicated theories by means of a mere (reliable) part of arithmetic. Gödel's second incompleteness theorem thus proves that Hilbert's formalist project is no longer viable (or not in its most evident way).

On the other hand, the theorem has consequences for attempts at formulating general foundations of mathematics. It is natural to expect that a unified foundational theory of mathematics should be able to prove its own consistency. A foundational theory will often be assumed to provide a framework which supports all (or most) of mathematics. If it needs to be ready to express a lot of very different mathematical domains, it will inevitably be abstract in nature. The more abstract a theory is, the more it is susceptible to inconsistencies. Each classical foundational theory should be guaranteed to be free of inconsistencies (a foundational construction cannot risk collapsing, as each *classical* foundation showing inconsistencies inevitably does). If we want a precise consistency proof, it will need to be mathematical in nature and should be translatable into the foundational theory. Hence, the foundational theory needs to represent a proof for its own consistency. Given that, by Gödel's second theorem, a formal theory can never prove its own consistency, meaning that an ideal foundational theory cannot be formal in this sense. Yet, if it is not formal, how will we guarantee rigour and freedom from implicit presuppositions?

3. *Löwenheim-Skolem Theorem and the Existence of Unintended Models*

I will next present a version of the Löwenheim-Skolem theorem[3] that is slightly more general than its original version. The theorem states that every formal theory that has an interpretation with an infinite domain, has an interpretation with a domain of arbitrary infinite cardinality. This means that it is impossible for a formal theory to fix a certain interpretation. In standard interpretations of the relevant mathematical theories, for example, it is generally accepted and expected that there are $\aleph_0$ natural numbers and $2^{\aleph_0}$ real numbers. The precise meaning of $\aleph_0$ and $2^{\aleph_0}$ does not matter here, just that they are infinite numbers and that the second contains strictly more members than the first. If we want a formal theory which exactly describes the natural numbers, we would only want it to permit interpretations with a domain of size $\aleph_0$. However, this possibility is excluded by the Löwenheim-Skolem theorem. If the formal theory indeed has an interpretation with a domain of (infinite) size $\aleph_0$, it also has an interpretation with a domain of size $2^{\aleph_0}$ and one with a domain of any possible size. In the latter interpretations, there are definitely "intruding" objects, objects other than the natural numbers. This is due to the fact that these sizes are all strictly greater than $\aleph_0$.

3. J. Van Heijenoort (ed.), *From Frege to Gödel: A Source Book in Mathematical Logic, 1879-1931*, Cambridge, MA, Harvard University, 1967.

The same holds true for a formal theory of the real numbers, but now also downwards: there necessarily exists an interpretation of a formal theory of the real numbers with a domain of size $\aleph_0$, i.e. the size of the set of natural numbers. Intuitively, there seems to be a serious shortcoming if a theory for the real numbers can be interpreted in such a way that there are far less objects in it than in the standard set of real numbers.

In the case of set theory, the problem is even more counter-intuitive. Every formal set theory has an infinitely-sized interpretation (every usual set theory at least proves the existence and non-identity of the empty set, its power set, the power set of this one, the power set of this one, etc.) and so should have an interpretation of every possible infinite size. Hence, there is also an interpretation of size $\aleph_0$ in view of the Löwenheim-Skolem theorem. Yet, a set theory usually allows the construction of an infinite set and of the power set of infinite sets. The size of the power set of each infinite set will always be strictly larger than $\aleph_0$. Thus, there is an interpretation with less objects than there are elements in the sets in this interpretation.

Counter-intuitively, set theory also defines cardinalities. Formally speaking, a cardinality only exists if one's set theory proves its existence. As such, no matter how dazzlingly large the cardinality is, if it exists it should be proven to exist in a set theory with only $\aleph_0$ sets in its domain. While the intuitive manner in which mathematicians look at set theory requires all sets to exist in a unique universe that contains all sets and all sizes, their rigorous formal theories allow for universes of sets of all possible infinite sizes, even the smallest ones. Moreover, if one has fixed a single idea of the universe of sets, no interpretation of formal set theory will be large enough to interpret this full universe (the universe is not a set and has by definition no cardinality).

This may seem rather difficult to grasp, but contemporary set theorists have little trouble with it. They have an ingenious methodology to look at interpretations of set theory. In a way, the set theory looks different from the inside. From the inside, it (formally) defines a huge universe with all possible sets of all cardinalities, but, from the outside, (the viewpoint of the interpretation) it may not be any larger than the set of natural numbers. The fact that the power set of the finite ordinals has more members than there are finite ordinals ($\aleph_0$), formally means that there is no bijection between the two sets. A bijection is a function, and a function is yet another set. Hence, just lacking this function set already makes it possible for the power set of the finite ordinals to internally appear as if it is larger than the finite ordinals. What was once known as Skolem's paradox (this counter-intuitive tension between the existence of unsuitably sized interpretations of mathematical theorems), is now just another curiosity of a relativized approach to abstract (formal) set theory.

4. *Tarski's Undefinability Theorem*

Tarski's theorem[4] indicates that a formal theory of certain strength cannot contain its own truth predicate. More specifically, theories of recursive function strength cannot define a predicate that is instantiated by a formula if and only if that formula is true. This means that we cannot expect to find one unified formal theory that can speak of both mathematics and semantics. A foundational theory of truth in mathematics needs to be kept apart from the foundational theory of actual mathematics. For empirical theories, this may not be problematic at all. The theory of biology is about biological entities, while the theory of truth of biology is about linguistic entities in the language of biology. A theory that mixes both risks confusing the two. For mathematics, the matter is not so obvious. The linguistic statements are themselves mathematical objects and the syntactic aspects of the field can be studied within mathematics.

In practice, we use formal tools (model theory) to study the semantics of mathematics (what else would one use?) with great success, but there is no hope that we can develop a single unifying and foundational formal theory of mathematics, which contains both useful mathematics (at least arithmetic) and the semantics of mathematics. This impossibility is formally demonstrated by Tarski in the form of his famous undefinability theorem.

5. *Non-Computability of Logic*

Turing and Church[5] have proven that first order logical consequence is not computable. This means that there cannot be a general algorithm that can tell us whether the conclusion for each set of premises and each candidate conclusion is indeed a valid consequence.

In the early days of the formalization of mathematical theories, the intuitive hope was that once a theory is fully formalized, the resulting mathematics would be a matter of simple calculation. The intuition here is that once one has exactly and fully defined a relation/set/function,

4. A. TARSKI, *Der Wahrheitsbegriff in den formalisierten Sprachen*, in *Studia Philosophica* 1 (1936) 261-405.

5. G.S. BOOLOS – J.P. BURGESS – R.J. JEFFREY, *Computability and Logic*, Cambridge, Cambridge University Press, [5]2007.

determining the outcome of the relation/set/function for specific concrete arguments is a matter of mere automatable calculation, making it a matter of time and effort, not of luck or creativity.

The more mathematicians looked into the theory of computation, the more they found relations and functions that are completely well-defined, but that could not possess a general algorithm. A famous example is the fact that the halting problem is not computable. The problem is to decide whether a given algorithm will eventually stop for a given input. It is not surprising that this problem is perfectly well-defined, yet it cannot be calculated.

Thus, while formal methods have greatly decreased the mystery of mathematics, formalizability does not imply principled knowability. In other words, it turns out that the belief that, if one can describe the problem, he or she will inevitably be able to solve it is false.

For formal theories, this means that their theoremhood relations are generally not decidable. If a formal theory is complete, we can be certain that we have an algorithm for theoremhood. But we know from Gödel's first incompleteness theorem that (many) interesting mathematical theories are not complete. For these incomplete formal theories, we often only have a positive test. There is an algorithm that gives us the answer YES if the input is a theorem, but, if the input is not a theorem, the answer may elude our grasp forever.

6. *Independence Results in Set Theory*

Gödel's conclusion[6] that the continuum hypothesis is independent of the standard set theory, called ZFC, started a long series of formulas that were all proven to be independent of ZFC. The Cohen's forcing method greatly helped in proving such results. In each case, a set theoretic formula and its negation can be consistently added to our best formal set theory. This makes it improbable that there is one universe of sets.

III. Ladrière's Views on the Limitation of Formal Methods

We will review Ladrière's more philosophical views on the limitative theorems as he expressed them in the last chapter "Suggestions

6. K. Gödel, *The Consistency of the Continuum-Hypothesis*, Princeton, NJ, Princeton University Press, 1940.

philosophiques" of his postdoctoral thesis[7]. We do not aim to present a historically accurate picture of Ladrière's views on the limitative theorems, nor are we interested in the links between his views on the foundations of mathematics or those on other domains. Our only purpose is to provide an alternative contemporary interpretation of Ladrière's philosophical suggestions on the limitative theorems. It is this interpretation that will guide us to the alternative kind of foundations (so called *pragmatic foundations*) that we will introduce below.

We cite some crucial passages from that chapter, and provide some (free) translation, explanation, and comments.

1. *Ladrière Summarizes Gödel's Incompleteness Theorems*

> Or le théorème de Gödel nous a appris que dès le moment où une théorie possède une certaine puissance (et c'est déjà le cas pour l'arithmétique ordinaire), sa non-contradiction ne peut être établie que dans une métathéorie où interviennent des procédés de démonstration plus puissants que ceux de la théorie elle-même, ce qui entraîne en particulier pour conséquence que la métamathématique ne peut se contenter d'un cadre strictement finitiste[8].

Ladrière argues that Gödel's theorem has taught us that the consistency of theories with a certain strength (from ordinary arithmetic) can only be established in a metatheory, which defines more powerful proof methods than those of the theory. Ladrière claims that this implies that a strictly finitistic framework does not suffice for metamathematics.

Gödel's second incompleteness theorem could indeed be interpreted in such a way that it proves that, if sufficiently strong formal systems are consistent, they cannot demonstrate this consistency within a strictly finitistic framework. Yet, maintaining that metamathematics cannot therefore be done by means of strictly finitistic proof methods is a more contentious claim. If one is happy to do only (the most reliable) part of metamathematics, strict finitistic methods may suffice. An example is Gödel's theorem. This theorem can be perfectly proven by means of strictly finitistic methods. If we take the theorems as conditional metatheoretic statements (viz. for the first: if Peano arithmetic is consistent, then it is incomplete and the second: if Peano arithmetic is consistent, then this consistency cannot be proven within Peano arithmetic), finitistic methods suffice to prove them. Ladrière seems to presuppose that providing either

7. J. Ladrière, *Les limitations internes des formalismes: Étude sur la signification du théorème de Gödel et des théorèmes apparentés dans la théorie des fondements des mathématiques*, Leuven, Nauwelaerts; Paris, Gauthier Villars, 1957.

8. *Ibid.*, p. 403.

absolute consistency proofs or other strong absolute results is a necessary requirement for metamathematics. A radical constructivist, for example, may disagree.

> Il nous a appris également qu'un système formel ne peut jamais être considéré comme une représentation adéquate de la théorie mathématique qu'il est censé exprimer, du moins en ce sens qu'il ne permet pas de décider effectivement de la validité de certains énoncés[9].

Ladrière summarizes Gödel's first theorem as follows: it proves that a formal system can never be considered an adequate representation of the mathematical theory it wants to express, at least in the sense that it cannot effectively decide the validity of certain statements.

It is important to remark that Ladrière seems to presuppose that all statements are either determinately true or false in the mathematical theories formal methods want to express, or at least that the Gödel sentence is determinately true. While it is unproblematic to acknowledge that there was already a mathematical conception before the formalization, calling it a theory with (pre-formal) valid statements is a heavier conclusion. Abstract mathematical theories like algebra and category theory do not necessitate validity for all statements, only for those for which the theory provides information. It is true that there is a strong intuition that the truth of all arithmetical statements already exists independently of how we formalize arithmetic. But is this really more than an intuition? We will later provide some arguments why we think it is indeed more than an intuition.

2. *Ladrière on the Usefulness of Formal Methods*

> Il y aurait ici deux erreurs d'interprétation à éviter. La première consisterait à donner au théorème de Gödel une portée qu'il n'a pas, en y voyant la manifestation d'une sorte d'échec de la méthode formelle[10].

Ladrière warns us against misinterpretations of Gödel's theorems. He mentions two inaccurate interpretations. The first gives it an impact it does not have. Ladrière remarks that Gödel's theorems do not imply a failure of the formal method.

> Mais il faut voir que les limitations dont il s'agit n'ont pas un caractère absolu. Elles ne signifient pas que la méthode formelle est vouée à la stérilité, elles en circonscrivent seulement le champ d'efficacité[11].

9. *Ibid.*
10. *Ibid.*, p. 404.
11. *Ibid.*

He notes that one should be aware that the limitations are not of an absolute nature. They do not mean that the formal method is destined to be sterile. The limitations only circumscribe the scope of its efficiency.

> [...] elle rend apparentes les insuffisances du raisonnement naturel et des évidences trop immédiates et que, en ce sens, elle demeure l'instrument indispensable de l'accès à la vérité[12].

Ladrière remarks that the formal method shows the shortcomings of natural reasoning and hasty conclusions and that, in this sense, it remains the indispensable instrument of access to truth.

Here, Ladrière points out that the formal method has not become useless in view of its limitations and problems. We can make good use of this method in order to make human (mathematical) reasoning precise. Thanks to exact rules, we can criticize hasty pseudo-derivations and implicit unjustified assumptions. In our opinion, this is a very important remark. Delineating the strengths, the weaknesses, and the scope of a method does not make it useless. On the contrary, we know a system better and can apply it more effectively if we know its limits.

We now understand the positive aspects of Peano arithmetic better since Gödel. We know that it is strong enough to represent all recursive relations. Assuming Church's thesis, which states that all computable relations are recursive, every possible property that can be computed in all instances can also be proven to occur, or not occur, within Peano arithmetic. This is extremely powerful for a theory that was supposed to formalize only the natural numbers, multiplication, and addition. We also know that the theory can even express a form of self-reference. For every arithmetical property P in the Peano's arithmetic language, we can find a statement for which we can explicitly prove that P holds for itself (e.g. we can prove of one specific sentence that it says that it is self-dividable by ten and we can prove of another sentence that it says not to be self-provable).

The more negative results concerning the formal theory have also turned out very useful. It is beneficial to know, for example, that one would waste time trying to prove or disprove certain statements that are provably undecidable (if the theory is consistent) in that theory. We know that there is no use in trying to prove the consistency of strong enough theories in it, to formulate truth predicates in Peano arithmetic, etc. Thanks to Gödel's incompleteness results, we also better understand how to interpret Peano arithmetic. Mathematicians now understand (consistent

12. *Ibid.*

but) non-standard models of arithmetic that claim arithmetic to be provably inconsistent: it has an infinite non-standard object, which behaves like a proof for 0 = 1, according to a criterion which correctly represents provability for finite candidate proofs, but fails to do this for those weird infinite objects. The existence of such infinite objects in some models is very useful to know what we could be talking about when we are using formal arithmetical language.

> [...] la méthode formelle nous permet précisément de critiquer les pseudo-évidences du discours non formalisé et de mieux situer les frontières du contradictoire, en nous apprenant qu'elles ne se trouvent pas là où le discours non formalisé nous invite à les trouver[13].

Ladrière notices that the formal method allows us to criticize the pseudo-certainties of informal discourse in an exact way and to better situate the borders of the contradictory, teaching us that they do not lie where the informal discourse wants us to find them.

Contradiction is a great danger for mathematics. Classical mathematics becomes entirely useless in the presence of even one contradiction. Thanks to the formalisms, we know where exactly we can find contradictions. Furthermore, as a result of Gödel's careful (and formalizable) analysis, we know very well that we can (probably) do some careful consistent auto-reference in arithmetic (the sentence that says of itself that it is not provable), while auto-reference about truth (the sentence that says of itself that it is not true) is not possible, or at least not in a naive way. Similarly, formal set theory has shown us which transfinite sentences we can (probably) consistently formulate, and which others lead us, via paradoxes, into contradiction and triviality. Without formal methods, the only responsible action mathematicians could have taken in response to these paradoxes would have been to suspend all discussion related to infinite objects.

3. *Ladrière on the Limitations of Formal Methods*

> Les faits de limitation nous indiquent avec précision pourquoi le système total ne peut être qu'une idée-limite[14].

Ladrière points out that the limitation facts indicate with precision why the total can only be a limite idea. The total is an abstract concept here. It is the true maximally consistent extension of Peano arithmetic (and

13. *Ibid.*, p. 405.
14. *Ibid.*, p. 410.

other formal theories). Finite proofs can never prove all of the statements in such a total extension. In principle, one could use some kind of infinite proof notion or infinite closure method (if the theory proves that it does not code a proof of the Gödel sentence for every finite number, it should prove the fact it does not prove it in general) to realize this total theory. But given that we are merely finite beings (and so presumably merely finite provers), the total (whatever that is) remains a limite idea.

> Ils nous montrent en effet que l'on ne peut jamais formaliser complètement le champ intuitif, que la dualité de l'intuitif et du formel demeure irréductible[15].

Ladrière concludes that the limitations show us that one can never completely formalize the intuitive field and that the duality of the intuitive and the formal will always stay irreducible.

Here, Ladrière assumes that our intuitions require that the real arithmetical field is total in the sense mentioned above. This is not implied by Gödel's theorem, but one is justified to claim so, as I will argue below.

> Il n'existe pas de système fermé qui serait comme le paradigme de tout discours, le canon suprême de la raison. Quel que soit le système que nous puissions considérer, il y a toujours des formes de raisonnement qui lui restent étrangères[16].

For Ladrière there is no closed system, which would be the paradigm of all discourse, the supreme canon of reasoning. Whatever system we choose, there are always forms of reasoning that it will not capture.

Here, Ladrière makes an interesting jump from the tension between the intuitive completeness of arithmetic and the practical incompleteness of our formal arithmetical tools to the tension between forms of reasoning in general and what a concrete formal system can capture. That we intuitively can think of an interpretation to make each formula either true or false does not imply that reasoning forms exist that can find out whether it is true or false. Perhaps an interpretation is a lot like a fictive universe as described in a story. We may often reasonably assume all relevant properties of all objects to be somehow fixed in the fictive universe, but if the story did not give us information about the truth of a certain property of a certain object, we have no method for determining it. That does not mean that we have means for finding out the truth beyond the story. The same happens for mathematics; even if we assume every formula to

15. *Ibid.*
16. *Ibid.*, p. 412.

be ultimately true or false, there is no reason to assume the existence of reasoning methods that go beyond formal mathematical systems. From the fact that there is no formal system that can capture all truths (in an interpretation), one cannot conclude that no formal system can capture all reasoning forms.

If one believes that Gödel has proven (in an informal but convincing way) that the Gödel sentence is true, one will probably follow Ladrière in claiming that some reasoning forms cannot be captured for every formal system. Gödel has informally proven the Gödel sentence of Peano arithmetic, which is not provable within the system. Similarly, one can informally prove a formally improvable sentence in every richer system. Thus, a closed system will always miss at least one informally provable sentence. Adding that sentence as an axiom creates a new insufficient system missing another informally provable sentence.

Nonetheless, it is not at all obvious that Gödel has indeed informally proven the sentence named after him. One can formally prove that the Gödel sentence (for Peano arithmetic) is equivalent to the consistency of Peano arithmetic. If Gödel would have provided an informal argument in favour of the Gödel sentence, it would also suffice to prove the consistency of the formal theory. Most mathematicians believe that Peano arithmetic is consistent and were sufficiently convinced of this belief e.g. by Gentzen's consistency proof, but we would find it very strange if some mathematicians were convinced of the consistency of Peano arithmetic after reading Gödel's proof (especially because the consistency of Peano arithmetic is a presupposition of Gödel's theorem).

We are also sceptical as to whether the informal reasoning process of always adding the missing formulas to prove another previously unproven formula of the new system cannot be captured in a formal theory. In formal set theory, we can construct this without much trouble. However, set theory has its own undecidable formulas.

To summarize: there are definitely reasonable informal arithmetical proofs that cannot be formalized within Peano arithmetic. Yet, it is debatable as to whether there is a formal system that can adequately capture all correct informal arithmetical proofs. What we will call a pragmatic foundation in the remaining sections of this work will indeed discuss reasoning forms that provably go beyond what is possible in a formal system. The big difference, however, is that these mathematical reasoning forms are *non-deductive*. This means that they do not always give us more than provisional certainty. Most mathematicians will be very reluctant to call them "proofs", and would not want to capture them within a formal system. A formally proven statement should be undoubtedly true for everybody who accepts the proof system. This certainty is not warranted by non-deductive proofs.

> Ainsi la dualité du subjectif et de l'objectif ne peut être abolie, le formalisme ne peut constituer une sorte de modèle objectivé de la pensée, il ne peut enfermer la totalité de l'intelligible[17].

Ladrière concludes that the duality of the subjective and the objective cannot be abolished. The formalism cannot constitute an objectified model of thought, and it cannot capture (or enclose) the totality of the intelligible.

A similar comment is in order here. We agree that the formalism cannot constitute an objectified model of what is true within a subjective interpretation, but it is (as far as we know) far from obvious whether it is in principle impossible to capture in one formalism everything the human intellect can (informally) deductively prove.

If the meaning of "l'intelligible" in this passage is what can be demonstrated using informal but deductive (non-provisional) proof methods, we are sceptical about whether Ladrière's statement is sufficiently justified or even justifiable. If, however, "l'intelligible" includes what may be *merely plausible* true (at any finite stage), our dialectical ideas introduced below fit very well with what Ladrière calls "le subjectif" or "l'intelligible". It will become clear that the ultimate results of the dialectical aspects of mathematical foundations mentioned below can clearly not be fully captured by one formal theory.

4. *Ladrière on Interpreting*

> C'est seulement au niveau du système formel que les concepts mathématiques prennent un sens rigoureux. Mais ce sens ne peut être considéré comme absolu. Il n'est d'ailleurs pas possible de construire un système d'une certaine puissance qui n'admette qu'un seul type de modèle[18].

Ladrière observes that it is only at the level of the formal system that mathematical concepts obtain a rigorous sense. This sense, however, cannot be considered absolute. Moreover, it is impossible to construct systems of certain strength that admit just one single type of interpretation.

Ladrière points at a very interesting tension. On the one hand, mathematical concepts only obtain a precise meaning once they are formalized. Yet, on the other hand, this meaning cannot be absolute (from a certain

17. *Ibid.*
18. *Ibid.*, p. 414.

complexity on). In each different interpretation, the meaning of the concepts is slightly different. The meaning of addition only becomes precise in a theory of arithmetic, but its meaning cannot be completely fixed for all objects of the arithmetical domain. This can be seen as follows: for interpretations with non-standard numbers, the precise meaning of addition differs from interpretation to interpretation. The conclusion here seems to be that, for some complex concepts, their meaning can only partially be made completely rigorous.

> Comme on l'a vu, le formalisme ne peut recouvrir adéquatement le contenu de l'intuition et, en ce sens, l'idée d'une formalisation totale doit être considérée comme irréalisable[19].

Ladrière argues that a formalism cannot adequately cover the content of intuition. In that sense, the idea of a total formalization has to be considered unrealisable.

If the content of an intuition describes the collection of truths in an intuitive construction which interprets sufficiently strong theories, we obviously agree with Ladrière. If an intuitive construction wants to be an interpretation, it will assume completeness or totality. Moreover, if the content of intuition is meant to be the provisional estimations mathematicians have in mind before really proving something, our pragmatic foundation will be nicely in line with Ladrière's observation. However, if the content of intuition is something which is really undeniably and non-fallibly established by intuition alone without formal proof, we tend to be sceptical: what would such an intuition be like and where would it get its forceful proving power?

5. *Ladrière on Formal Tools as Our Only Efficient Way to Realize Mathematical Thought*

> La pensée mathématique ne peut être efficace que dans la mesure où elle se lie à des conditions rigoureuses d'accomplissement. Et c'est dans le domaine du formel qu'elle rencontre ces conditions. Elle ne reconnaîtra dès lors d'existence mathématique qu'aux objets qui pourront être représentés dans un formalisme non-contradictoire. Mais le formalisme, c'est le domaine de la construction. C'est précisément ce qui en fait l'efficacité et en même temps ce qui en trace les limites[20].

Near the end of the chapter, Ladrière concludes that mathematical thinking can only be efficient to the extent that it is attached to rigorous

19. *Ibid.*, p. 438.
20. *Ibid.*, p. 439.

conditions for its implementation. And it is in the formal domain that these conditions can be found. It can therefore only recognize mathematical objects that are represented in a non-contradictory formalism. Yet, the formalism is the domain of the construction and that is exactly what makes mathematics so efficient while, at the same time, marking its limits.

> Si le système total est irréalisable, c'est parce que l'expérience mathématique se déploie sur le fond d'un horizon inépuisable. Cet horizon, étant condition de possibilité de l'expérience et du représentable, ne peut être pensé que comme condition de possibilité. (Encore ne le peut-il qu'au sein d'une réflexion qui, prenant l'expérience mathématique elle-même pour objet, se trouve nécessairement en discontinuité avec elle.) Il ne peut donc être représenté[21].

Ladrière remarks that, if the total system is unrealisable, it is because mathematical experience unfolds along an inexhaustible horizon. That horizon, being the precondition of the possibility of experience and what is representable, can only be understood as a precondition (it can only exist in a reflection, with mathematical experience as its object, which is necessarily situated in discontinuity with this experience). It cannot be represented.

> Il est de la nature d'une existence finie de ne pouvoir atteindre les réalités-fondements que dans un acte de dévoilement qui n'en fait jamais apparaître que les manifestations. Et réciproquement les réalités- fondements ne peuvent se révéler à une existence finie qu'à travers des figures toujours inadéquates[22].

Finally, at the end of his book, Ladrière concludes that it is the nature of a finite being to only be able to reach the fundamental reality in an act of unveiling through manifestations. Reciprocally, the fundamental reality can only show itself to a finite being through inadequate forms.

In the latter two quotations, we get a picture which could suggest a platonistic position. It is hard not to read these passages describing mathematics as if there was a fundamental mathematical reality/realm and we, as finite beings with only finite proof methods, can only look as far as our horizon will allow. The limited horizon is typical for our finite formal methods, which stands in contrast to the infinity of the mathematical realm.

We believe this platonistic picture to be one of the many possible positions of mathematical truth. However, it will become clear that we see no reason to deny or confirm such a position. The mathematical realm offers truth to an interpretation, although which universe the objects of

21. *Ibid.*, p. 443.
22. *Ibid.*, p. 444.

an interpretation live in is open to philosophical speculation. Nonetheless, we think it is perfectly possible to be agnostic about such questions and have a coherent view on the foundations of mathematics.

To conclude our section on Ladrière's views, we would like to focus on his very last words. He says that reality only reveals itself to us through inadequate forms. This is very interesting. It means that, even subjectively, the intuitions and reasoning forms of our thought are inadequate and are therefore insufficient or incorrect. This again could be read in such a way that would ultimately cause Ladrière to agree on the picture sketched below of the (foundational) interpretations of mathematics as a result of defeasible and dialectical provisional reasoning.

IV. Beyond the Formal Systems; Can Mathematics Be Interpreted Coherently?

We would like to suggest that mathematics can indeed be coherently interpreted at a fundamental level, even without assuming a mathematical realm independent of human construction. We only have to content ourselves with a very imperfect way of interpreting fundamental mathematics.

Mathematics has always been a meaningful intellectual practice. The fact that we imagine mathematical statements to be about something may not be anything more than a concept we got used to by dealing with empirical statements. Nevertheless it is very difficult to conduct creative mathematical reasoning without knowing what one is reasoning about. Some may believe mathematics is about structural properties of spatio-temporal reality or of our intellectual capacities. Others may prefer mathematical statements to be about objects in a universe outside of the physical world, while some may prefer to talk about abstract human constructions, or about abstracted versions of other possible worlds or even of our own. Whatever the discourse, without interpretation it is virtually impossible for human reasoners to come up with ingenious proofs of complicated theorems, to construct previously unknown mathematical objects, to construct and criticize the formalization of mathematics, to engage in reverse mathematics, or to even propose new mathematical theories. These, however, are more discovery and metamathematics related that cannot be conceived in a language devoid of meaning. It is extremely unlikely that Gödel would have come up with any of his results if he had seen his own words as meaningless. It is formally provable that each formal theory able to capture recursive functions is necessarily incomplete. But, at least for the sake of argument, one needs to assume that there is something to which this statement refers. While formal theories and recursive functions do not exist in our spatio-temporal world, claiming that they do not exist is only possible from outside the metamathematical discipline.

Formal methods are extremely useful in making mathematical results completely exact and honest if it comes to the presuppositions of one's arguments, but it is unrealistic to expect mathematics to be reducible to what can be achieved by just these means. Even if mathematics is nothing more than a game mathematicians play, mathematics seems to also be a science *about* the game mathematicians play. Chess experts play a purely formal game, but they think/reason/talk/teach about something when they engage in their domain of expertise. Chess experts understand the possible concrete plays of the game as a mathematical object. The game of chess itself cannot be *about* a strategy, only a theory about possible games of chess can. If we consider its strategies as part of chess, chess (seen as the domain of expertise of chess players) is therefore ultimately also a science *about* chess games. In the same way, it seems reasonable to expect every purely formalistic mathematical idea to actually require mathematics to ultimately be a science *about* the properties of specific formal mathematical games. The latter is just as semantic as any other view on the philosophy of mathematics, i.e. also the formalist's mathematics is a science *about* something.

Thus, while a constructivist, for example, may object to the picture sketched by Ladrière of complete independent mathematical theories that cannot be understood by our finitary formal approximations of the theories, we think it makes a lot of sense to assume that mathematical theorems do have an interpretation. And although nothing forces us to completely understand this interpretation before making use of it, mathematicians who use classical logic, in principle, need to assume that each formula is either true or false in the interpretation. This interpretation need not be human independent, absolute, real or even convincing, but it must demarcate the true formulas from the false.

In this view, every theory is unavoidably interpreted. It is the interpretation that corresponds to "reality", which cannot be captured by our formal theories (according to Ladrière). While the interpretation may not have anything to do with reality as such, it is true that we can distinguish a domain of discourse from the formal methods used to make this domain precise. This interpretation is not just some problematic intuition, but an inescapable part of doing actual mathematics as a human. One speculative question that will likely never receive an answer is whether this interpretation is anything even remotely resembling Mathematical Reality or Mathematical Truth. Yet, we believe that it is the task of the metamathematician to clarify the formal aspects of both mathematics and its interpretations. The goal is to answer the following questions: how can a mathematician rationally both reason about mathematical objects (producing meaningful language) and engage in mathematics (following rules)?

It seems likely that even abstract mathematical theories like formal logic, category theory, and abstract algebra are fundamentally interpreted. Admittedly, it is useless to say that statements in e.g. topos theory (a part of category theory, which captures aspects of the structure of set theory) are to be interpreted by some concrete (elementary) topos. A concrete topos is, just like any other category, a collection of things with some binary relations between them (that respect a couple of principles). It is equally useless to say that statements in group theory (in abstract algebra) are to be interpreted by some concrete group (a set combined with an operation on elements of that set). Moreover, it does not make sense in formal logic to interpret concrete sets of formulas by using a concrete model. All of these theories are proposed as abstract ideas that move away from the concrete. In category theory, we are interested in what categories with certain properties have in common. In algebra, we are interested in what algebras with certain properties have in common. In logic, we are interested in what is true across all possible models (of a set of sentences). Thus, it may seem essential that these mathematical theories are not to be interpreted, but studied through their formal properties.

We think this is a misunderstanding similar to believing that chess expertise is not really an "expertise". The interesting and unavoidable interpretations of such abstract theories are not the concrete domains they conceptualize, but rather the collection of all such domains. Category theory is not about the elements of a category, but concern (the collection/universe of all) *categories*. Abstract algebra is not about the objects in a concrete algebra, but about (the universe of) algebras. Formal logic is not about the objects in a concrete domain of a model, but about all possible formulas and theories, their relations, and their models. More generally, abstract mathematical theories are about structures (shared by many concrete mathematical collections), not about the concrete objects within a structure. Moreover, we claim that such theories have to be about these structures and cannot exist in the completely formal void of pure string manipulation. For why would we engage in such a project or think that there is any chance that these manipulations could be in any way applicable to empirical and applied sciences (if they are just empty string manipulations)?

Even formalists are fundamentally engaged in a semantic practice. Their practice of formalizing theories does not concern the concrete objects that they refer to by these theories (if there even are objects like that), but the formalisms themselves as pure formal games (and so as mathematical objects themselves). The best evidence for this is that formalists are at least concerned about the well-defined nature of formalism and its relative consistency in relation to other formalisms. One cannot be authentically concerned about these things if one is agnostic about their very existence. The formalistic sentence "system T is consistent if system S is consistent" has a meaning: it talks about the relation between two mathematical objects.

As such, there is some evidence for the following normative position: A formal system can only be interesting (for mathematics) if it is relevant to the truth of sentences in an interpreted language.

As we saw, the interpreted language does not need to be the language of the formal system (and often is not). But if one accepts this position, one also needs to clarify the definition of an interpretation, its ontological and epistemological status, and how human beings deal with it. It surely is something we cannot access by simple observation, because abstract objects, like mathematical objects, cannot be observed through our human senses. Nor can we obtain it by deduction within a formal system. A part can be formalized inside a formal system (think of set theoretic formalizations of the standard model of arithmetic), but it seems dubious that pure deduction can provide us with a full interpretation. The interpretation is usually present prior to its formalization. Formal methods of dealing with interpretations are usually the result of a process of specification of an intuitive and tentative idea.

V. What Is a Foundation of Mathematics?

Identifying a foundation of mathematics can be a rather mysterious process. It is a concept that can give the mathematician working on local mathematical problems the certainty that his work is (ideally) a (small) contribution to the construction of a unified, solid/reliable, and meaningful mathematical building. The clearest form in which one can recognize a foundation is the naive logistic project of reducing all mathematics to a pure and exact logic. The classical view is that logical truth is absolutely true and independent of the truth in our world. Once one accepts such a position, and the logistic project succeeds, we have a mathematics which is coherent (logical truth is by definition coherent), unified (all of mathematics is reduced to the one discipline of logic), reliable (logical truth is taken to be the maximal level of reliability) and meaningful (if logic is the theory of reasoning and language, then so is mathematics for the logicist; the mathematical construction is thus part of the large project of understanding human reasoning).

A formalistic foundation uses formal systems to construct a mathematical building. The formal rules could be seen as forming the cement that holds the building blocks together. Yet, they can only warrant the solidity/reliability-aspects of the mathematical building. For the "being unified"-aspect, we also need reduction or translation methods to reformulate all kinds of mathematical systems into the formal system's language. More surprisingly, it seems unavoidable that a formalistic foundation interprets at least the axioms of the unifying formal system in order to guarantee meaningfulness or usefulness. The formalist need not decide exactly what meaning is given to the axioms, but she should at least have some guarantee that there could be a meaning or use. In the case of Euclid's geometry, it was clear for Euclid that geometry was about the space of the physical world and that the axioms were evident truths about space. A set theoretic formalistic foundation will ultimately have to claim that the basic axioms of set theory are evident truths concerning what the things we call sets look like (in the world) or how mathematics constructs collections to collect mathematical objects (sets as human constructions).

One may ask why a mathematical foundation should warrant usefulness or meaningfulness. Admittedly, this is, to a large extent, a philosophical choice. Nonetheless, it seems hard to escape that, if interesting mathematics is to make a difference for the truth of interpreted language, the very basic concepts to which other mathematical concepts are reduced should make a difference. Moreover, both mathematicians and philosophers of mathematics are interested in answers to questions on what mathematical knowledge is and why it seems so certain (more certain than empirical sciences). If the foundation to which mathematics is reduced is nothing but empty or useless formal machinery, one may wonder how the rest of mathematics can be interpreted. And again, the ultimate objects of (the intended interpretation of) a mathematical foundation do not necessarily have to be referents of the constants that occur within the axioms of the foundation. They may be the possible structures to which the axioms could refer. In other words, they may be possible universes rather than one specific universe, or may even be the possible syntactic constructions and relations between them. Yet, we endorse that a foundation without objects or any interpretation whatsoever is nothing more than a machine producing an unintelligible stream of symbols.

Should a foundation really be unifying? Not necessarily, but in order to count as a foundation of mathematics (rather than of a specific mathematical field), it should be a foundation of multiple mathematical disciplines/theories/fields. It is probably too much to ask for a single foundation that represents all mathematics. Mathematics is likely too large, vague and open-ended as a discipline for such aims. It is not clear what can be considered mathematics. The term 'mathematics' ranges from the very abstract to the more concrete. Is logic part of mathematics? Is formalized metaphysics part of mathematics? Is string theory mathematics? Is computer science part of mathematics? Is applied statistics part of mathematics? More fundamentally, there seems to be no restriction on the human capacity to construct (via metalinguistic considerations) ever more complicated mathematical structures. Once we fix a certain practice as mathematical, we can always come up with the study about that practice and, if it happens rigorously, there is no reason to not also call that study a part of mathematical practice. As such, unifying all of mathematics seems to be out of the picture. Yet, if one only aims to establish a foundation of, e.g., local class field theory, there is no reason why it would teach us anything valid outside of local class field theory. There is no reason why such a foundation would bring us any closer to understanding mathematical knowledge and practice (outside local class field theory). If, on the other hand, something is a foundation of several diverse disciplines (set theory and category theory can e.g. be the foundation for number theory, analysis, algebra, recursion theory, and many more), there is a reasonable probability that other mathematical practices could also be captured by the foundation, therefore also allowing the philosophical content of the foundation to be applicable to these mathematical practices.

Let us summarize.

1. Formal methods are by far the best tool we have to make mathematical ideas and practices precise, reliable, clear, and open to critique
2. a formal theory is only interesting if it has an effect on meaningful statements (formulated in an interpreted language)
3. the limitations of formal methods teach us that, for most reasonable interpretations, the formal methods can never fix the entirety of the truths within the interpretation
4. a foundation should be solid and (useful or meaningful)
5. formal methods can provide solidity
6. interpretations can provide meaning
7. interpretations are not necessarily referring to an external human independent reality

8. a foundation based on meaning and formal methods should explain how one should deal with the gap between the two
9. a foundation should explain how its components relate to mathematical practice in a precise manner.

VI. Pragmatic Foundations

1. *General Aspects*

In this section, we will present a short introduction to a novel proposal to deal with foundational questions and problems (for a preliminary implementation of this proposal[23]). We will suggest some steps towards an approach to the foundation of mathematics that takes both formal methods and their limitations seriously, while simultaneously attempting to go beyond them in a maximally precise way. The original foundational projects in the philosophy of mathematics first started around the end of the 19th century. The technical and symbolic tools needed to explicate reasoning, proofs, algorithms, models, theories, etc. has boomed since that time. There are now not only all kinds of classical logic tools, but also non-classical ones that are useful for better understanding the foundation of mathematics. Paraconsistent logics, relevance logics, intuitionistic logics, game theory, forcing methods, non-standard mathematics, non-monotonic logics: all of these are potentially relevant to the foundation of mathematics and could potentially enable solutions of problems that had hitherto seemed unsolvable.

Considering the fact that a foundation has to be meaningful or useful, it is not easy to avoid an image of mathematics in which its universe is a mysterious realm outside of our spatio-temporal world to which only skilled mathematicians have some privileged access. Despite lacking a mathematical sixth sense, and because pure deduction does not suffice, it is tempting to conclude that this privileged access must happen via mathematical intuition. Although it is not at all evident (or useful for that matter) to deny the existence of this mathematical realm, such considerations are of little practical use. Mysterious notions do not bring us closer to an explanation of the success of mathematical practice.

Thus, we aim to propose a more explanatory foundational approach, which we call *pragmatic foundation*. An exact definition of what it means

23. P. Verdée, *Non-Monotonic Set Theory as a Pragmatic Foundation of Mathematics*, in *Foundations of Science* 18 (2012), no. 4, 655-680.

for a foundation to be pragmatic will not be given, but, after this introduction, it should be clear for the reader that the approach takes (or aims to take) pragmatic aspects of mathematics relatively seriously, certainly more so than existing foundational projects, such as Brouwer's intuitionism, Frege's logicism, Bourbaki's set theoretic foundation, and Hilbert's formalism.

The general aim of our approach is to be maximally relevant and understandable. More concretely, we aim for a maximally precise and rigorous approach that could ideally found any field of mathematics. At the same time, we want to be metaphysically parsimonious and avoid presupposing heavy platonistic (or other, e.g. psychological, sociological, religious) ideas, while also stopping short of suggesting anti-platonism.

We would like to investigate how modern logical and mathematical tools make it possible to obtain all of these requirements. Our research so far is quite promising.

2. *Ingredients of Our Pragmatic Foundation Project*

The pragmatic foundational project we propose has the following key ingredients: a) a pluralistic formal core; b) a dialectical interpretation; c) precise dialectical methods; d) ultimate interpretations. Let us elucidate these ingredients one by one.

a) Pluralistic Formal Core

The formal axiomatic method has made it possible for mathematics to become clearer, more solid, more self-critical, and less susceptible to paradoxical constructions. At some point in their development, all "grown up" mathematical theories are successfully formalized. Those formalizations make the informal theories (which are by themselves not much more than a body of quite diverse definitions, assumptions, and informal proofs provided by a group of people using a similar vocabulary) into unified bodies of knowledge that hang closely together. We should therefore recognize how essential formal methods are for the foundations of mathematics. Yet, regardless of the importance of some formal theories, aiming for a single, all-encompassing one represents a failed project. Set theory or topos theory can capture a lot of mathematics, but not all of it. There are always notions that escape a unified formal theory, for reasons of paradoxes (think of the category of all categories, set of all sets, ordinal of all ordinals etc.) and for reasons of mathematical creativity (as soon as we have a mathematical formally fixed construction, we can always come up with more complex notions constructed on the basis of the fixed theory).

On the other hand, because of Gödel's incompleteness, the one unifying formal theory will always miss some true sentences.

Thus, it is important that one understands the foundation of mathematics as containing a multitude of formal theories, at least one for each mathematical field. Within each field, however, there could be multiple formal theories all capturing different ways to disambiguate an informal concept. ZF captures a whole different notion of set than Quine's NF. Both, however, are acceptable mathematical notions that are worth studying. The fact that they seem to be competing theories results from their use of the same informal word "set". Nonetheless, having a multitude of set-like notions is not harmful to mathematics, and one often just uses a different vocabulary. A pragmatic foundation aims to contain all of these formal theories (if they are studied carefully in mathematics). Even more importantly, it aims to contain (all) interesting relations between theories, plus the proofs of the validity of these relations. Which theory can interpret (or, equivalently, prove the consistency of) another theory? Which theories can be either reduced or extended to other theories? Which theories are (in)compatible with which theories? Incidentally, note that these relations are actually ternary: theory X proves that theory Y stands in a certain relation with theory Z. Pure logic does not suffice for such proofs, for in pure logic we cannot even speak of theories.

To sum up: we consider a set of formal theories and proven relations between these theories as the formal core of the foundation. The relations ensure the fact that the combined theories form a unified and strongly connected core. Through this, the unification does not create a single theory of everything, but one dense gigantic network of highly interconnected mathematical theories.

b) Dialectical Interpretations

The formal core is completely deductive in nature. Formal theories are defined by closing axioms under a deductive logic, and the relations between the theories are formally (and deductively) proven in one of the other formal theories. Mathematics, however, is much more than a deductive practice. Mathematical theories and proofs are constructed or discovered. The context of discovery (in contrast to the context of justification)[24] is strongly linked to interpretations. The context of discovery does not proceed deductively. Mathematicians use, in this context, non-deductive

24. I use "context of justification" in a very narrow sense; not the context in which one is trying to come up with a justification, but the one in which one communicates the justification of an already justified result.

defeasible reasoning methods very similar to the ones used by empirical scientists. One uses both inductive and abductive methods, ceteris paribus assumptions, counterfactual reasoning, disambiguation, analogical reasoning, and inconsistency handling. Illustrating this in detail requires a deep study of mathematical practice. Here, I will give some idea of how such non-deductive methods are used: Induction: finding a proof by first jumping to the provisional conclusion that, because one finds a couple of positive instances of a property (and no negative instances), the property holds for all instances; Abduction: one conjectures and wants to prove B, while knowing that if A then B, then one conjectures A and tries to prove that one; Ceteris Paribus assumptions: one will often assume consistency and decidability as long as it is not proven that we are dealing with an unusual case (more particularly, e.g. mathematicians using arithmetic will assume that the conjecture they are working on is not an undecidable sentence of formal arithmetic by either proving the theorem or finding a counterexample; in the undecidable case neither will work); Counterfactual reasoning: new theories are often developed by asking what would be true if we were to change some fundamental properties of the objects under consideration (think e.g. of non-standard analysis, which is obtained by asking what would happen if one gave up the Archimedian property of standard analysis); Disambiguation: when developing a field of mathematics, one often starts with a formally ambiguous notion and solves the related problems by disambiguating it into two more precise notions (think e.g. of the distinction between set and class in NBG or ZF set theory).

Interpreting mathematical theories requires very similar methods: analogical reasoning, reasoning with consistency assumptions, inductive reasoning, reasoning with imprecise definitions, etc. Admittedly, not all interpretations can likely even be linguistically expressed. Yet, the interpretations that make a difference for the foundation of mathematics are those that are communicable. A completely private interpretation of a mathematician is of little importance for mathematics as a discipline that needs interpretation. All communicable semantic reasoning happens in a language. Although it does not happen deductively, this reasoning may follow certain syntactical rules. Moreover, discussing the results of this reasoning is possible. Let us take the example of interpreting Peano arithmetic by an intuitive version of the standard model of arithmetic. If one wants to claim that the Gödel sentence is true in the standard model, one could use the analogy of a finite set of natural numbers up to some (very) high number. One reasons that it is impossible for them to code the proof of the Gödel sentence. In the finite case, we can thus conclude that the Gödel sentence is not provable by (the proof encoded by) any of those numbers. Next, we notice that we need to prove something about an infinite set of natural numbers. To do that we need an inductive generalization: if it holds for every similar set of arbitrary size, it will also hold for the infinite set of all natural numbers. This is not a deductive logical rule, but a contentious claim about the generalizability of finite estimations to the infinite case. We can only take this step by assuming that everything behaves normally. The rule is thus only valid Ceteris Paribus and is part of defeasible and non-deductive reasoning.

We also conjecture that the non-deductive reasoning patterns found in mathematical discovery, creativity, and interpretation practices can be precisely and symbolically explained and do obey certain form-related rules. But, unlike deductive reasoning methods, the methods found here are fundamentally dialectical and dynamic in nature. As conclusions are often only provisionally valid, one can challenge them by trying to rebut them. It is these games of provisional conclusions, their rebuttals, and the rebuttals of the rebuttals that constitute the rules of rationality for the interpretation aspect of reasoning. We do not wish to determine whether the dialectical aspects are realized internally (by self-critical beings) or externally (by a social group of mathematicians). Both seem valid and reasonable.

It is this aspect that is supposed to give finite intellectual beings the capacity to move towards establishing the meaningfulness of mathematical theories.

c) Precise Dialectical Methods

In order to make the creative and provisional aspects of the practice of interpretation communicable and universally criticisable, we need to define form based rules for making provisional conclusions, and for criticizing both these conclusions and their critics. There is no reason why we should not aim to make this part of our foundation as precise as the formal part. Even though the results maintain a lower degree of reliability and certainty, these techniques should not be vague.

We do not want to claim that working mathematicians discussing interpretations are guided by standards of reasoning that can be formulated in a perfectly exact way. We only want to propose a way of constructing foundations of mathematics that (at least) aims at making these rules precise. Foundations have always been normative or explanatory in nature. Nobody claims that actual mathematicians were fundamentally always reasoning along the lines of foundational structuralism, logicism, intuitionism, or formalism. All of these foundations have consistently been rational reconstructions that have significantly departed from actual reasoning. The fact that we want to stay closer, and more relevant, to actual mathematical practice does not change the fact that our foundation is bound to be a reconstruction that deviates from actual mathematical thought.

This aspect warrants the reliability and the unifiability of the interpretative methods.

d) Ultimate Interpretation

The last ingredient is that which corresponds to the ultimate interpretation. It aims to produce complete versions of mathematical theories. It aims to represent how mathematics is ideally supposed to converge.

For reasons related to Gödel's first incompleteness theorem, the ultimate interpretation cannot be semi-recursive (like a formal theory) in case of theories of certain expressivity. Non-semi-recursive theories are not susceptible to incompleteness in a Gödelian sense.

So how do we obtain such conclusive interpretations? Can they even be thought? Are they in any way related to our rather earthly pragmatic views of foundations?

The answer is positive. Given both the correct formal tools and the right rules of the dialectics of interpretation, the dynamic reasoning process should ultimately converge into a conclusive interpretation. All things considered, our correctly adjusted estimations of how to interpret formal theories should stabilize into what can ultimately count as a good interpretation after possibly transfinite number of adjustments.

Now, one may wonder how it can be assured that the dialectical steps converge into a real interpretation that corresponds to Mathematical Reality. It cannot. After all, Mathematical Reality may be so inaccessible to us that any of our methods will inevitably go in the wrong direction. Yet, this is of no concern to pragmatic foundations. If the discrepancies with Real Mathematics do not affect actual practice, it is harmless. If they do affect actual practices, the dialectical self-critical nature of the foundational interpretation practices will make sure that the result is long adjusted before the ultimate interpretation is reached (in an abstract and infinite way, of course).

3. *Implementing Pragmatic Foundations: Adaptive Logics*

Adaptive logics[25] are very suitable for the implementation of the dialectical and ultimate aspects of the aforementioned foundational enterprise.

25. D. Batens, *The Need for Adaptive Logics in Epistemology*, in D. Gabbay – S. Rahman – J. Symons – J.P. Van Bendegem (eds.), *Logic, Epistemology and the Unity of Science*, Dordrecht, Kluwer Academic Publishers, 2004, 459-485; D. Batens, *A Universal Logic Approach to Adaptive Logics*, in *Logica Universalis* 1 (2007) 221-242.

They were designed by Batens and his students to formalize all kinds of defeasible reasoning, mostly in the empirical sciences.

The reason why logics in the adaptive tradition are particularly suitable for the kind of pragmatic foundation introduced here is that they are precise ways to capture creativity and uncertainty, and, moreover, they combine provisional reasoning with a sort of ultimate standard. For each adaptive logic, there is a dynamic proof system that symbolically captures dialectical reasoning processes. These dynamic proofs contain provisional conclusions. Yet, specific provisional conclusions become ultimately stable (often the prover is not aware of this at a finite stage of the proof process). These are the conclusions that constitute the ultimate adaptive consequences of the premises of the provisional proof. These consequences are typically not semi-recursive for recursive premises[26].

Consider an adaptive logic and a set of mathematical premises (e.g. the axioms of a foundational formal theory plus some meta-statements about the theory). The (ultimate) adaptive logic consequences of the premises will generally be a non-semi-recursive theory. Such theories go beyond the scope of the limitations of formal systems. They can be complete and prove their own consistency.

Another reason why adaptive logics are good candidates for the specification of our pragmatic foundation is that they are very flexible. One can choose to base them on both classical and non-classical logics. The best known adaptive logics are even paraconsistent in nature, which means that they are inconsistency tolerant. Given how susceptible intuitive mathematics is to paradoxes, it may be safer to start interpreting this field in a way in which inconsistencies do not trivialize the whole theory. Moreover, they are also flexible in the sense that they can easily be combined with more complex adaptive logics that contain a dialectical structure of arbitrary complexity.

I will not go into the technicalities of the adaptive framework, but we will list some successes that will (likely) be both achievable by an adaptive logic and interesting for the (pragmatic) foundations of mathematics.

- a logic for the omega-rule (and other forms of transfinite proof techniques)
- a logic for assuming consistency unless, and until, proven otherwise
- an inconsistency tolerant safety net for inconsistencies (but also assuming the law of non-contradiction by default)

26. D. Batens – K. De Clercq – P. Verdée – J. Meheus, *Yes Fellows, Most Human Reasoning is Complex*, in *Synthese* 166 (2009) 113-131.

- intentionally including inconsistent parts of mathematics (Russel set, self-reference, one's own semantics)
- semantic considerations as conditional assumptions: information originating from the interpretation one has in mind can be explicitly assumed (until proven that there are other elements pointing at another interpretation)
- capture mathematical abduction and counterfactual reasoning to discover mathematical results and to grasp the links between formal theories.

Conclusion

We discussed several limitations of formal systems. We saw that a formal system cannot prove everything that is true in the fundamental interpretation of mathematics (if there is such a thing). Repeated in an imprecise way, formal theories cannot simultaneously deal with both mathematics and the semantics of mathematics.

Next, we looked at Ladrière's comments on these limitations. He neatly expresses how formal systems are the right (and the only) way of making mathematics precise and free of contradictions. However, according to Ladrière, it is precisely their finite and exact nature that explains why they can never suffice to make all informal reasoning precise. The totality of mathematics cannot be captured in one formal system.

Inspired by a non-platonistic reading of Ladrière's ideas, we developed our own proposal for the foundation of mathematics, viz. what we call a pragmatic foundation. Through this foundation, we want to bring together and confront intuition and formalism in a way that is guided by, and that wants to be useful for, actual mathematical practice.

In mathematical thinking, human creativity plays an important role. Neither the capacity of stepping outside of theories to construct ever more complicated (meta-)results nor the ability to link seemingly unrelated theories are informal in the strict sense of the word. The methods are not pure syntactic manipulations inside a pre-defined system. Still, every attempt at making them precise results in a formal system. We propose our new foundational process to mediate between the formal and informal systems.

In our approach, we choose symbolic and precise methods for both the formal and creative/interpretative aspects of mathematics. We believe that it is more explanatory to not rely on intuitions, ambiguous notions, or sloppy language. Advances in non-classical logic research and, more specifically, logics within the adaptive logic family, have made it clear that non-deductive reasoning can be understood by rules that are as precise as the ones for deductive logics. If these are used for the foundation of mathematics, we hope to obtain a foundation that not only clarifies the strong axiomatic part, but also the underlying creative and interpretative aspects.

Faculté de philosophie, arts et lettres
Institut supérieur de philosophie
Université catholique de Louvain
Place Cardinal Mercier 14/L3.06.01
BE-1348 Louvain-la-Neuve
Belgium
peter.verdee@uclouvain.be

Peter VERDÉE

SCIENCE AND STANCE REFINEMENT FROM WITHIN A TRADITION

COMMON SENSE REALISM, EMPIRICISM, PHYSICALISM, AND UNDOGMATIC FAITH

I. Introduction: Relating Scientific and Manifest Images

Wilfrid Sellars famously characterized philosophy as an attempt "to understand how things in the broadest possible sense of the term hang together in the broadest possible sense of the term"[1]. At the forefront of Sellars' own attempts to reach a coherent general view of reality and our place in the cosmos was the question of the extent to which various views of continually refined common sense (the Manifest Image) can survive integration with, or even just continue to coexist alongside, a contemporary scientific picture (the Scientific Image).

The importance of Sellars' synoptic question is now widely recognized. Aren't all of us, nowadays, enthusiastic about science? The *content* of current science yields an abundance of reliable information about what reality is like. We acknowledge that we should take its latest and best results seriously, though perhaps not uncritically. Moreover, there is a great deal of interest in big questions such as: Does science provide anything like a worldview – some sort of single comprehensive perspective on reality – or does it leave room for reasonable disagreement on a variety of outlooks? How does science relate to empiricism, physicalism, naturalism, scientism or other philosophical perspectives often associated with science? To what extent is science compatible with faith in God or divine action in the world? Does science now set the terms for the only sorts of explanatory or causal accounts that are tenable today? What sorts of pressures or constraints does science put on particular claims that we have come to regard as common sense, cherished convictions, or even basic values? When our various beliefs or intellectual commitments do come to stand in tension how can we bring them into a comprehensible reflective equilibrium?

Science is also a spectacularly successful human *activity* and the claim that its methods of empirical investigation are paradigms of rational

1. W. Sellars, *Philosophy and the Scientific Image of Man*, in R. Colodny (ed.), *Frontiers of Science and Philosophy*, Pittsburgh, PA, University of Pittsburgh Press, 1962, 35-78; reprinted in W. Sellars, *Science, Perception and Reality*, London, Routledge & Kegan Paul Ltd., 1963, 1-40, p. 1.

inquiry is uncontroversial. One great characteristic of this activity is that it is a collective endeavor of a diverse public. Science is a cooperative social enterprise in which it has been possible for people to reach a wide level of agreement in our understanding of nature, despite deep and persistent differences in metaphysical or religious outlooks. This diversity should alert us not to let Sellars' use of the definite articles mislead us here, by incorrectly assuming either more widespread agreement about what constitutes "the" Manifest Image, or about the kinds of metaphysical claims that science delivers, than we find. The diversity of views we encounter is not only synchronic but diachronic. As Sellars recognized, both Manifest and Scientific Images are moving targets – traditions that develop and evolve over time.

We can face the task of interpreting the significance of a contemporary scientific understanding of the world for big questions as individuals or as participants in various communities. And the task looks different depending on the traditions with which we identify. In this ongoing endeavor to reexamine and improve our epistemological standing, Otto Neurath[2] was correct that we can do no better than to start from where we are. I have been asked, as a philosopher of science and a committed Christian, to reflect on how the attempt to come to terms with what science tells us about reality might look from within the Christian tradition. As a way into this topic, I shall briefly consider how the notion of a stance, introduced by Bas van Fraassen[3], helps us to understand the interactions between science and three attractive and influential philosophical traditions – physicalism, empiricism, and common sense realism. I shall then go on to offer some all too incomplete remarks about how similar insights might open new possibilities of *rapprochement* for those thinking about science and religious commitment from within the Judeo-Christian tradition.

II. Science and Three Philosophical Traditions: Physicalism, Empiricism, and Common Sense

As Bas van Fraassen has argued, often continuity within a tradition comes not at the level of doctrinal agreement but in shared sensibilities, attitudes, and values that make up a stance. A stance is, roughly, a sort of posture or approach or policy one can adopt in doing philosophy – a position

2. O. Neurath, *Anti-Spengler*, Munich, Callwey, 1921.

3. B.C. van Fraassen, *The Empirical Stance*, New Haven, CT, Yale University Press, 2002.

which, though it might be accompanied by beliefs or other contentful cognitive opinions, consists primarily in holding attitudes, commitments, values, or goals[4]. The notion of a stance can perhaps best be understood by examining several examples of the kinds of clusters of attitudes and evaluative judgments that might arguably characterize core features of various distinctive philosophical traditions.

1. *Physicalism*

As our first example of how a philosophical tradition might interact with and respond to developments in the sciences, consider materialism or physicalism. Physicalism is, on the face of it, a global ontological thesis (roughly, the claim that *everything that exists is physical*). What counts as "physical"? The physicalist might start by specifying what "physical" excludes: there are no ghosts or fairies or gods (and perhaps no tables, mountains, minds, or persons) or anything at all spooky like that. Or we could point to examples – like sticks, stones, and bones – and argue that everything else is like that. But physicalists often seek to associate the content of their position more closely with science.

Suppose that we define "physical" with respect to what is countenanced by science – perhaps by some such thesis as: *reality includes nothing but the entities, properties, and events recognized in physics.* Carl Hempel[5] pointed out that, in attempting to specify the content of "physical" in this way, the physicalist faces a choice between two alternatives, neither of which looks attractive. We could define the physicalists' ontological commitments with respect to either (a) current science or (b) a future completed science. Defined with respect to future science, physicalism is either trivial or obscure (since we don't yet know what the content of future science will include). Defined with respect to current science, physicalism is probably false (given the pessimistic induction from the history of science and the fact that current science is recognizably incomplete).

The point here is not that physicalism cannot be advanced as a clearly defined thesis[6]. Nor is my aim to assess the arguments that might be

4. VAN FRAASSEN, *The Empirical Stance* (n. 3), pp. 47-48.

5. C.G. HEMPEL, *Reduction: Ontological and Linguistic Facets*, in S. MORGENBESSER – P. SUPPES – H.M. WHITE (eds.), *Philosophy, Science, and Method: Essays in Honor of Ernest Nagel*, New York, St. Martin's Press, 1969, 179-199.

6. David Lewis defines it as follows: "Roughly speaking, Materialism is the thesis that physics – something not too different from present-day physics, though presumably somewhat improved – is a comprehensive theory of the world, complete as well as correct. The

mounted for physicalism or for affirmative answers to questions such as: Has science progressed to the point where, in broad outlines, it entails that the universe is a causally closed system or now not only discloses everything that exists but also that there is nothing else besides? Notice instead that materialists' views about what counts as physical have been revised considerably over the centuries. Democritus' ancient claim that reality consists in nothing but uncuttable atoms swirling in the void has given way to forces, energy, space-time points, quarks and electrons (or other varieties of fermions and bosons), superstrings, loops, and fluctuations in quantum fields. If we reject the ancient theses as scientifically outdated, revise our ontology to include items that are not clearly material objects in any traditional sense of the word, and recognize that even the existence of these might well be discredited by future developments in science, in what sense can we identify and characterize a continuous tradition that persists through such changes? Van Fraassen argues that the tenacity with which physicalism (and its precursor materialism) has been held through major transitions in ontology suggests that the position is better understood as a stance or a policy characterized by a central commitment to being guided by and limited to physics, or to natural science more broadly, in opinions about what there is. Today's physicalists share with their materialist predecessors a satisfaction with science as complete – as the only tenable source for views on what there is.

Whether we construe physicalism as a stance, as a metaphysical claim tied to current theories, or as a prediction about what science will eventually countenance, these attitudes and claims are neither results of science nor assumptions that are required for scientific inquiry. As with any contemporary tradition, notice that physicalism faces outstanding puzzles. What sort of story can the physicalist tell about mathematics or the status of numbers, which play an indispensable role in scientific inquiry? How do consciousness, subjective experience, and intentionality fit into the picture? What shall physicalists make of the fact that recent cosmological theories concerning dark matter and dark energy suggest that ordinary baryonic matter may make up less than 5% of the mass-energy in our universe? Or why think that we are in a position to know that reality includes only physical entities, when some of our latest theories suggest that our universe may indeed be only one of many others which are beyond the reach of observation? Do we have good reason not to expect that, even in the limit of inquiry, there will not be a multiplicity of

world is as physics says it is, and there's no more to say", D. LEWIS, *New Work for a Theory of Universals*, in *Australasian Journal of Philosophy* 61 (1983) 343-377, p. 361.

empirically adequate but mutually incompatible theories (or perhaps even rival empirical equivalent total theories of the world that differ in their core metaphysical claims)?

2. *Empiricism*

Other attitudes toward science are clearly available to us. One might be impressed with an abiding sense of awe, wonder, mystery, beauty, or elegance of the universe that is not diminished by scientific discovery[7]. The value that we place on scientific inquiry might be accompanied by an openness to the full range of human experience – including, perhaps, the arts, literature, humanities, and religious experience. MIT physicist Alan Lightman, for example, describes being "haunted by the suspicion that what we see and understand of the world is only a tiny piece of the whole"[8]. One might think that a proper understanding of science should include a critical awareness of its scope and limitations – perhaps a healthy suspicion of metaphysical claims or assumptions that might be masquerading as science.

Van Fraassen contrasts the physicalist's stance of deference to the content of current science with the empiricist's admiration for undogmatic empirical methodology (including a willingness to revise in light of experience) and characteristic rejection of certain types of metaphysics (including a skeptical attitude toward explanations that involve postulation of entities that are beyond the reach of experience and resistance to at least some kinds of overreaching factual and evaluative judgments that might underlie claims that the ontology countenanced by current science is more or less complete).

Like physicalism, empiricism faces its own challenges – both external and internal to the tradition. The first aspect of the empiricist's stance is rather uncontroversial. Aren't all of us, nowadays, enthusiastic about empirical inquiry? Not everyone, however, shares the empiricist's distinctive distaste for metaphysics. Is the empiricist simply being overly skeptical? Scientific realists challenge that science delivers more information about unobservables than empiricists have tended to allow. Moreover, because the thesis that experience is the one and only source of information about the world has not been and perhaps cannot be established by empirical inquiry (and indeed risks being formulated as precisely the sort of metaphysical claim that empiricists have characteristically been at pains to avoid), van Fraassen argues that contemporary empiricism is also more

7. VAN FRAASSEN, *The Empirical Stance* (n. 3), p. 155.

8. A. LIGHTMAN, *The Accidental Universe: The World You Thought You Knew*, New York, Vintage Books, 2013, p. x.

defensibly formulated as a stance rather than a thesis[9]. However, if the empiricist's allegedly radical critique of metaphysics is at bottom rooted in an expression of values (such as disdain for ontological claims that lack empirical grounding), what bite can such a critique have against those who hold other values? Moreover, other empiricists might be reluctant to give up so quickly on the task of formulating their view in doctrinal terms and instead want to explore the prospects for offering a bold empirical defense of their thesis. We are biological organisms. Are not questions about the kinds of perceptual and cognitive access we have to the world empirical ones? Almost everyone agrees that experience is *a* source of information about the world. Why shouldn't the empiricist couple this plausible thesis with a commitment to critically evaluating the grounds that anyone puts forward for alleged alternative sources?

3. *Common Sense Realism*

Another sort of tradition, perhaps more closely associated with the Manifest Image than either of the previous two traditions, is the sort of common sense realism championed by the likes of Thomas Reid, G.E. Moore, and Roderick Chisholm. We might take the core of this tradition to be something like the assertion that one is *prima facie* justified or rational in believing particular claims about how things seem. We are typically entitled to ordinary perceptual beliefs like: *this is a desk, I have two hands, and I have a headache.*

Such beliefs can be accompanied by a healthy fallibilism rather than dogmatism, sensibly allowing that we can be mistaken and that such beliefs are defeasible and open to challenge. But, unless presented with some good reason to the contrary, we are ordinarily entirely reasonable and within our rights to continue to hold such spontaneously formed beliefs. Under favorable conditions, something similar arguably holds for many of our other properly basic beliefs, including that 2+2=4 (which is self-evident to rational intuition), remembering that "I had breakfast this morning", and propositions such as that "the world has existed for more than five minutes" and that "there are other persons" (which are clearly reasonable, but difficult to argue decisively for or against in the face of skeptical challenges).

The common sense tradition also faces challenges. Why has it been so difficult to understand how a scientific perspective fits with our ordinary

9. VAN FRAASSEN, *The Empirical Stance* (n. 3), pp. 31-63 [Chapter 2: *What Is Empiricism and What Could It Be?*].

understanding of ourselves as persons – as conscious, reasons-responsive beings who have beliefs, desires, feelings, and intentions, and as agents who are morally responsible at least for those behaviors that we assume to be free or under our voluntary control? The Scientific Image pruned back Aristotle's once seemingly obvious doctrine of natural place. Einstein taught us to give up basic intuitions about space and time that may retain some of their grip on us outside the physics laboratory. What quantum theory might require us to relinquish is arguably even more dizzying. Nor do we expect this to be the last time that our intuitions must yield.

Each of these three philosophical stances has its attractions, yet none can simply be read off of science. They all involve further interpretive judgments, attitudes, inferences, or arguments for views which neither the results of science nor successful engagement in scientific practice demand. For all science tells us about what the world is like, there is much that remains underdetermined – leaving room for legitimate disagreement on many philosophical and religious matters. Science, for its part, is an autonomous activity with its own criteria for success and so, as van Fraassen[10] puts it, science has no need for loyalty oaths, secular or religious.

III. Science and the Judeo-Christian Tradition

Let us now turn to consider the bearing of contemporary science on the Judeo-Christian tradition. The characterizations of physicalism, empiricism, and common sense realism were intended to be recognizable as living traditions that are potentially attractive and reasonable whether one would locate oneself inside or outside the tradition in question. Can we similarly come to understand faith in a way that both religious and secular persons might recognize as intelligible and potentially rational? Science is often seen as a powerful secularizing influence on Western society. When people state reasons for not believing in God or for rejecting religion, quite often, these have something to do with science. What room is left for faith, once science has had its say? Are the attitudes involved in faith inescapably dogmatic in a way that sits uneasily with a properly scientific approach to inquiry? Can Christianity survive as an intellectually open option, given what we have learned about reality? Or has science closed off certain possibilities – such as the claim that "there is such a person as God" – that are indispensable to the tradition?

10. *Ibid.*, p. 174.

Our previous observations about stances also invite us to reflect on whether traditional Christianity has as much stake in the outcome of any particular scientific theory or philosophical disputes in metaphysics as is often assumed. Within the Jewish, Christian, and Islamic traditions there is wide, though by no means boundless, latitude for doctrinal disagreement inside each of them. The attempt to find unity at the level of doctrine has often been a source of division and we are well aware that each of these traditions have factions. For better or for worse, Christians have been especially prone to seek unity in common creedal confessions. Within Christianity, not only are there Eastern Orthodox, Roman Catholic, and Protestant traditions, but each of these groups houses a variety of further sub-communities. The official doctrines within many of these communities have continued to change and be refined over time and strikingly different theologies of God's nature, the resurrection, atonement, or the authority of scripture have been put forward. In large ways and small, even individual members of a local communion will differ at the level of doctrine and practice as well as in attitudes and values. Moreover, Christian intellectuals have held a variety of radically different philosophical outlooks ranging, for example, from idealism to physicalism with respect to God's creation, from substance dualism to mind-brain identity with respect to human persons, and from libertarianism to determinism on matters of free will.

1. *Beyond Shallow Characterizations of Religious Traditions*

One of the goals of philosophy of religion should be to understand various religious and non-religious forms of life in a deep way. Yet, much contemporary work in the field continues to presuppose a relatively shallow characterization of the forms of religious response available to us. The standard view has it that responses to God as characterized in classical theism fall neatly into three categories: theism, atheism, and agnosticism. This view categorizes religious responses according to belief, often while assuming a particular set of views about flat-out belief. The idea, at least crudely and as a first gloss, is that there are just three epistemic attitudes that one can take toward a proposition: One might believe that *p*, disbelieve *p* (believe not-*p*), or withhold judgment. Even those who model partial belief in terms of subjective probability often think of theists as people for whom the probability of the proposition that *God exists* lies above some threshold, typically at least above 0.5. But whether we think about belief in flat-out or probabilistic terms, the prevailing tendency is for philosophers to locate the discussion of the kinds of religious forms of life available to us almost entirely within the realm of belief or epistemic opinion. I suggest that such treatments are leaving much of what is most important to understanding religious commitment out of the picture – with the unfortunate consequence that all too often what it is or can be to have faith is often mischaracterized and significant avenues for authentic religious response (e.g., of a sort that might be suggested in some of Mother Teresa's writings) are overlooked or misunderstood.

When T.H. Huxley introduced the term "agnostic" in 1869, as a label for someone who neither believes nor disbelieves that God exists, it was – for contingent historical reasons – primarily associated with religious dissent. For too long since it has simply been taken for granted that someone who finds themselves with a purely epistemic opinion along these lines will conduct themselves in a way that is, at the level of practical action, equivalent to atheism. Notice, however, just how flat-footed such categories for religious response can be.

Consider Aniha and Femia. Let us suppose that Aniha, along the lines of Jas 2,19, fully believes that God exists and yet she is entirely indifferent (or even averse) to this state of affairs. Asked to consider the central content of the gospel, she responds coldly: "Yes, but what of it?" – she does "not love [God] at all, nor even try to, nor trust him at all, nor pray to him, nor adore him"[11]. "Such a person", Price writes, "might as well be an atheist. Perhaps there is even a sense in which he is an atheist, despite the strength of his theistic convictions"[12]. Contrast Aniha with Femia[13], who is genuinely open to the possibility that God exists. She seeks God out of noble motives, and strongly desires to come to a full belief that the Christian proclamation of good news is true. After an honest appraisal of the evidence so far, she finds herself, painfully, in a state that falls short of believing that God exists. Nevertheless, recognizing that, if there is a God, living in relation to God is among the highest of goods she continues to entertain this possibility in all seriousness and with a sense of earnestness, urgency, and longing. Femia seeks not just to participate in public worship and prayer but as Price says, "inwardly", in her own heart and – insofar as she can – she acts as she thinks a person would who strongly believed that God exists. Femia has, let us suppose,

11. H. PRICE, *Faith and Belief*, in J. HICK (ed.), *Faith and the Philosophers*, New York, St. Martin's Press, 1964, 3-37, p. 9.

12. *Ibid.*

13. An imaginary figure drawn from D.J. MCKAUGHAN, *Authentic Faith and Acknowledged Risk: Dissolving the Problem of Faith and Reason*, in *Religious Studies* 49 (2013), no. 1, 101-124. Further developed in ID., *Action-Centered Faith, Doubt, and Rationality*, in *Journal of Philosophical Research* 41 (June 2016) 71-90.

all of the relevant emotional attitudes, affections, reverent devotion commended among "true believers" that can be had apart from a sense that the evidence renders it likely that there is a God. To her sorrow, she finds herself thinking that naturalism is more likely than theism given her evidence. Can we conclude, ah well, Aniha is a theist and Femia is an agnostic (or even an atheist) and leave it at that?

If we do so, we are missing out on a lot that is important to understanding religious life. Moreover, I think that this way of seeing matters sets up both (a) perceived intellectual barriers to religious commitment that are worth tearing down and (b) tempts some religiously committed people into self-deception, into pretense that the evidence is better than it is, or into regulating their intellectual lives in ways that deliberately flout plausible evidentialist norms. As I shall argue, we better understand the role that faith plays in people's lives by attending to what Femia has and Aniha lacks rather than the other way around.

People commonly lumped under the "agnostic" (or "atheist" or "theist") heading can differ widely in their non-epistemic attitudes toward religion. Consider the following real world examples. Ludwig Wittgenstein famously remarked: "I am not a religious man but I cannot help seeing every problem from a religious point of view"[14]. Speaking of the fear of religion, Thomas Nagel writes:

> I want atheism to be true and am made uneasy by the fact that some of the most intelligent and well-informed people I know are religious believers. It isn't just that I don't believe in God and, naturally, hope that I'm right in my belief. It's that I hope there is no God! I don't want there to be a God; I don't want the universe to be like that[15].

We can just as easily imagine people with precisely the opposite affective judgments. These differences in attitudes and values can make a significant difference both in the lives of the individuals who hold them and, as I shall argue in Section IV, in our assessment of the overall rationality of the various ways in which they might choose to live.

2. *Can Science Disprove the Existence of God?*

None of this is to deny that Christianity has a stake in some specific claims about reality, which either are or are not the case (including such

14. M. DRURY, *Some Notes on Conversations with Wittgenstein*, in R. RHEES (ed.), *Ludwig Wittgenstein: Personal Recollections*, Totowa, NJ, Rowman and Littlefield, 1981, 91-111, p. 94.
15. T. NAGEL, *The Last Word*, Oxford, Oxford University Press, 1997, p. 130.

content as *God exists, Jesus is the Messiah, Jesus was raised from the dead*, and so on). Obviously, many of these claims are controversial and are clearly not disclosed to us by science. For example, Christians have tended to see God's creation as contingent, a free and generous act by God – an act that God could have brought about in many different ways. From this perspective, empirical inquiry can be valued as an exercise of our God-given capacities to go and look at how God seems to have done this. Science can be viewed as a human enterprise aimed at developing an empirically adequate understanding of nature (or perhaps at a representation of reality that is as true and as comprehensive as we can realistically attain apart from God's special revelation). On this view, science investigates the relations between members of the created universe, not their relations to God. At least as currently practiced, science makes no mention of God. It does not even attempt to address the possibility that the continued existence of the physical universe depends at every place and moment on the creating and sustaining activity of God or that God has a plan for the world's redemption.

Views such as these and other content which they presuppose opens the potential for tension with science, either because of a direct conflict or because the commitments go well beyond anything that science itself can establish. But not all of the things that Christians have maintained are equally central and not all of them are equally vulnerable to empirical critique. In the seventeenth century, progressive though they were on the issue of heliocentrism, Johannes Kepler and René Descartes took it that the Earth was about 6,000 years old. That is not a reasonable belief for us today and few would see it as an essential part of Christian teaching. I will simply take it for granted that traditions which hope to remain living and plausible options and to continue to attract members in the years ahead have an interest in finding ways of adjusting their outlook and doctrines so as to remain consistent with well-established scientific theories. To those who stand within a religious tradition, a love for truth and commitment to embrace it wherever it can be found should motivate such accommodation.

However, we should not fail to notice several of the other important dimensions along which our attitudes can vary. Even when we restrict our gaze to epistemic opinions there are, at least arguably, interesting differences concerning how resistant beliefs are to changes in opinion in the face of counterevidence that are not captured merely by one's level of credence or subjective probability. For example, while I might be fully confident that "my mother has not committed a murder and that there is still some milk in the refrigerator", overhearing an offhand comment might be sufficient to dislodge my belief about the milk whereas I might have good practical or moral reasons to require more evidence before changing my mind about my mother[16]. Similarly, we should be alert to ways in which the attitudes of those who stand in the Judeo-Christian tradition might take toward the content of his or her faith, the way that the content is handled, and the role that it plays in one's life can vary in important ways. Consider Thomas, a Christian who believes the proposition "Jesus was raised from the dead" but who struggles with doubt and whose level of confidence in this proposition wavers considerably. Being informed of modern historical-critical scholarship, Thomas also confidently believes that "Paul was really the author of Galatians", given that this is the predominant view among scholars. When asked to make comparative judgments about his confidence in these two propositions, Thomas unhesitatingly reports that he is more confident concerning the second. However, these beliefs can clearly differ considerably in the extent to which they pervade his life and connect with other attitudes that he has. Giving the former belief up might be far more disruptive in his life than the latter. Suppose that we now put a different set of questions to Thomas, which reveal different features of how he manages his attitudinal web. When asked about what sort of evidence, if any, Thomas would count as counter-evidence to these commitments, it becomes clear that while he is prepared to give up Paul's authorship relatively easily if relevant information comes to light, whereas Thomas' commitment to the resurrection, let us suppose, is much more tenacious or resistant to revision. This contrast is not a measure of confidence level but rather of what is more or less peripheral to Thomas' faith.

The process of rendering unto science what belongs to science is a healthy one. Like anyone else, Christians should attempt to manage their cherished convictions responsibly and to avoid seeking to insulate them from challenges in a facile way. Notice that even with an expanded appreciation for nuances in our attitudinal structure and of the forms of response available in the face of challenges, a tradition in need of significant adjustments might run into problems. Bultmann's attempt to demythologize the gospel (and a good deal of liberal theology in the twentieth century) sought to reconcile Christianity with science by draining it of much of its ontological content. Yet, a tradition that continues to surrender ever more ground to empirical science might well reach a point at

16. D.J. McKaughan, *Toward a Richer Vocabulary for Epistemic Attitudes: Mapping the Cognitive Landscape*, Ph.D. Dissertation (History and Philosophy of Science Program), South Bend, IN, University of Notre Dame, 2007.

which the wine of faith has been so watered down that even its own adherents can no longer recognize in good conscience what they are drinking as continuous with the tradition of Jesus' first century followers. Alternatively, those who place their faith in adventurous claims that, however inviting, come to seem increasingly improbable given what science tells us, might eventually find even the flames of hope at last extinguished in the dark night.

There are, then, some legitimate questions about the content of the Christian proclamation that deserve to be addressed head on. For example, faith in God doesn't make sense apart from the assumption that there is such a person as God and, ordinarily, to deny God's existence is to step outside of the tradition. In order to have faith or even to hope that God exists, one at least needs to be able to see this as a genuine possibility. One such question, then, is: Can science disprove the existence of God?

Peter Van Inwagen offers an argument for the conclusion that science cannot by itself disprove the existence of God[17]. The reason is that any such argument must include at least one premise that science cannot itself establish.

Think about the logical structure that any argument from observable features of the world to the non-existence of God must take. The argument will draw on science to establish that the universe is some particular way: (1) "The universe has such and such observable features". But in order get from such a premise to the conclusion that God does not exist, you must assume at least one additional premise of the form: (2) "If God exists, then we would not observe that feature of the world". But that additional premise (2) is not a claim that science itself can establish. You might find the additional assumption plausible on independent grounds (or think that some particular religious tradition is committed to it). But Van Inwagen's point is that it won't be the sort of thing that you can read in a top peer reviewed physics journal. It will be a metaphysical claim or theological assumption that is bound to be far more controversial and more open to reasonable disagreement than well-established scientific findings typically are. The evidential problem of evil has that form. But that is why it is a philosophical argument rather than a purely scientific one.

Van Inwagen recognizes that careful systematic observation can disprove (or, if you worry that "disprove" is too high a standard, refute or undermine) certain types of claims about the existence of locally present entities (those which are alleged to occupy space) and some claims about

17. P. VAN INWAGEN, *Can Science Disprove the Existence of God?*, in *Philosophic Exchange: Annual Proceedings* 34 (2004), no. 1, 38-53.

causal processes. You can draw on science to argue, for example, that the crystalline spheres postulated in ancient astronomy do not exist as follows: If the crystalline spheres exist, comets can't pass through them. But comets do pass through regions of space where the spheres were supposed to be. Therefore, the crystalline spheres do not exist. Similarly, in principle, empirical inquiry can decisively settle such claims as that there is no Bigfoot in any of the national parks, no Loch Ness monster in Loch Ness (we could dredge the lake!), no Luminous ether, no phlogiston, and (sorry kids!) no Santa Claus. In contrast, it is not part of traditional theological claims about God that God is observable or that we can predict the circumstances under which anyone might encounter God. Not only is God supposed to differ from the created universe, God also relates to creation in unique ways: as a transcendent creator who sustains all else in existence at every place and every moment.

Even if a "complete" account of the causal relations between members of the universe were available to us, in the sense that there are no causal gaps and nothing more was required to understand nature on its own, how could science rule out the possibility that God creates and sustains the universe? Moreover, if some such candidate theory were available, how could we distinguish it from a rival version that was nearly empirically equivalent but which allowed for the possibility that God occasionally intervenes in irregular ways?

IV. Can Religious Commitment Consist in Something Other Than Belief without Sufficient Evidence[18]?

1. *Faith and the Modern Predicament*

Now even if you agree that science cannot disprove the existence of God, you might nevertheless think that Christian faith is unreasonable or irrational or in some way intellectually defective. One of the most common reasons for thinking this is the idea that faith is belief without sufficient evidence. All too often faith is held dogmatically in just this problematic way. But the objection rests on assumptions about the nature and value of faith that, I shall argue, Judeo-Christian faith does not require.

For the most part, ancient Jewish and early Christian communities of the first century took the reality of God for granted, as a widely shared

18. Much of Section IV presents a condensed version of the argument developed in McKaughan, *Action-Centered Faith* (n. 13).

background presupposition. The pressing questions of faith focused on (a) whether God can be trusted or relied upon to remain faithful in covenantal relations and on (b) the covenantal fidelity, loyalty, and allegiance to God manifest, or lacking, in the lives of individuals and communities. In our time, the question at the forefront of many people's minds is not "Is God trustworthy?" but rather "Does God exist?" or perhaps some epistemic sibling such as "Is there any good reason to think that anyone anywhere ever encounters God?". For many in today's world, this is the modern predicament: one cannot very well trust God that God exists when God's existence is precisely what is in question. Many find it difficult to live with this question while carrying on from within the tradition. Faith in God doesn't make sense apart from the assumption that there is such a person as God and, ordinarily, to deny God's existence is to step outside of the tradition.

As the Apostle Paul well knew (1 Cor 1,23), the central gospel proclamation poses serious intellectual obstacles for some people, even if they are otherwise deeply attracted to its message and values. News of a dead man rising and the accompanying claim that a God who created the universe, loves us, and is acting to reconcile the world through the crucifixion of Jesus of Nazareth strikes many as fantastic. In a world with so much suffering and in which God can seem so hidden, to some such a message seems no more plausible than claims about the Flying Spaghetti Monster and no more evidentially well-grounded than Russell's teapot. Moreover, the prospect of orienting one's life around such a message is as pathetic as Linus waiting for the Great Pumpkin in the *Peanuts* comic strip. But notice precisely here just how easy it is for further attitudes and values, beyond one's sober assessments concerning the likely truth or falsity of such claims, to creep in and what a difference they can make in one's response.

Consider Femia, who can entertain Christianity as a live possibility, but who finds a thoroughgoing physicalism or naturalism more likely – perhaps significantly more likely to be true – when considering their respective claims on strictly evidential grounds. To this, let us add a bit more to her profile, particularly to her values, attitudes, and affections. Rather than dismissing the possibility with disdain, let us imagine that Femia has fallen deeply in love with Jesus as portrayed in the writings of the Greek New Testament and with God so described. She wants, more than anything, to follow Jesus. This is her "pearl of great price" (Matt 13,45-46). It strikes her that, if the proclamation is true, following Jesus and living in an ongoing reconciled relationship with the God of Abraham, Isaac, and Jacob is a good of nearly incomparable value. She would like to have faith but finds herself in the modern predicament.

What avenues for faith, if any, are available to a person who is significantly attracted to a particular monotheistic religious tradition – such as Judaism, Christianity, or Islam – but who has profound intellectual doubts about core claims made by those traditions? Is there a way for Femia to respond with faith that doesn't require believing on insufficient evidence? I think that there is and I will close with some reflections on what faith is, or what it can be, as faith is understood in the Judeo-Christian tradition.

2. *The Nature of Faith*

Faith is a complex human attitude or posture involving cognitive, affective, and behavioral aspects – what one thinks, what one cares about, and what one does. We can characterize three sorts of conditions that will typically be satisfied or roles that will be filled in order for someone to fit the attitudinal profile of having faith in a person in paradigm instances.

First, having faith in a person characteristically involves some sort of personal response expressed behaviorally in actions and decisions. Faith in God, for example, often involves acts of trust in God, submitting to God's will, making God's purposes one's own, pledging one's loyalty or allegiance to God, committed to living in obedience to God, responding to God's commands, and the like. I take Judeo-Christian faith typically to involve two forms of what I call a "reliant relational response": (1) trusting in or relying on Jesus or God and/or (2) following Jesus or walking in God's ways (a commitment to engaging in a life-orienting relationship centered upon loving God and loving one's neighbors around which one's behavior, activities, and allegiance is structured).

Second, with respect to the affective dimension, faith in a person arguably requires some sort of positive valuation, "being for", or endorsement of the relationship with the other person. In order for some subject, S, to have faith in a person, P, S must have some sort of positive evaluative response to P. Propositional faith – faith that something is the case – seems to require that one cares about whether the proposition in question, *p*, is true – that S wants *p* to be the case or considers *p*'s truth to be good or desirable (thinking, for example, it would be a momentously good thing if God exists or if God does such and such). Notice that there are a variety of ways of filling these roles (e.g., S loves God, has relevant affections or attitudes appropriate to the relationship, S values P, cares about S's relationship with P, S wants *p* to be the case, considers *p*'s truth to be good or desirable, and so on).

Third, where having faith in a person presupposes claims about reality, it also involves taking a positive cognitive stand on the content in question. Traditional Judeo-Christian faith presupposes some particular claims about reality (e.g., that God exists, that Jesus is the Messiah) and, where it does, faith will involve some sort of positive cognitive stance on the truth of the relevant propositions. Belief, of course, is one sort of attitude that satisfies this condition. But belief is not the only form of intellectual commitment that can fill this role. In addition to S's believing that *p*, there are also a number of other candidates that might also fill the role of "taking a positive cognitive stand" (e.g., S believes that *p* is likely, S believes that *p* is more likely than relevant alternatives, S trusts that *p*, S accepts that *p*, S assumes that *p*, S assents to *p*, S decides to live by *p*, S resolves to act as if *p* were true, S believes that *p* is possible, *p* is a live option for S, and so on)[19]. Indeed, in my view, given certain combinations of affections and behavioral commitments, having propositional faith that *p* is compatible with having any non-zero personal probability for *p*. Hope, which has both an evaluative and a cognitive component, can play both of the needed affective and cognitive roles.

The crucial point to see is that there are many ways of filling these roles. Moreover, these roles, including the cognitive and behavioral components, can be filled by voluntary acts – by decisions, actions, and commitments. Suppose then that Femia decides to follow Jesus and to rely on or trust in his teachings (or in the testimony of the authors of the Greek New Testament). As part of her faith in Jesus, Femia relies on or trusts in Jesus (or the testimonial source) to testify accurately or reliably with respect to the gospel proclamation (which includes the presupposition that *God exists*). Given that this sort of interpersonal faith (reliance or trust) grounds the content of Femia's propositional faith (her faith that *God exists*), Femia can then decide to trust in or rely on (have faith in) God as well.

3. *Faith and Rationality*

Femia's faith does not require belief and is therefore not a form of believing on insufficient evidence. However, a more general objection may be lurking here: the charge that Femia's faith is irrational. But what exactly is the objection here?

19. D. HOWARD-SNYDER, *Propositional Faith: What It Is and What It Is Not*, in *American Philosophical Quarterly* 50 (2013), no. 4, 357-372. And MCKAUGHAN, *Authentic Faith* (n. 13), 101-124.

Rationality is a goal-oriented notion[20] and charges of irrationality most often take the form of criticism broadly concerning (1) what one thinks and (2) what one does. Epistemic opinion and action are subject to very different criteria of appraisal. The relevant goals for epistemic rationality are truth-oriented: the goal of balancing the joint aims of believing truths and avoiding errors, which stand in tension; the search for a well-balanced[21] or accurate and comprehensive[22] set of opinions. Like van Fraassen, I will construe rationality in terms of permission, since in seeking opinions that are properly responsive to experience, we face choices about under what conditions and how far we will go beyond experience in our interpretive judgments (e.g., ampliative inferences; how much evidence we require of belief, etc.)[23].

Typically, an evidentialist policy – roughly Hume's advice that we proportion our epistemic opinions to the evidence (considerations that bear on likely truth or falsity of *p*) – will be the best way for an agent to achieve her epistemic goals. Femia can do no better than to conduct her intellectual life in such a way that she does her level best to have her sober epistemic opinions (e.g., credences or subjective probability judgments) conform to the evidence available to her and to properly investigate what evidence might be available in a manner appropriate to how much any given topic matters to her relative to her other concerns. There are a lot of nuances we could add here, but the point to see is that nothing in Femia's faith, as I have characterized it above need inhibit this epistemic pursuit. Because Femia's faith is located primarily in the domain of action and is compatible even with significant doubt, intellectually she is free to follow the arguments and evidence where it leads.

Although there are, of course, many ways in which Femia could fail to be epistemically rational there is nothing inherent in Femia's faith that leads her into epistemic irrationality. Femia will count as epistemically rational in the main sense that matters provided that she does her level best to form epistemic opinions that track her evidence and to inquire responsibly on things she cares about.

Questions about the rationality of actions (practical rationality), in contrast, are questions about how effectively an agent is promoting her ends. Decisions about how to act are not subject to further epistemic appraisal but are instead proper targets for moral and practical evaluation. By the

20. R. FOLEY, *Rationality, Belief and Commitment*, in *Synthese* 89 (2005), no. 3, 365-392, p. 366.
21. VAN FRAASSEN, *The Empirical Stance* (n. 3), p. 87.
22. FOLEY, *Rationality, Belief and Commitment* (n. 20), p. 376.
23. VAN FRAASSEN, *The Empirical Stance* (n. 3), p. 97.

lights of decision theory, one of the most important ways of thinking about practical rationality currently on offer, practical rationality is a matter of evaluating whether our epistemic opinions (credences or personal probabilities) are combined with our utility assignments (values or what we care about) for a range of various possible outcomes in such a way that effectively promotes what one takes to be one's interests (e.g., by maximizing expected utility).

The point to notice here, as Pascal realized, is that it just is a fact about standard decision theory that when you have a big discrepancy between the valuations of the outcomes then it can be rational to follow a Christian Way even if you think an alternative such as naturalism is more likely given the evidence available to you. Similarly, if you place a high value on starting and owning your own business or becoming a great author or great artist or having a career in baseball, it could be rational to pursue those goals even if you knew or believed that your own chances of success were very slim. Even if Femia has a low subjective probability for God's existence and the gospel proclamation, because she places such value on (has such a large utility assignment for) the truth of the proclamation, her action – following the Way – will come out as practically rational.

Indeed, if Femia values that religious way as a "pearl of great price" (Matt 13,45-46) in the sense that she values it so highly that she is willing to forego many (perhaps any) other potential goods to pursue it, deciding to follow (or rely on) Jesus can be practically rational for Femia even for very low but nonzero (maybe non-negligible) subjective probabilities for Christianity[24]. So, despite Femia's deep doubts about the central Christian proclamation, there is a form of voluntary response available to her that can constitute a non-trivial form of Christian faith. Moreover, I have argued for several significant conclusions about the rationality of such action-centered faith. First, because nothing requires a person to do anything other than proportion one's beliefs or opinions

24. See R. SWINBURNE, *The Christian Wager*, in *Religious Studies* 43 (1969), no. 2, 217-228; ID., *Faith and Reason*, Oxford, Oxford University Press, [2]2005; T. POSTON – T. DOUGHERTY, *Divine Hiddenness and the Nature of Belief*, in *Religious Studies* 43 (2007), no. 2, 183-198; T. POSTON, *Review: Believing by Faith: An Essay in the Epistemology of Ethics and Religious Belief, by John Bishop*, in *Mind* 118 (2009) 151-155; L. BUCHAK, *Can It Be Rational to Have Faith?*, in J. CHANDLER – V.S. HARRISON (eds.), *Probability in the Philosophy of Religion*, Oxford, Oxford University Press, 2012, 225-247; T. DOUGHERTY, *Commentary on John Schellenberg's "Working with Swinburne: Belief, Value, and the Religious Life"* at the *Faith and Reason: Themes from Swinburne* conference at Purdue University, September 25, 2014. Video available online at: https://swinburneconference.wordpress.com/session-2/ (accessed 14/09/2017).

to the evidence in matters of epistemic evaluation, Femia's faith can be epistemically rational even under a wide range of subpar evidential circumstances. Second, given the strong attraction to and value that she places on the message of good news, as long as she continues to regard Christianity as the only live possibility (in contrast to naturalism) – or more generally as the live possibility that she values far above all others – Femia's action-centered faith can also be practically rational by the lights of one of the most influential contemporary approaches to evaluating practical decision making.

Several features of the argument as I have presented it are worth noting. First, Pascal's wager is often presented as a choice between courses of action that one might undertake in the hopes of coming to *believe* the proclamation (e.g., going to mass, taking holy water, seeking fellowship with other "believers"). Pascal did not claim that we were so made that believing is ordinarily under our direct voluntary control. But the steps he recommends that you take in order to "stupefy yourself" are clearly aimed at exerting indirect control over belief formation. On the view of faith I am proposing, the acts of trusting and following are constitutive of Femia's faith and decision theory comes in as a response to the accusation that Femia's action-centered faith is irrational.

Second, what has been shown is not that her faith is rationally required, for Femia or anyone else. My claim is only the more modest one that according to standard decision theory, in following the Way Femia's actions are rationally permissible by her own lights. In particular, Femia's decision to follow Jesus can be practically rational by her own lights despite her having significant doubts about central ontological presuppositions or claims of the gospel (e.g., that "God exists, that Jesus rose from the dead").

Third, nothing about evaluating Femia's actions in this way requires that her values stem crassly from self-interest. Indeed, Femia needs not have used decision theory in her own deliberation at all. Again, decision theory comes into the discussion as part of an assessment of the charge that Femia's action-centered faith is practically irrational. Decision theory is a widely used and influential approach to practical rationality and what has been shown is that action-centered faith can qualify as practically rational by that standard.

Fourth, others can use the same reasoning in application to other religious traditions. In attempting to think through these issues from within the tradition(s) with which I am most familiar (the Judeo-Christian tradition), I wish to leave serious and respectful conversation about the significance of religious diversity for another occasion. I nevertheless welcome the observation that (with perhaps only minor adjustments) the arguments here applied to Femia could be run, for example, by a Jewish Ayala or an Islamic Aladdin and wish to leave serious and respectful discussion about the significance of religious diversity for another occasion. For better or for worse, similar arguments might also be extended to readers for whom the Great Pumpkin or Flying Spaghetti Monster are living and valued possibilities.

It is thus a mistake to think that faith must be solely or even primarily a response to one's assessment of the evidential situation. Even for a substantive factual question such as whether or not God exists, disagreement about how likely it is in light of the available evidence may almost entirely fail to locate the salient differences between many of those who choose to follow a religious way and those who do not.

V. Evolving Stances and Their Relations to Each Other

At a fine-enough grain, our manifest images can be every bit as fragmented and manifold as the individuals and communities who endorse them. Some questions about their relationship with science are thus best addressed in their full particularity on a case-by-case basis. There are, however, also interesting ways in which the various stances considered about might relate to each other. Though each is distinctive enough to be characterizable in separate terms, there seems to be enough flexibility within each tradition so that their core attitudes and commitments are not necessarily mutually exclusive.

Empiricists and physicalists alike have often happily combined their outlooks with common sense realism. No one would claim that the untameably wild claims in which Christianity has a stake are simply the deliverances of common sense. However, many of the basic attitudes to be found in the common sense tradition fit well with forms of Christianity which value truth and interpret its core theological claims realistically. Although the robustly anti-metaphysical attitude characteristic of some forms of empiricism might stand in tension with ontological claims of any kind that go beyond experience – whether distinctively religious claims or the physicalist's insistence that "nothing but" what science tells us about exists – it is certainly possible to combine the empiricist's characteristic emphasis on experience as a source of information about reality (and rejection of allegedly a priori sources) in epistemology with physicalism in matters of ontology. For much of the twentieth century, empiricism's principled resistance to metaphysics in science was associated with dismissive attitudes toward religion, especially in the expression given to it by leading logical empiricists. However, it is also possible for anti-metaphysical empiricism to take on a much different significance for religion. An aversion to certain sorts of metaphysics might just as well serve as a basis for resisting various ways of regarding science as complete (maintained either as theses or attitudes). Indeed, if this kind of skepticism is combined with a posture that remains open to religious experience, a fairly permissive view of rationality, and a tolerance of the diversity of opinions in such domains, the empiricist tradition can be quite hospitable to world religions such as Buddhism, Hinduism, Judaism, Christianity, and Islam. While a global and all-encompassing physicalism rules out forms of religion which conceive of God as a spirit or non-physical person, physicalism with respect to human persons or even all of nature (seen as God's creation) is compatible with monotheism, even if it sits uneasily with some specific doctrines that have been put forward within these traditions.

Like Sellars, I see the ongoing attempt to reflect on how historical manifestations of the traditions that we care about in any given era relate to the latest and best science as raising some of the most important and perennial philosophical questions. Contemporary science presents us with a far reaching and empirically well-grounded, if fallible, perspective on nature with which all viable philosophical stances and religious traditions must come to terms. Questions about the epistemic status of this picture, about the extent to which it is ambiguous with respect to further philosophical and religious positions, and about what sort of constraints it places on the range of religious interpretations of experience are clearly of broad public interest. Indeed, in my view, there is a case to be made that scientific activity will itself be best served if we can develop an understanding of science that is recognizable to a diverse public, both secular and religious, on which science is clearly characterizable as independent of, yet potentially compatible with, a wide array of various orientations.

Department of Philosophy
Boston College
351N Stokes Hall
Chestnut Hill, MA 02467-3806
USA

Daniel J. McKaughan

* This project was made possible through the support of a grant from Templeton Religion Trust. The opinions expressed in this publication are those of the author and do not necessarily reflect the views of Templeton Religion Trust.

ÉPISTÉMOLOGIE DE LA PHYSIQUE QUANTIQUE ET INCOMPLÉTUDE DU PHYSICIEN À LA RECHERCHE DU RÉEL

De Galilée à Heisenberg, de la physique classique à la physique quantique, les notions de vérité et de réalité ont évolué et se sont conjuguées. «Le réel en soi est inatteignable par le scientifique», voilà ce que semble dire la physique moderne, dans la prolongation de Kant, selon un nombre grandissant de physiciens. C'est ce thème que nous allons développer ici, sous l'angle du «physicien à la recherche du réel», pour reprendre le titre d'un livre de Bernard d'Espagnat[1], physicien quantique français décédé cet été et avec lequel j'ai mené une véritable conversation sur ce sujet.

L'un des traits caractéristiques de la réflexion épistémologique en physique aujourd'hui est de constater ce que nous appellerons, avec J. Ladrière[2], «la mise en question du fondement», voire «le retrait du fondement». Selon l'auteur ici cité, cette constatation peut être établie à travers le projet de Hilbert de fonder les mathématiques, à travers l'atomisme logique et à travers le développement de la phénoménologie (tentative de reconstituer le mouvement même de l'autoconstitution de l'expérience). C'est dans cet esprit que nous proposons l'analyse suivante.

I. Le physicien quantique à la recherche du réel: nouvelle relation sujet-objet en physique quantique

Après les propositions de Max Planck au début du XXe siècle introduisant la structure discontinue de l'énergie (l'énergie d'une radiation lumineuse par exemple est concentrée en paquets d'énergie appelés *quanta*, et les échanges d'énergie entre matière et rayonnement s'effectuent par paquets), et le travail d'Einstein sur l'effet photoélectrique[3], les principes

1. B. d'Espagnat, *À la recherche du réel: Le regard d'un physicien*, Paris, Gauthier-Villard, 1979 et Id., *Traité de physique et de philosophie*, Paris, Fayard, 2002.

2. J. Ladrière, *L'Abîme*, dans *Le temps du possible* (Bibliothèque philosophique de Louvain, 58), Louvain, Peeters, 2004, 271-290.

3. Einstein expliqua l'effet photoélectrique par des *quanta* de lumière, les photons, se comportant comme des particules de lumière. Ainsi selon l'appareil d'observation, la lumière se présente comme une onde ou bien comme un flux de particules. Nous devons nous détacher d'une conception unique comme dans le monde sensible, mais construire une image mentale de ce phénomène. Le quantum d'énergie est la condition nécessaire à l'existence de la matière.

fondamentaux de la mécanique quantique (outil privilégié pour l'étude de la matière à l'échelle atomique et subatomique) ont été établis essentiellement entre 1922 et 1927 par Bohr, Dirac, Heisenberg, de Broglie, Born, Pauli et Schrödinger. Ils permettent la description dynamique d'une particule massive non relativiste. Les principes de base ont été complétés par Bose, Fermi et Von Neumann afin de permettre la description d'un ensemble de particules identiques, ouvrant ainsi la voie à la physique quantique statistique. Enfin, la théorie quantique des champs permet dorénavant une extension de la mécanique quantique.

Sans entrer ici dans les détails de la mécanique quantique, on peut souligner déjà trois points clés qui vont radicalement modifier les relations sujet-objet et, ainsi, la notion d'objectivité en sciences (et donc d'accès à la réalité et à la vérité):

1. *La définition même des grandeurs physiques est directement conditionnée par les procédures de mesure utilisées, fait nouveau par rapport à la physique classique*

Louis de Broglie en 1924 fournit les bases d'une nouvelle théorie physique avec son hypothèse de dualité onde-corpuscule. On savait que la lumière a une double structure, à la fois corpusculaire (photon) et ondulatoire. De Broglie voit le même phénomène puisque l'électron a des orbites stationnaires correspondant à des états d'énergie discontinus, de la même façon qu'on observe des ondes stationnaires pour la lumière. Il postule qu'on peut associer à l'électron, et à toute autre particule, une «onde de matière» qui expliquerait sa propagation. Ainsi il y a deux aspects: l'un continu (l'onde), l'autre discontinu (le corpuscule). Et Heisenberg de dire:

> En jouant des deux images (onde-corpuscule par exemple), en passant de l'une à l'autre et en revenant à la première, nous obtenons finalement l'impression juste sur l'étrange sorte de réalité qui se cache derrière nos expériences atomiques[4].

2. *La connaissance simultanée des paramètres clés d'une particule élémentaire (sa position et sa vitesse) est régie par le principe d'incertitude de Heisenberg qui met à mal le principe classique de prédictibilité*

En mécanique classique, la description de l'état physique d'un corps matériel comprend sa position dans l'espace, sa vitesse, sa vitesse de

4. W. HEISENBERG, *La Partie et le Tout. Le monde de la physique atomique: souvenirs, 1920-1965*, Paris, Albin Michel, 1972, p. 144.

rotation, grandeurs qui nous semblent concrètes. En mécanique quantique, tout ceci est remplacé par un «être mathématique» complexe, le vecteur d'état, qui correspond à ce qu'on appelle la fonction d'onde du système étudié. Le physicien autrichien Schrödinger, développant en 1925 l'analogie entre le mouvement d'une particule et la propagation d'une onde ayant la fréquence proposée par de Broglie, obtient la fameuse équation qui porte son nom (équation aux dérivées partielles du second ordre, dite de Schrödinger). Cette équation permet de calculer une fonction Ψ donnant la propagation d'une «onde de matière».

Dans son interprétation de la fonction d'onde, Max Born en 1926 montra que, contrairement à la physique classique qui prédit des évènements, la mécanique quantique prédit seulement des probabilités d'évènements. En mars 1927, Heisenberg énonça son principe d'incertitude d'après lequel des paramètres tels que la position et la quantité de mouvement (produit de la masse par la vitesse) d'une particule ne peuvent être déterminés simultanément avec une précision arbitraire. Ainsi à cause de l'impossibilité de connaitre les valeurs initiales avec précision, il faut éliminer le concept classique de prédictibilité, même si l'équation qui régit le vecteur d'état (équation de Schrödinger) est elle-même déterministe. Enfin en septembre 1927, Bohr montrait qu'il était impossible d'éliminer les perturbations dues à la mesure, à l'observation des particules élémentaires.

Toute mesure correspond à une action sur le système mesuré (appelée «réduction du paquet d'ondes»). Une seule des possibilités représentées par la fonction d'onde initiale se concrétise lors de l'opération de mesure. Ainsi, pour le physicien quantique, mesurer et connaitre, c'est agir sur le réel. Le connu est inséparable du sujet connaissant non seulement parce que l'homme est obligé d'en construire une représentation avec des images, un langage et des concepts (ce qu'on sait depuis longtemps), mais aussi parce que la connaissance qu'il prend de l'élémentaire modifie celui-ci. Il s'agit là d'un nouveau statut de l'observateur dans lequel l'objet observé et le sujet observant sont intrinsèquement liés.

3. *La non-séparabilité entre particules élémentaires est de mise à l'échelle subatomique, ce qui sera confirmé dans la deuxième partie du XXe siècle, à partir des inégalités de Bell et des expériences d'Alain Aspect notamment*

Einstein lutta contre cette vision qui remettait en cause l'objectivité absolue en proposant notamment un argument (dit EPR et recherche des variables cachées). Ce n'est qu'en 1964 qu'eut lieu la découverte de Bell qui permit d'envisager une expérience critique. Bell montra que si l'on croit au réalisme ontologique et à la localité (influences mutuelles décroissant avec la distance) certaines inégalités entre résultats de mesures doivent être satisfaites, alors que la mécanique quantique prédit qu'elles seront violées. Grâce aux inégalités de Bell, cet argument se traduisit par l'expérience des particules corrélées qu'Alain Aspect pu réaliser en 1982 et qui montrèrent que les inégalités de Bell étaient bien violées: deux particules corrélées forment un tout quelle que soit leur distance de séparation. La connaissance de l'une influe sur l'autre instantanément, sans transmission d'informations résultant d'une action physique. L'expérience a été refaite sur des distances de plus de 100 km avec des instruments de plus en plus sensibles. Ainsi il est prouvé que les particules «intriquées» constituent une entité même si elles sont très éloignées, sans possibilité de communiquer.

C'est ce qu'on appelle la non-séparabilité quantique, déjà contenue dans les positions de Heisenberg. Il y a non-séparabilité à l'échelle des particules alors que nous avons l'habitude dans notre monde macroscopique d'objets séparés même si des relations existent entre eux. En mécanique quantique, les particules ne sont plus «chosifiables» comme en physique classique! Nous entrons dans le domaine de la «non-localité», d'une forme de causalité élargie qu'on peut appeler «globale» et plus seulement locale comme dans la physique classique.

L'univers quantique, univers d'interconnexions, de non-séparabilité, implique donc une participation du sujet à tel point que le réel qu'étudie le physicien peut être qualifié de réel d'interaction.

La science classique, avec son rêve de prévisibilité parfaite, affirmait sa volonté de construire un système de représentation exhaustif. La physique quantique est le terrain privilégié de la mise en évidence de l'incomplétude, de ce «quelque chose qui échappe». La microphysique rappelle que l'homme n'est pas un spectateur indépendant du réel qu'il explore mais qu'il en est partie intégrante (nous sommes «au monde», «en situation»). L'incertain apparait coextensif à la connaissance que nous prenons du réel. Il y a un vrai butoir à la connaissance de l'objet quantique. Quelque chose échappe, le réel est «voilé» (Bernard d'Espagnat). Et pourtant la connaissance progresse aussi par l'acceptation non passive de cette incomplétude. Je dis bien «acceptation non passive», car la lutte d'Einstein pour trouver des failles à la théorie quantique (recherche de variables cachées) a fait progresser la connaissance.

Quelque chose échappe, quelque chose qui est de l'ordre de l'origine. Il apparait que, tant l'étude de la logique (Gödel) que celle de la structure de la matière (Heisenberg) ou celle de l'évolution irréversible (Prigogine) débouchent sur le même constat d'incomplétude, le même horizon d'indécidabilité, la même impossibilité de limiter le vrai à la totalité de ce qui peut être dit, formellement démontré ou immédiatement mesuré. Faire une théorie de la connaissance conduit à reconnaitre que quelque chose nous échappe, ce qui ne signifie pas un relativisme généralisé!

La science contemporaine nous invite à prendre la mesure de la positivité de cette incomplétude qui apparait comme la condition même de la connaissance. Il s'agit d'une belle ouverture à la question de la signification et à la place du sujet dans l'exploration du monde auquel il appartient!

II. Quelle différence entre physique classique et physique quantique?

Pour Bernard d'Espagnat et pour bien d'autres, la différence principale entre physiques classique et quantique est que la physique classique est essentiellement *descriptive* alors que la physique quantique est fondamentalement *prédictive*. Et plus précisément: prédictive d'observations. Je reprends ici des «conversations» avec Bernard d'Espagnat, à partir de ses écrits cités ci-dessus, et publiées en plus de détails dans mon livre[5].

Voilà comment notre scientifique-philosophe explicite cette différence. Dire que la physique classique est descriptive cela signifie que l'on considère sa visée comme étant de lever le voile des apparences: de découvrir et de décrire ce que, sous ce voile, le réel est en soi. Quand ils ont affaire à une théorie de ce type, les philosophes disent qu'elle s'insère dans le cadre du réalisme ontologique. Le mot «ontologique» est construit à partir de la racine grecque *onto-* qui signifie l'être. Autrement dit, une telle théorie est une théorie pouvant être interprétée comme visant à la connaissance de ce qui *est*. De ce qui existe tout à fait indépendamment de nous. Et c'est bien ainsi que, tout naturellement, la grande majorité des scientifiques comprend la science.

La physique classique est essentiellement celle qui nous a été enseignée au lycée. D'ailleurs à juste titre: c'est la plus simple, elle sert de fondement à la plupart des technologies. Elle tente de décrire la réalité telle qu'elle est. On dit qu'il existe des corps matériels. On dit qu'il existe

5. T. Magnin, *L'expérience de l'incomplétude: Le scientifique et le théologien en quête d'Origine*, Paris, Lethielleux – Desclée de Brouwer, 2011 et réédité sous le titre principal *Le scientifique et le théologien en quête d'Origine*, Paris, Desclée de Brouwer, 2015.

des champs, électriques et magnétiques. À toutes ces choses, on associe des symboles mathématiques qu'on dit obéir à certaines lois. Et ce n'est qu'ensuite que, de ces lois, on déduit certaines conséquences expérimentalement vérifiables, dont la vérification corrobore à postériori les lois en question. Mais, pour essentielle qu'elle soit, cette dernière étape, la vérification par l'observation, n'en est pas moins extérieure à la théorie: en droit, on peut parfaitement exposer cette théorie sans du tout se donner la peine de dire en quoi consistent les expériences qui permettent de la vérifier. Le réalisme ontologique est une conception tellement naturelle qu'elle parait dictée par l'évidence et le bon sens.

Quand la mécanique quantique apparut, il était naturel d'espérer qu'il en irait de même pour elle, qu'elle s'insèrerait d'elle-même dans le cadre du réalisme ontologique. Or, si étrange que cela paraisse, quand on essaye de présenter la physique quantique de cette manière, c'est-à-dire en mettant l'accent sur l'existence dans l'espace de réalités correspondant aux symboles mathématiques que la théorie utilise pour ses prédictions, on tombe sur les pires difficultés. Il se trouve que la notion même de choses existant par elles-mêmes, dans l'espace, séparément les unes des autres, tend à s'effacer. À s'effacer au profit d'une certaine globalité qui n'apparait pas au regard mais se cache dans les équations.

Tout cela est déconcertant. Et pourtant les (très importants) succès de la mécanique quantique s'expliquent très bien. Ils s'expliquent par le fait que pour dire comment on s'en sert il est inutile de chercher à faire du descriptif. Il faut, naturellement, énoncer ses axiomes constitutifs, mais dans l'ensemble ceux-ci se présentent eux-mêmes comme des règles de prédiction de ce qui sera observé. Dans cette axiomatique, en effet, plutôt que des assertions descriptives du type «il existe» (telles et telles choses) on trouve des énoncés de la forme: «si *on* a fait ceci *on* observera cela», c'est-à-dire des axiomes dans lesquels le «on», l'observateur humain en général, fait partie intégrante de l'énoncé. De tels énoncés sont parfaitement objectifs si par là on entend qu'ils sont vrais pour n'importe qui. Et cela bien qu'à l'évidence ils ne soient pas ontologiquement interprétables. Or aucune des tentatives visant à les remplacer par des axiomes qui le seraient ne s'est avérée convaincante. La fécondité de la science ne nécessitant pas un tel remplacement, on peut en inférer que la physique quantique n'est pas descriptive mais seulement prédictive d'observations. Et vu son caractère central, au cœur de quasiment toutes les disciplines scientifiques, on peut oser penser la même chose de la science elle-même.

Cependant, Bernard d'Espagnat veut faire aussi reculer le relativisme en mettant l'accent sur la fiabilité de l'aspect prédictif. La richesse du contenu de la science ne réside pas principalement, dit-il, dans les descriptions fluctuantes que celle-ci propose de la réalité, mais bien dans son aptitude à nous fournir une synthèse rationnelle – donc éclairante pour l'esprit – des phénomènes observés; ce qui veut dire en particulier une synthèse de notre capacité à les prédire.

Comme bien d'autres, Bernard d'Espagnat pense que dans leur ensemble nos connaissances scientifiques ne portent pas sur la réalité-en-soi – *alias* «le réel», le «fond des choses» – mais seulement sur la «réalité empirique», c'est-à-dire finalement sur l'image que, vu sa structure et ses capacités finies, l'esprit humain est amené à se former de la réalité-en-soi. Et compte tenu de cette globalité cachée dont nous parlions, il faut abandonner l'idée que les objets, élémentaires ou composés, existent en eux-mêmes, à chaque instant, en un lieu donné de l'espace. Il semble qu'il soit plus vrai de dire que si nous les voyons ainsi c'est parce que la structure de nos sens nous conduit à percevoir le réel de cette manière.

Cette façon de voir n'est certes pas partagée par tous les scientifiques. Mais elle est cependant très loin d'être le seul apanage de Bernard d'Espagnat. D'une part, elle rejoint les vues de plusieurs neurologues actuels de premier plan, spécialistes de la cognition, ajoute notre scientifique-philosophe. Et d'autre part ses grandes lignes rappellent celles du kantisme, qui furent adoptées par bien des philosophes et par nombre de physiciens, dont Henri Poincaré est, en France, le plus connu. Ce que d'Espagnat montre c'est simplement qu'aujourd'hui elle reçoit indirectement l'appui de la plus féconde des grandes théories physiques fondamentales, ce qui évidemment lui confère un poids encore plus grand.

Cependant sur un point d'Espagnat se sépare de Kant, et peut-être également de Poincaré. Il s'agit du fait que si son analyse de la physique l'éloigne ainsi du matérialisme elle ne fait pas de lui un philosophe idéaliste. Déjà Kant écrivait:

> Si nous ne pouvons connaître les objets en soi, nous pouvons du moins les penser comme tels. Autrement on arriverait à cette absurde proposition qu'il y a des phénomènes (ou des apparences) sans qu'il n'y ait rien qui apparaisse[6].

Mais d'Espagnat est pleinement d'accord avec le gros de sa famille scientifique pour dire que tout ne se réduit pas à des idées que nous avons. Il tient pour évident que quelque chose nous résiste: un fond des

6. E. KANT, *Critique de la raison pure*, traduit par A.J.-L. DELAMARRE – F. MARTY (Folio essais, 145), Paris, Gallimard, 1980, pp. 745-746.

choses qui toutefois se situe tellement au-delà de tous nos concepts, familiers ou mathématiques, que les phénomènes – ceux que nous percevons et ceux que la science nous décrit – ne permettent pas de le déchiffrer. Ils ne nous donnent sur lui que de vagues lueurs.

III. Quelque chose résiste à nos représentations: le réel est bien là mais il reste «voilé»

D'Espagnat considère qu'il est incohérent de prétendre écarter radicalement la notion de réel en soi et la notion d'être. Mais ses raisons de penser cela ne doivent rien à la physique. Elles sont philosophiques et essentiellement au nombre de deux.

La première, qui sera jugée pertinente par la plupart des scientifiques, est qu'il y a manifestement quelque chose qui nous résiste. Il arrive souvent que le théoricien construise une théorie parfaitement logique, simple, mathématiquement élégante, dont les conséquences sont soumises à des tests expérimentaux, et que le résultat soit négatif. Il est alors constaté que les faits observés sont incompatibles avec les prévisions de la théorie. Dans ce cas, naturellement, la théorie est rejetée. Ainsi, il y a quelque chose qui a dit «non». Et il faudrait développer une grande acrobatie intellectuelle pour se convaincre que ce «quelque chose» est encore «nous». En harmonie avec la quasi-totalité des scientifiques, on peut raisonnablement le concevoir comme extérieur à nous. Ce qui nous permet de penser une réalité au-delà de la réalité empirique, c'est ce «quelque chose» qui dit «non». Du coup on peut penser à une réalité indépendante structurée dans le sens de «porteuse de structurations potentielles».

Et la seconde raison, qui en appellera moins aux scientifiques mais plus peut-être aux philosophes, est celle-ci. Selon les idéalistes, la pensée est première par rapport à tout puisque les choses ne sont que des apparences pour la pensée. Or d'Espagnat considère que cette conception n'est pas logiquement défendable, tout simplement parce que pour pouvoir penser il faut être. Il juge donc que c'est la notion d'être qui est première, par rapport à celle de pensée.

Il faut donc, pour lui, conserver la notion d'être, mais en prenant soin de ne pas la revêtir de toutes ces notions – spatialité, localité, temporalité, etc. – dont la physique actuelle nous révèle qu'elles sont relatives à nous… et que, implicitement, postulent ceux qui proclament que «l'être, c'est la matière». Cet être, ce Réel ultime, est fondamentalement inatteignable par les méthodes expérimentalo déductives de la science, lesquelles ne donnent accès qu'à la réalité empirique, en d'autres termes aux phénomènes c'est-à-dire aux apparences valables pour tous. D'Espagnat n'exclut cependant pas que certains traits de la physique – les constantes fondamentales par exemple – puissent correspondre à des attributs vrais de l'être. C'est pourquoi il appelle celui-ci «le réel voilé».

D'Espagnat se rapproche d'une idée suggérée par Bertrand Russell qui signalait que nous n'avons certes pas la connaissance de la chose en soi, mais que nous avons au moins une accointance avec elle. Nous l'appréhendons en effet comme de l'intérieur, «en la vivant, ou, pourrait-on presque dire, en étant elle sur un mode autoréflexif»[7].

IV. Conclusion: de l'incomplétude du physicien à la question du «fond des choses»

Les expériences de Alain d'Aspect nous prouvent que si l'on veut à toute force rester fidèle au réalisme ontologique (qui, répétons-le, est le réalisme du sens commun et de la majorité des scientifiques), on ne le peut qu'en s'écartant radicalement des vues intuitives qui le rendent plausible à nos yeux: en effet, dans ce cadre conceptuel, l'intrication à distance, alias la non-séparabilité, est scientifiquement prouvée. Quelle évolution de l'idée de matière et de l'idée de réalité entre physique classique et physique d'aujourd'hui!

Il est à noter que la conception du réel voilé implique un élargissement de la notion classique de causalité – qui selon cette thèse joue évidemment dans le champ de la réalité empirique – puisqu'elle suppose une causalité, appelée par d'Espagnat «causalité élargie», représentée par les influences (impossibles sans doute à cerner quantitativement) exercées par le Réel sur les phénomènes. Cette conception rend plausible l'idée que le Réel n'est pas immergé dans l'espace-temps; que, bien au contraire, l'espace-temps est, comme le pensait Kant, de nature non pas nouménale mais phénoménale, que c'est «une réalité pour nous». Comme le dit Hervé Zwirn[8], la causalité élargie s'exerce non pas de phénomène à phénomène, mais sur les phénomènes à partir du Réel... répondant à la question «pourquoi» les lois existent.

Ce Réel, ce fond des choses, dont nous parlons, n'est pas une chose. Il est assurément au-delà de l'espace et sans doute aussi du temps. Il rejoint «l'Un» de Plotin. Puisque la science ne peut nous informer sur

7. Cité par M. Lockwood, *Mind, Brain, and the Quantum: The Compound "I"*, Oxford, Blackwell, 1989, p. 159.

8. H.P. Zwirn, *Les limites de la connaissance,* Paris, Odile Jacob, 2000.

sa nature, il est clair qu'elle ne peut exclure que d'autres activités de l'esprit fournissent, elles aussi, sur lui quelques lueurs. Belle ouverture au travail interdisciplinaire!

Thierry MAGNIN

Rectorat
Université Catholique de Lyon
Campus Carnot | 23, place Carnot
FR-69002 Lyon
France
Campus Saint-Paul | 10, place des archives
FR-69002 Lyon
France
tmagnin@univ-catholyon.fr

PART TWO

TEMPORALITY

SOME REFLECTIONS ON TIME IN THE BIBLE

I. Introduction: Reading the Bible

Before starting my reflections on the concept of time in the Bible, it seems appropriate to offer some basic insights into the Bible as a book. These observations are not meant to give an elaborate point of view on the relationship between science and Scripture, but rather to explain how a Biblical scholar properly understands his or her object of study. The Christian Bible (Old and New Testament) is a library that had been written over a period of about 600 years by a variety of mostly anonymous or unknown authors who were inspired by earlier written or oral traditions. It is largely based on the (religious) *experiences and reflections* of a people, a nation, and a group of individuals. The consequences of this rather trivial first observation are enormous and should never be forgotten.

The Bible is a collective work that exists within a large variety of literary genres. It is not possible to describe the kind of literature we find in the Bible in just one sentence. There are myths, legends, prayers, hymns, historiographical parts, biographical stories, fairy tales, prophecies, wisdom literature, apocalypses, and poetry. It is easier to say what the Bible is not: it is not a history book; it is not a book on biology; it is not a book on cosmology; and it is not even a coherent work on theology. Thus, one should not try to attribute any scientific claim to the Bible that it does not pretend to make in the first place. The notion of infallibility is to be avoided: there is no causal link between "Bible as Word of God" and inerrancy[1]. The Bible is, like all other books, written by people. There is not a single "Word of God" that was not spoken, thought, or written in "human words".

Consequently, the fact that the Bible eventually became one "canonical" book is the result of a historical, i.e. human, process of transmission, repetition, structuration, reformulation, and selection. This process is called "inspiration" within the Christian tradition. I would like to add that the notion of inspiration, in a larger sense, also includes the work that readers put into interpreting the Bible. It is within the limits of this "artificially" composed corpus that an image of "the God of the Bible" is created. The same is *a fortiori* true when one speaks about the idea of time or freedom

1. S.M. Schneiders, *The Revelatory Text: Interpreting the New Testament as Sacred Scripture*, Collegeville, MN, Liturgical Press, [2]1999, pp. 53-55 ("Infallibility and Inerrancy").

in the Bible – the specific theme of this conference. Paul Ricœur rightly criticizes the artificial distinction between Hellenistic circular time and Biblical linear time in an article called *The Times of the Biblical God* ("Les temps du Dieu biblique", with "times" in plural!)[2], in which he subtly distinguishes different Biblical meanings of time based on the literary genre of a section[3]. Yet, regardless of what one might think about this "genesis" of the Bible, it is reasonable to acknowledge that the common connecting theme within the entire Biblical story is the narration of the history of the people of Israel *in light of its covenant with God*. The idea of "time" should be given a place in this narrative theme.

Although the Bible is the story of the concrete experiences, thoughts, and reflections of people in the past, its "message" transcends its socio-historical place in time and continues to appeal to readers today. The meaning of the stories receives a new dimension when readers discover that these stories also concern themselves (the so-called "appropriation" of the text). The revelation of the meaning of the text is not something static or specific to events that happened over 2000 years ago. Rather, it is a dynamic process that happens anew each time a reader rereads the text. The concrete experiences of the past become, through their transmission as written scripture, universal stories, which can be re-experienced (of course, not in an identical way) by any modern individual or community. In this sense, the Bible belongs to the genres of art and poetry, both of which communicate with the spectator or reader at an existential level. The specific characteristic of such a medium is that the meaning of the message is very often revealed through the implicit, the non-said or non-shown, the mysterious, and the paradoxical. In fact, the character of God is one such paradoxical element within the text. The best biblical scholars or theologians are those who do not give any definition of God and who are able to open the spirits towards the mystery, the no-thing[4]. They offer both the audience and the readers the opportunities that are created by a human interpretation of God. Moreover, it is up to the audience or the readers to discover if there is anything of value in the Bible. If they do, the Bible can become "truth" for them.

2. P. RICŒUR, *Les temps du Dieu biblique*, dans *Esprit* (2013) 110-125; originally published in *Archivio di Filosofia* 53 (1985) no. 1 [*Ebraismo, Ellenismo, Cristianesimo. Atti del Colloquio Internazionale, Rome 1985*], 23-35.

3. Four groups are distinguished ("Writings and Law", "Traditional writings and the message of the Prophets", "Time according to Wisdom literature: the daily and the immemorial", "Hymns").

4. A.J. HESCHEL, *Les bâtisseurs du temps*, Paris, Éditions de Minuit, 1978 [1957], p. 114.

II. God and Time in the Bible: The Beginning and the End

Since the Bible is the story of God and Israel, it is no surprise that we start our reflections by looking more closely at how God and time are related to each other. In his recent movie *Le Tout Nouveau Testament*, the Belgian director Jaco Van Dormael tells the story about God living in an apartment in Brussels. God enjoys bullying human beings on the computer through his commandments. One day, his daughter takes over control of the system and decides to send a message to everyone on earth that reveals to each person the date of his or her death. Some have called it a sacrilegious movie, but I believe that there is no better illustration of the misunderstood nature of God in the Bible. The real issue is that Van Dormael uses his anthropomorphic God to show how mankind is trying to take over God's role, but in the wrong way: by manipulating peoples' lives and determining their end. By inserting the idea of determination, freedom is inevitably taken away. Thus, how is God related to time in the Bible? The Bible itself does not contain a real systematic reflection on or study of time, leaving us to make our own educated deductions.

The Bible itself invites us to do so, since the first page describes the powerful act in which God created everything that exists[5]. The opening verses of Genesis already speak about God making day and night – time so to speak – on the first day:

> Then God said, "Let there be light"; and there was light. And God saw that the light was good; and God separated the light from the darkness. God called the light Day, and the darkness he called Night. And there was evening and there was morning, the first day (Gen 1,3-5; quotations are taken from the New Revised Standard Version).

Even before the sun and the moon were created, time was already present through day and night. God created additional elements that served to indicate time over the next few days. On the fourth day, for example:

> And God said, "Let there be lights in the dome of the sky to separate the day from the night; and let them be for signs and for seasons and for days and years, and let them be lights in the dome of the sky to give light upon the earth". And it was so. God made the two great lights – the greater light to rule the day and the lesser light to rule the night – and the stars. God set them in the dome of the sky to give light upon the earth, to rule over the

5. On time and order in Gen 1,1–2,4 as a basis for biblical wisdom literature, see the article in Dutch: B. Lemmelijn, *'Het werd avond en ochtend': Tijd en orde in Bijbels perspectief*, in I. Cornu – H. Pex (eds.), *Alle tijd van de wereld: Als gezin omgaan met tijd*, Kalmthout, Pelckmans Pro, 2017, 14-26.

> day and over the night, and to separate the light from the darkness. And God saw that it was good (Gen 1,14-18).

Although we cannot go into the details of this creation story, let us look at three essential ideas within it.

First, by saying that God already existed before the beginning and that time was the first thing he created, the Bible shows that God is eternal – out of time, completely different from humankind – *and* that He is in time. He enters the human world through time. One could say that in creating time, he gives himself to the world. In theological language, the making of time is the first incarnation of God. Contrary to the image of God in Van Dormael's work, God, and not the human being, is the master of time. It is in time that God reveals himself and that he will manifest his great deeds. This story does not say anything about the cosmological origin of the world. It makes clear that when human beings first came into the world, everything was already there. It is not "man" who created the world. Everything is a gift given beforehand. The creation of the "first" man and woman (elaborated upon in Genesis' second creation story, chapter 2) is (only) a prototype story for the birth of every person in this world. We are all Adam and Eve. Thus, from the moment that God created the world, he is the Other one – and remains as such – but he is also the One-in-the-world. This act of God, in conjunction with his presence in time, has inspired Israel's religious belief and represents the background for all other indications of time in the Bible:

> Have you not known? Have you not heard? The LORD is the everlasting God, the Creator of the ends of the earth. He does not faint or grow weary; his understanding is unsearchable (Isa 40,28).

"In the beginning" is not a chronological indication, but an ontological one. If you want to understand human history, it is a capital thing ("caput"; head, like the "beginning") to know that God is there and that the world is given. André Chouraqui, in his famous translation of the Bible, translates the beginning of the Bible in the following way: "Entête, Élohîms créait les ciels et la terre" (*entête* = "caption, heading, headline"). Time brings God into history.

Second, the reason why Israel discovered God's creation is that the world is well-organized. The creation story describes the transition from chaos to *kosmos*. The lights that are created, the change from night into day, the seasons, the water and the earth, etc., all create rhythm in life and become the standards used to make calendars and measurements, as outlined above (vv. 14-15). After the creation, the world is complete, nothing is missing. Although the story occurs at the beginning of the

Bible, it is in fact a vision of a future paradise, a horizon, a dream towards which mankind is oriented, a depiction of how life should be. Once again, we are not hearing a lecture on science. We instead understand that one of the most important effects or functions of time is order, regularity, and the structuration of life.

A third important function of time that can be found in the creation story is its necessity for the liturgy. If God made time, there must be special moments in time for God. I will come back to this point later, but it is clear that the idea of the seventh day – a day in which God rests – is a reference to the Shabbat, a Hebrew day of rest. Time offers an opportunity to meet God in a special way "at certain times". At special occasions, God is to be praised for being there or having done things. I would like to make a little excursion in order to establish a connection with Ricœur's aforementioned article. In it, he mentions the Hymns as a fourth literary genre in the Bible (see above, n. 3). This is the time of the liturgy. In fact, liturgical gatherings are moments in which all the functions of time are coming together, a point where time stands still:

> It is the privilege of the cult to actualize anew salvation, to reiterate creation, to remember Exodus and the installation in the land, to renew the proclamation of the law, to repeat promises. This function of re-actualization is grammatically characterized by the use of "I" and "we", which – after having for instance designated the king – have become empty places susceptible to be filled by anyone, individual or community, who takes the position of an "orant". [...] The Psalm is thus the recapitulation, in the present time of cult and prayer, of all specific functions of time in writings, law and prophets[6].

By making reference to the seventh day in the first story of the Bible, the book makes it clear that all functions of time reach their summit at the moment a cult offers praise and hymns to the deity. From the beginning, the creation story mentions the most important function of time: the possibility for an encounter between God and human beings.

It is time for an intermediary conclusion: since everything is told as stories in the Bible, time is a metaphor used to talk about the presence of God within the world. It expresses how Israel had experienced the presence of God in the first place. Time is sacred because God is present in time. Yet, this sacredness is also linked with being or becoming a human person in a biblical perspective: there is no human life out of time. People will have to learn to live with and in time.

As a counterpart to the stories concerning the beginning of time, there are also those that describe the end of time within the Bible. This so-called

6. RICŒUR, *Les temps* (n. 2), pp. 123-124 (my translation).

apocalyptic literature starts in the Old Testament (a.o. in the book of Daniel), appears frequently in the Jewish-Christian non-biblical literature and in the Dead Sea scrolls of Qumran, and has its most famous Biblical occurrence in the last book of the New Testament, the book of Revelation or the Apocalypse. Like Genesis, however, the Book of Revelation is neither concerned with history nor cosmology. It instead takes up the ideas of Genesis: God is at the beginning, but he is also at the end, meaning he is always. He is the first one and the last (Rev 1,17; 2,8; 22,13), the alpha and the omega (1,8; 22,13), he is the one who was, who is, and who will come (1,4); he is living into eternity (1,17-18). Notwithstanding the clear indications of time (e.g., 1,000 years in Rev 20; 1,260 days in 12,5; etc.), the intention of the book is not to be historically accurate in its representation of the end of time. One only has to read of "apocalypses" in non-Biblical texts to understand that playing with calendars and time is just part of the apocalyptic literary genre. The meaning of the Apocalypse lies elsewhere. To quote one colleague:

> The Apocalypse of John does not intend in the first place to reveal the future or the end of times as an objective reality, but it seeks to proclaim the arrival of this end in the Jesus event and the critique of the present world this event implies[7].

Genesis made it clear that no human being is equal to God. Revelation repeats this idea: that no human ruler, not even the Roman Emperor, should think he is God on earth. Apocalypse creates a counter-cosmos that provides an indication of the real proportions of power. There are three parts to the book: the first contains the vision of the prophet who writes seven letters to seven cities in Asia Minor; the second is about the liturgy of the Almighty Pantocrator (nine times) and his son in heaven; the last tells about the war between good and evil at the end of times. These three parts are presented in chronological order within the story, but the "author" John considers them as happening simultaneously. With the cities in crisis on earth (part 1), Almighty God and the glorified Christ are adored (part 2), while a cosmological war rages in the heavens above (part 3)[8]. Although Genesis and Apocalypse are both using mythological language, they are no less involved with real history than any other book of the Bible.

7. É. CUVILLIER, *Les Apocalypses du Nouveau Testament* (Cahiers Évangile, 110), Paris, Cerf, 2000, p. 34 (my translation).

8. More detailed commentary about this time structure can be found in D.L. BARR, *Tales of the End: A Narrative Commentary on the Book of Revelation*, Salem, OR, Polebridge, ²2012 [1998].

If the Book of Revelation has one lesson to teach about time, it is that every mention of it can be symbolic. Consider the number seven in Genesis: it occurs several times within the book of Revelation (the letters, the seals, the trumpets, the plagues, the bowls, and the heads of the dragon) as an inverted echo of the creation. In symbolic language, it is even possible to say that Jesus is "the faithful and true witness, the origin (ἀρχή) of God's creation" (3,14), or that they who are before the throne worship God "day and night" (4,8; 7,15; remember Genesis; the perfect liturgy!), or that "the four angels were released, who had been held ready for the hour, the day, the month, and the year, to kill a third of humankind" (9,15). When rereading the last chapters of the book of Revelation, one might be struck by the *absence* of any indication of time. These timeless chapters on the new creation, the new Jerusalem, and the imminent arrival of the Lord (chapters 21 and 22), are a vision of this – our – world and how it could be completely different: new earth, new heaven, new city, no light from the sun or moon is needed (21,23; 22,5), and there will no longer be night (21,25; 22,5). The only indication of time is that this will happen "soon" (ταχύ: 22,6.7.12.20). This vision is another way to show that God is always present for the righteous ones.

> And I heard a loud voice from the throne saying, "See, the home of God is among mortals. He will dwell with them; they will be his peoples, and God himself will be with them; he will wipe every tear from their eyes. Death will be no more; mourning and crying and pain will be no more, for the first things have passed away" (Rev 21,3-4).

Just like "time" in Genesis is about any time in which people are living, "time" in the Apocalypse also concerns the idea of "any time". Both books are not about either chronology or history, but are about us.

III. The Experience of Time in History

We have been talking about the beginning and the end and we have discovered that one of the major goals of these mythological stories on the two chronological extremes is to show that God is historically with his people. But how does God appear in history? How does Israel experience God in time[9]?

9. Some of the insights in this short contribution were found in the introductory articles by K.S. Nash, *Time*, in D.N. Freedman – A.C. Myers – A.C. Beck (eds.), *Eerdmans Dictionary of the Bible*, Grand Rapids, MI, Eerdmans, 2000, 1309-1312; H.P. Mathys, *Zeit. III. Altes Testament*, in *Theologische RealEnzyklopädie* 36 (2004) 520-523; K. Erlemann, *Zeit. IV: Neues Testament*, *ibid.*, 523-533.

We have already mentioned how the order of things in *nature* is the manifestation of God. God's creation is for everyone. Thus, the regulation of time in nature is for everyone. There is both a time for the production of fruit (Ps 1,3) and for rain (Lev 26,4; Zech 10,1). These, however, represent only some elements of God's activity: Job 38–39 is a long list of questions God is asking to Job in which he says that he regulates everything in both nature and life:

> Do you know when the mountain goats give birth? Do you observe the calving of the deer? Can you number the months that they fulfill, and do you know the time when they give birth, when they crouch to give birth to their offspring, and are delivered of their young? (Job 39,1-3).

Many indications of time are given through mentioning sunset or sunrise. The calendar was determined by the position of the moon (from new moon to new moon) and feast days took place at full moon (like Passover or Sukkoth). The reverse of this is that God also intervenes with plagues, famine, destruction, war, or inundation when the order is not respected. In both the Hebrew Bible and the New Testament, these actions of God are sometimes called "The day of the LORD" (about 25 times):

> But the day of the Lord will come like a thief, and then the heavens will pass away with a loud noise, and the elements will be dissolved with fire, and the earth and everything that is done on it will be disclosed (2 Pet 3,10).

> The great day of the LORD is near, near and hastening fast; the sound of the day of the LORD is bitter, the warrior cries aloud there (Zeph 1,14).

> Is not the day of the LORD darkness, not light, and gloom with no brightness in it? (Amos 5,20).

Moreover, Israel is the place of God in *history*. There is no theoretical, physical, or mathematic insight in time (the Hebrew word *et* is usually translated as καιρός in the Greek translation of the Septuaginta, but may also appear as χρόνος), but there is the experience and the interpretation of things that happened. Time in history – like the stories of the beginning and the end – is neither "neutral" nor "objective". It is symbolic and has meaning. One could say that the most important "time" is the present, the now, the moment in which God is giving his commandments.

> If you obey the commandments of the LORD your God that I am commanding you today, by loving the LORD your God, walking in his ways, and observing his commandments, decrees, and ordinances, then you shall live and become numerous, and the LORD your God will bless you in the land that you are entering to possess. But if your heart turns away and you do not hear, but are led astray to bow down to other gods and serve them, I declare to you today that you shall perish; you shall not live long in the

> land that you are crossing the Jordan to enter and possess. I call heaven and earth to witness against you today that I have set before you life and death, blessings and curses. Choose life so that you and your descendants may live, loving the LORD your God, obeying him, and holding fast to him; for that means life to you and length of days, so that you may live in the land that the LORD swore to give to your ancestors, to Abraham, to Isaac, and to Jacob (Deut 30,16–31,1).

However, this "today" (60 times in Deuteronomy), in which the Law is given to the people, is not timeless, but embedded in the story of Israel and cannot be understood without the past. Ricœur speaks about "a narrativisation of ethics and an ethicisation of (hi)story"[10]. When Moses receives the ten commandments, the first words the Lord says are: "I am the lord your God, who brought you out of the land of Egypt, out of the house of slavery" (Deut 5,6). The past is important not because of the things that happened, but because of what we can learn from it today. While Hebrew people are moving ahead in time, they constantly look back towards the past; this is what is "in front of" (*qedem*) the present moment. Thus, they can always add more meaning to what happened in the past. There is a cumulative aspect of stories that happened in the past (James Barr and Paul Ricœur)[11].

> That was for the LORD a night of vigil, to bring them out of the land of Egypt. That same night is a vigil to be kept for the LORD by all the Israelites throughout their generations (Exod 12,42).

> Just remember what the LORD your God did to Pharaoh and to all Egypt, the great trials that your eyes saw, the signs and wonders, the mighty hand and the outstretched arm by which the LORD your God brought you out. The LORD your God will do the same to all the peoples of whom you are afraid (Deut 7,18-19).

The major feasts of Israel, which originated out of the context of phenomena in nature, were reinterpreted in light of major historical events. Another aspect of the meaning of time is its sanctification. We already talked about this when mentioning the seventh day of the creation: a period of time to do nothing. In his two important books, *Les bâtisseurs du temps* (1957) and *The Sabbath* (1951), Abraham Heschel emphasizes how Judaism is not a religion of space, but of time. It is through respect for the Sabbath (and other liturgical feasts) that Jews make time *qadosh* ("holy", like in Gen 2,3: "So God blessed the seventh day and *hallowed*

10. RICŒUR, *Les temps* (n. 2), p. 116: "une narrativisation de l'éthique et une éthicisation de la narration". I understand "narration" here as history that is transformed in story.

11. In his article, Ricœur often refers to J. BARR, *Biblical Words for Time*, Naperville, IL, Allenson, 1962.

it, because on it God rested from all the work that he had done in creation"). It is through time (and not spatial elements) that we can reach our deepest existence: "In the kingdom of the spirit we are not able to distinguish one second from a century, one hour from a complete being"[12].

Yet, during the history of Israel, sanctification is not always at the top of the agenda. It suffices to read the famous books of Wisdom (Qohelet or Ecclesiastes, Job, Proverbs). Here again, we refer to Ricœur. In those books – without history but not without time – we are confronted with universal experiences that go beyond Israel's history. There is a kind of timeless – or of all times? – reference to suffering, (quasi-)nihilism, searching for sense, and a confrontation with the limits of our being as a part of our "condition humaine". These books are sometimes considered to be the ones that are most adaptable to our (post-) modern times. There is a time for everything, but there is also nothing new (Qoh 3). As such, what does it mean to live in this world and during this time? Where is God if time becomes "meaningless"? These questions as well are present in the Bible. I think we should read these texts as part of the paradoxical presence of God in this world, which I mentioned at the beginning of this article. It is, according to the Bible, perfectly possible to have the experience of the absence of God in time. The co-existence of time's different manifestations is an invitation to hear the Bible in stereo. Hymns in which time becomes eternity are alternating with philosophical or existential moments of feeling God's complete abandonment. Such can be human life in this "time", a story already told in the Bible.

IV. Jesus and the New Testament

So far, we mentioned the New Testament only in regard to the book of Revelation. While the fundamental insights on time within the Hebrew Bible do not change in the New Testament, it is clear that the central character of Jesus and his message are working as a centripetal force for almost all of the New Testament's 27 writings. Compare, for example, these passages:

> So if anyone is in Christ, there is a new creation: everything old has passed away; see, everything has become new! (2 Cor 5,17)[13].

12. Heschel, *Les bâtisseurs du temps* (n. 4), p. 200; Id., *The Sabbath: Its Meaning for Modern Man*, New York, Farrar, Straus and Giroux, 1951.

13. See also the genealogy of Jesus from the beginning of times: Jesus was "the son of Adam, the Son of God" (Luke 3,38).

> But when the fullness of time had come, God sent his Son, born of a woman, born under the law, in order to redeem those who were under the law, so that we might receive adoption as children (Gal 4,4-5).

Jesus brings salvation to humankind, not as an automatism, but as an opportunity for people to act according the rules that are valid in the Kingdom of God. Mark's summary of the first words of Jesus is paradigmatic:

> The time (καιρός) is fulfilled, and the kingdom of God has come near; repent, and believe in the good news (Mark 1,15).

The καιρός (84 times NT), a special moment, has come. God is near and people have to act according to this good news: they should repent and believe. I think that we cannot repeat enough that Jesus' message concerns, first and foremost, the announcement of God's Kingdom in this world. As Matthew formulates it:

> But strive first for the kingdom of God and his righteousness, and all these things will be given to you as well. So do not worry about tomorrow, for tomorrow will bring worries of its own. Today's trouble is enough for today (Matt 6,33-34).

Or Luke:

> Then he began to say to them, "Today this scripture has been fulfilled in your hearing". All spoke well of him and were amazed at the gracious words that came from his mouth (Luke 4,21-22).

It is as if we hear an echo of the words of Deuteronomy that we have already mentioned: it is today that you can choose between life and death.

The power of the Kingdom is so strong that it cannot be stopped. I interpret the very difficult words in Mark 9,1 in the same manner:

> And he said to them, "Truly I tell you, there are some standing here who will not taste death until they see that the kingdom of God has come with power".

This means the Kingdom is at hand, it is here and now, open your eyes and look.

The idea that the καιρός, or the opportune time of the Kingdom, is now finds a curious counterpart in the use of the expression "the day" (ἡμέρα) – which we have already mentioned before – and that it indicates a day to come in which something new will happen. This will be a renewal of the old:

> They will say to you, "Look there!" or "Look here!" Do not go, do not set off in pursuit. For as the lightning flashes and lights up thc sky from one side to the other, so will the Son of Man be in his *day* (Luke 17,23-24).

> The sun shall be turned to darkness and the moon to blood, before the coming of the Lord's great and glorious *day*. Then everyone who calls on the name of the Lord shall be saved (Acts 2,20-21).

> He will also strengthen you to the end, so that you may be blameless on the *day* of our Lord Jesus Christ (1 Cor 1,8).

> Since all these things are to be dissolved in this way, what sort of persons ought you to be in leading lives of holiness and godliness, waiting for and hastening the coming of the *day* of God, because of which the heavens will be set ablaze and dissolved, and the elements will melt with fire? (2 Pet 3,11-12).

> This "*day*" is not only a day of judgment but also of salvation, and it is not only a day in the far away future, but also in the present: "As we work together with him, we urge you also not to accept the grace of God in vain". For he says, "At an acceptable time I have listened to you, and on a day of salvation I have helped you". See, now is the acceptable time; see, now is the day of salvation! (2 Cor 6,1-2).

It is clear that Jesus and early Christianity exist within the tension created between the present time and the idea of definitive change that will come in the future. However, what exactly this "coming" is remains vague. Only metaphorical and symbolic language is used. "The day" is one of these metaphors. It does not make sense to take it literally. In fact, it can be seen as a parenetic warning to those who are following Jesus to live as he has asked them to live. Once again, time is linked with the presence of God (through Jesus in the New Testament). The idea in both present and future indications of time is that the concept of time is given by God to human beings as an opportunity to act according to the message proclaimed by Jesus. If they accept that the Kingdom of God has come in Jesus and if they act accordingly, then they are already in that Kingdom – in the present. The quality of time – be it καιρός or ἡμέρα – is only revealed when a positive human response is given to it:

> Be careful then how you live, not as unwise people but as wise, making the most of the time (τὸν καιρόν), because the days (αἱ ἡμέραι) are evil (Eph 5,15-16).

In other words, there are conditions to be fulfilled in order to give the present time the chance to become a new world. In the second incarnation – the first one being creation – Jesus, as a manifestation of the divine eternal God, gives a new program to live in time "today". One has to become like children, to give away all that one possesses, to live according to his paradox: "Anyone who gives away his life and becomes the slave of all will enter the Kingdom of God" – not later, but now (see, e.g., Mark 8,35; 9,35; 10,43-44). The only criterion that counts in the so-called final judgment is "just as you did it to one of the least of these who are members of my family, you did it to me" (Matt 25,31-46, v. 40). Yet, this paradox represents the tension between present and future time in the New Testament: Jesus is already asking *now* what you have done to "these who are members of his family". In fact, we find in this a complement to what we already said about liturgy and hymns as a moment in time where the divine and the human meet. "Time" not only reaches eternity in moments of liturgical adoration, but also in the action of loving the poor, one's enemies, and the weak. It is in practicing the paradoxes of the Gospel *now* that one can see eternity's spark.

How do we understand this? Can this be proven? Of course not! There is no human logic in it. Is it *intellectus quaerens Deum* or *fides quaerens intellectum*? I am not sure that the Biblical scholar who reads narrative stories understands this option very well. S/he only discovers that the "practical wisdom" of Jesus is offered through the story as a possible way of living in time. "To you the mystery of the kingdom of God is given", Jesus says to his disciples in the parable discourse when they do not understand his teaching (Mark 4,11-12: Ὑμῖν τὸ μυστήριον δέδοται τῆς βασιλείας τοῦ θεοῦ). But what exactly this mystery is remains ... a mystery.

Jesus' wisdom is not a theory one has to reflect upon. He himself lived what he spoke. And he did so until his death. Is it a coincidence that Matthew (26,18) and Paul (Rom 5,6) call the passion and the death of Jesus καιρός?

> He said, "Go into the city to a certain man, and say to him, 'The Teacher says, My time is near (Ὁ καιρός μου ἐγγύς ἐστιν); I will keep the Passover at your house with my disciples'" (Matt 26,18).

> For while we were still weak, at the right time Christ died for the ungodly (κατὰ καιρὸν ὑπὲρ ἀσεβῶν ἀπέθανεν, Rom 5,6).

Before concluding, I would like to add one more indication of time: "the hour" (ὥρα). It is remarkable that the author of the gospel of John used this rather precise indicator of time as a metaphor for the moment of salvation that is given to the world by the passion, the death, the resurrection and the glorification of Jesus (while for Matt 26,45, it was still reserved for the moment of the passion). The center of time in history is called the hour, a measurement consolidating the opportune or appointed time into one of humankind's shortest moments; eternity concentrated into a twinkle. In fact, "time" no longer has a temporal function. It has become synonymous for entering into the mystery of God. Yet, was that the opportunity God gave to humanity when he created time?

> Jesus answered them: "The *hour* has come for the Son of Man to be glorified. Very truly, I tell you, unless a grain of wheat falls into the earth and dies, it remains just a single grain; but if it dies, it bears much fruit. Those who love their life lose it, and those who hate their life in this world will keep it for eternal life" (John 12,23-25).

> Now before the festival of the Passover, Jesus knew that his *hour* had come to depart from this world and go to the Father. Having loved his own who were in the world, he loved them to the end (John 13,1).

Faculté de théologie
Institut de recherche RSCS
Université Catholique de Louvain
Grand-Place 45/L3.01.01
BE-1348 Louvain-la-Neuve
Belgium
geert.vanoyen@uclouvain.be

Geert VAN OYEN

LA PHILOSOPHIE DE LA PHYSIQUE SANS LE TEMPS

I. Introduction

Par définition, la physique est l'étude de la nature. Depuis au moins Aristote, on pense que «[L]es étants par nature paraissent posséder en eux-mêmes un principe de mouvement et de stabilité»[1]. En conséquence, la physique est l'étude des principes intrinsèques du changement, en d'autres mots la discipline qui étudie les principes dynamiques des êtres naturels. Le changement étant généralement compris comme ce qui advient dans le temps, la physique est donc une discipline où la temporalité joue un rôle central. Pour illustrer la chose, contrastez la physique avec une discipline proche mais atemporelle comme les mathématiques[2]. Que deviendrait la physique s'il s'avérait que le temps n'existe pas? Pourrait-on toujours soutenir que le cœur de la physique est l'identification des principes de changement? Dans cet essai, je vais soutenir que l'on doit répondre par l'affirmative. La dynamique est première et est l'objet de la physique. Le temps n'est au mieux qu'un dérivé.

Cette thèse n'a pas que des conséquences en physique. En effet, lorsque l'on étudie les processus neurologiques et psychologiques à l'œuvre dans l'expérience du temps vécu, on utilise comme étalon de comparaison le temps mesuré sur une horloge, en d'autres mots le temps physique[3]. Si ce dernier n'existe pas, les recherches utilisant cette comparaison devront à tout le moins être réinterprétées. Une méthode fréquemment utilisée pour éviter ces considérations est de renverser la dépendance entre le temps vécu et le temps physique. Par exemple, en soutenant que le temps physique n'est pas le temps véritable, mais bien, au mieux, un temps dérivé. Le temps phénoménologique ou métaphysique serait le fondement et la justification du temps physique. Dans cet essai, je n'argumenterai pas directement contre cette approche car il me faudrait discuter du rapport entre physique et métaphysique, une question

1. Aristote, *La physique*, Paris, Vrin, 2008, 192b13-14.

2. Noter que nous ne nions en rien qu'il y ait des facteurs historiques et donc une temporalité dans le développement des mathématiques. Cependant, l'objet des mathématiques n'est apparemment pas lui-même temporel.

3. Pour des exemples de telles recherches, S. Grondin (éd.), *Psychology of Time*, Bingley, Emerald, 2008; C. Callender, *The Common Now*, in *Philosophical Issues* 18 (2008) 339-361.

qui nous entrainerait trop loin. Néanmoins, je compte désamorcer, dans la prochaine section, l'argument classique en faveur de cette approche, c'est-à-dire que le changement nécessite une forme de devenir, notion qui serait inaccessible aux méthodes empiriques et donc à la science.

Pour soutenir la thèse qui veut que la dynamique soit première et que le temps soit second, après cette partie introductive, je construirai mon propos en quatre étapes. Dans la prochaine partie, je montrerai que la notion de changement ne nécessite pas celle de devenir. L'identification du changement au devenir et en dernier lieu à la notion de durée phénoménologique n'est ni une nécessité métaphysique, ni une nécessité empirique. Dans la partie suivante, j'évoquerai des exemples historiques (Aristote, Newton, Einstein) pour montrer que l'articulation entre changement et temps est depuis longtemps sujette à débat. Nous n'avons pas affaire ici à une relation quasi analytique qui empêcherait toute révision. Dans la quatrième partie, j'expliquerai brièvement quelques-unes des raisons qui, en physique contemporaine, nous font douter aujourd'hui de la légitimité du temps. En particulier, je montrerai que cette conclusion n'élimine pas d'office la possibilité de définir le changement. Finalement, dans la cinquième et dernière partie, je discuterai dans quelle mesure on peut considérer le temps comme une illusion. Concluant par la négative, je soulèverai les difficultés que rencontre une position émergentiste sur le temps.

II. Changement et devenir

Dans cette section, je discuterai les thèses métaphysiques, souvent soutenues, suivantes: le changement implique le passage du temps, au sens d'un devenir, et dans ce contexte, le temps ne peut s'identifier au changement. Ces positions ont été déclinées de multiples façons, je vais ici me concentrer sur deux arguments que l'on doit respectivement à J.E. McTaggart et S. Shoemaker. Mon objectif sera de montrer que ces thèses ne sont pas aussi solides qu'elles ne le paraissent.

McTaggart est bien connu pour avoir soutenu l'irréalité du temps[4]. Ce n'est pas cette conclusion que je vais discuter ici mais bien la dépendance qu'il voit entre changement et devenir. Selon lui, le changement nécessite une forme de devenir. Plus précisément, il argumente que le changement nécessite la série des positions temporelles A, c'est-à-dire «the series of positions running from the far past through the near past to the present,

4. Pour en savoir plus, le lecteur est invité à consulter B. Dainton, *Time and Space*, Montreal & Kingston, McGill-Queen's University Press, 2001, chap. 2.

and then from the present to the near future and the far future»[5]. Cette série est à contraster avec la série B: «The series of positions which runs from earlier to later»[6]. La série B est aussi temporelle mais n'implique pas à elle seule le passage du temps. L'argument de McTaggart est simple. Si le changement pouvait se définir à l'aide de la seule série B, il n'y aurait pas de distinction ontologique entre le changement et une simple différence. Prenons un exemple pour illustrer ce point. Imaginons que l'on mesure des températures différentes à deux endroits au même moment. La variation de température mesurée ne sera pas considérée comme un changement mais bien comme une différence. Il n'y a apparemment rien de dynamique dans cette variation. Maintenant, mesurons la température dans le même lieu mais à deux moments différents. Selon McTaggart, la différence de température mesurée pourrait, au plus, être l'indice qu'un changement a eu lieu mais ne peut être en elle-même un changement. La position contraire reviendrait à assimiler la différence à la notion de changement, ce qui, toujours selon McTaggart, serait une erreur métaphysique. En effet, cela reviendrait à spatialiser le temps. Une différence entre évènements n'est pas un changement. Le changement c'est lorsqu'un évènement change. Un raisonnement semblable se trouve dans le *Parménide* de Platon: «Et rien ne change sans être dans le changement. [...] Quand donc a lieu le changement? Car on ne change ni quand on est en repos, ni quand on est en mouvement, ni quand on est dans le temps. [...] Car l'instant semble désigner le point où on change en passant d'un état à un autre»[7]. En termes contemporains, pour représenter adéquatement le changement Platon affirme que la série B doit être renforcée par l'ajout de propriétés dynamiques qui rendent possible d'aller au-delà de la différence. En résumé, le changement semble nécessiter plus que la temporalité, au sens de la série B, mais aussi le devenir.

Métaphysiquement, l'inverse n'est pas vrai puisqu'il existe des arguments pour soutenir la possibilité de vide temporel, c'est-à-dire de périodes où le temps passe mais où il ne se passe strictement rien. Shoemaker a soutenu qu'il est tout à fait envisageable qu'une zone de l'univers subisse un gel de tout changement alors que le reste de l'univers continue d'évoluer[8]. À l'intérieur de la zone gelée, le passage du temps est imperceptible. Cependant, une fois le gel terminé, on peut constater que le temps a tout de même passé dans la zone en comparant les horloges de cette région à

5. J.E. McTaggart, *The Unreality of Time*, in *Mind* 17 (1908) 457-474.
6. *Ibid.*
7. Platon, *Parmenides*, trad. V. Cousin, Paris, Gallimard, 156c-d.
8. S. Shoemaker, *Time without Change*, in *The Journal of Philosophy* 66 (1969) 363-381.

celles de l'extérieur. Selon Shoemaker, on atteste donc du passage du temps par la constatation de cette relation. Toujours selon lui, si un tel cas est possible localement, il n'y a pas de raison qu'il ne puisse exister globalement. Il n'y aurait donc pas d'implication nécessaire entre le passage du temps et la présence de changement.

Si le changement implique le devenir alors la contraposition tient. En l'absence de devenir, il ne peut y avoir de changement. En conséquence, si nous avons des raisons physiques de douter de l'existence du devenir (voir partie IV ci-dessous), ces doutes devraient impliquer l'impossibilité du changement. La physique, définie comme l'étude des principes intrinsèques du changement, scierait la branche sur laquelle elle est assise. Avant d'affronter les arguments métaphysiques de McTaggart et Shoemaker, abordons brièvement la question de savoir si nous avons des raisons empiriques d'associer changement et devenir. A-t-on besoin de la notion de devenir pour décrire le changement tel qu'il est appréhendé par des méthodes empiriques? Pour simplifier l'exposition, je ne discuterai que du seul mouvement. Mon analyse devrait pouvoir se projeter *mutatis mutandis* aux autres types de changement.

Le mouvement, selon une approche dynamiste à la McTaggart, consiste en un changement de position compris comme un processus, dépendant d'un devenir. À chaque instant, le mouvant possède factuellement des propriétés dynamiques comme la vélocité. Il est effectivement dans un état de mouvement tout au long de celui-ci. Une conception du mouvement qui contraste avec celle-ci est celle soutenue par B. Russell:

> Motion consists broadly in the correlation of different terms of *t* [a continuous one-dimensional series] with different terms of *s* [a continuous three-dimensional series]. [...] Motion consists merely in the occupation of different places at different times, [...] There is no transition from place to place, no consecutive moment or consecutive position, no such thing as velocity except in the sense of a real number which is the limit of a certain set of quotients[9].

Russell adopte cette conception pour des raisons mathématiques et scientifiques. Il soutient que nous avons de bonnes raisons de rejeter l'existence des infinitésimaux et d'adopter la conception de la continuité de Cantor. Si c'est le cas, il n'y a apparemment aucune raison de soutenir que la représentation du mouvement que l'on peut tester empiriquement nécessite la notion de devenir. En ce qui concerne la représentation de la temporalité du mouvement, la série B suffit. Les paradoxes classiques du

9. B. RUSSELL, *The Principles of Mathematics*, London, George Allen & Unwin, 1951, p. 473.

mouvement, comme ceux de Zénon, peuvent tous être résolus[10]. L'acte de mesure étant essentiellement une mise en corrélation[11], la représentation du mouvement proposée par Russell colle à ce qui est en principe accessible à l'expérience. L'appel au devenir ne semble pas nécessaire dans ce contexte empirique. La connexion entre le mouvement et le devenir se fait pour des raisons métaphysiques.

Soutenir que le mouvement ne peut se résumer à l'occupation par un corps de positions différentes à des moments différents présume que la réalité change et que ce changement ne peut être capturé par cette approche statique du mouvement[12]. Mais pourquoi devrait-on croire une telle chose? Apparemment pas pour des raisons empiriques, comme je l'ai écrit plus haut. La thèse pourrait être dérivée d'une position qui considère le mouvement de manière ontologique, comme un être à part entière. Dans ce contexte, la description statique ne capturerait que certaines propriétés indexées du mouvement mais en aucune façon son entièreté. Mais si le mouvement est une chose, un objet, il peut être sujet de prédication. Il est un porteur de propriétés, ce que l'on nomme traditionnellement un étant dans le cadre aristotélicien[13]. Mais justement si le changement est un étant, il est une «chose permanente» et ne peut donc changer lui-même, ce qui justifierait une description statique mais cette fois du second ordre[14]. Cette option n'est pas acceptable pour l'adepte d'une approche dynamiste du changement. Le changement ne peut donc pas être un étant. Dans ce cas qu'est-il? Comment peut-on le décrire? La manière la plus simple de résoudre ces difficultés est d'adopter une approche statique, comme le fait Guillaume d'Ockham, à propos de la physique d'Aristote:

> [M]otion is not something distinct or some thing distinct from the things to which motion is connected. [...] local motion should be described in this way: a mobile thing now coexists as a part of a place where it did not coexist before[15].

10. *Ibid.*, chap. 42.

11. R. CARNAP, *Philosophical Foundations of Physics*, New York, Basic Books, 1966, partie 2.

12. Pour une analyse plus fine de cet argument, voir E. BOCCARDI, *If It Ain't Moving It Shall Not Be Moved*, in *Topoi* 34 (2015) 171-185.

13. Pour une approche contemporaine d'une métaphysique aristotélicienne comme fondement de la science, voir E.J. LOWE, *The Four-Category Ontology: A Metaphysical Foundation for Natural Science*, Oxford, Oxford University Press, 2006.

14. ARISTOTE, *La physique* (n. 1), Livre 3.

15. J. DAVIES, *Ockham on Aristotle's Physics: A Translation of Ockham's Brevis Summa Libri Physicorum*, St. Bonaventure, NY, Franciscan Institute Publications, 1989, pp. 40-41.

Ockham soutient que la position dynamiste commet une erreur linguistique en prenant un terme absolu (qui réfère directement) pour un terme connotatif[16]. Cette discussion n'est certes pas le dernier mot sur la question, mais elle a le mérite de montrer la difficulté qu'il y a à soutenir que le changement nécessite le devenir. Que le changement entretienne une certaine relation à la temporalité, cela va de soi, mais on peut tout à fait avoir une lecture statique de cette relation.

Ce qui nous amène au vide temporel. Si le mouvement est l'établissement d'une corrélation entre position et temps, il est a à priori possible qu'un vide temporel local existe, puisque dans ce cas, l'absence de changement dans la zone de vide peut être corrélée sans ambigüité à une suite temporelle établie sur la base des mouvements dans le reste de l'univers. Qu'en est-il d'un vide temporel universel? N'ayant pas de façon aisée d'établir une suite temporelle, on pourrait douter qu'un tel vide puisse être défini. Un argument indirect est tout de même possible. En relativité générale, il existe des solutions des équations d'Einstein, bien définies, qui postulent un univers vide de matière. Le temps existe dans ces modèles comme une paramétrisation de l'espace-temps mais aucun changement, au sens où nous l'entendons ordinairement, ne se produit[17]. Notre univers ne correspond pas à ce cas de figure, mais si la théorie physique est en mesure de décrire des possibilités physiques, alors la conclusion de Shoemaker tient en relativité générale. Notez que cette conclusion ne nécessite pas de recourir à une forme de devenir.

Dans cette partie, j'ai soutenu que la notion de changement ne nécessite pas celle de devenir. Le changement peut tout à fait être compris comme une corrélation entre quantités, dont l'une est temporelle. Ce résultat n'est pas trivial, puisqu'il contredit l'intuition que plusieurs d'entre nous avons.

III. La coordination temporelle du changement

Avant de passer à la physique contemporaine, je vais exposer dans cette section quelques-unes des façons qui ont été proposées pour coordonner le changement et le temps. Les trois moments choisis, Aristote, Newton et Einstein ne seront pas discutés en détail. Mon objectif sera

16. H. Shapiro, *Motion, Time and Place according to William Ockham*, St. Bonaventure, NY, Franciscan Institute Publications, 1957, chap. 1.

17. J. Earman, *Space-Time, or How to Solve Philosophical Problems and Dissolve Philosophical Muddles without Really Trying*, in *The Journal of Philosophy* 67 (1970) 259-277.

plutôt de montrer que plusieurs options sont possibles et que le sens commun est tout sauf un bon guide en la matière.

Cerner de manière univoque ce qu'est la position d'Aristote en ce qui concerne la nature du temps et sa relation au changement est une question d'une redoutable difficulté. Pour certains commentateurs, l'existence même du temps n'est pas une question tranchée[18]. La relation entre le temps ontologique et le temps perçu n'est pas non plus limpide. Dans le présent essai, je me contenterai de présenter certains aspects de la position d'Aristote de manière à extraire une position cohérente concernant la relation entre changement et temps. Je n'ai cependant pas la prétention de soutenir qu'il s'agit de la position qu'Aristote a effectivement soutenue.

Selon Aristote, le temps n'est pas un être en soi, il est une certaine façon de qualifier un genre d'être spécifique, c'est-à-dire le changement ou plus particulièrement le mouvement.

> Et nous ne mesurons pas seulement le mouvement par le temps, mais aussi le temps par le mouvement, du fait qu'ils se définissent l'un par l'autre; en effet, le temps définit le mouvement en étant son nombre, et le mouvement le temps. Et nous disons qu'il y a beaucoup ou peu de temps en le mesurant par le mouvement [...][19].

Donc, où il y a mouvement, il y a temps et, où il y a temps, il y a mouvement. Cependant, temps et mouvement ne sont pas sur le même pied ontologique. Le mouvement est, en quelque sorte, premier. En effet «le nombre du transport est le temps, d'autre part, l'instant, de même que le transporté, est comme l'unité du nombre»[20].

Le temps est la «mesure» du mouvement, une forme de qualification de ce dernier. Si la discussion s'arrêtait là, nous aurions déjà affaire à une conception remarquable du temps. Chaque changement est associé à un temps *qui lui est propre*, puisque le temps est une propriété du changement. En comparant les changements, on pourrait, en principe, comparer les temps associés, mais cette comparaison serait indirecte. Il semble donc que le temps aurait aussi un aspect relationnel, ce que le passage suivant confirme:

> D'autre part, puisque le temps est mesure du mouvement, il sera aussi mesure du repos par accident, car tout repos est dans le temps. En effet, si ce qui est dans le mouvement est nécessairement mû, il n'en va pas de

18. Par exemple, voir M. Inwood, *Aristotle on the Reality of Time*, in L. Judson (éd.), *Aristotle's Physics: A Collection of Essays*, Oxford, Oxford University Press, 1991, 151-178.
19. Aristote, *La physique* (n. 1), 220b15-20.
20. *Ibid.*, 220a1-5.

> même pour ce qui est dans le temps, car le temps n'est pas mouvement mais nombre du mouvement et, dans le nombre du mouvement peut se trouver aussi ce qui est au repos[21].

Le repos qui est l'absence locale de mouvement peut donc aussi être dans le temps de manière comparative ou relationnelle. Aristote n'arrête cependant pas là. Le changement, comme le temps, est perpétuel[22]. Il y a donc, dans notre monde, un temps global ou universel auquel tout temps local peut être comparé. Ce mouvement étalon est le mouvement circulaire et le mouvement circulaire par excellence est celui des sphères célestes.

Si on se résume, Aristote soutient que le temps est une qualification quantitative du mouvement. Les mouvements pouvant se comparer, leurs temps associés le peuvent aussi. S'il y a un temps global, c'est dans la mesure où un certain mouvement, comme celui des sphères célestes, est continuel et régulier. Le passage du temps global est le résultat de la relation des temps locaux à cet étalon.

L'apparente relativité du temps suggérée par Aristote a une conséquence inattendue. Si le temps est une qualification quantitative du mouvement, est-ce que le temps passe plus vite dans le cas d'un mouvement rapide? Le temps dépendant du mouvement, peut-on identifier qu'un mouvement est rapide autrement qu'en le comparant à un autre? Cette difficulté n'a pas échappé à Descartes[23], mais c'est Newton qui y apporta une réponse claire: «Le temps absolu, vrai et mathématique, sans relation à rien d'extérieur, coule uniformément, et s'appelle *durée*»[24].

Le temps passe indépendamment de tout mouvement. En principe, la célérité de toute paire de mouvements peut donc être comparée grâce au temps (et espace) absolu. Il existe une manière non ambigüe de stipuler si deux évènements distants se passent en même temps. Si cette conception du temps est métaphysiquement plus satisfaisante, elle ne l'est pas nécessairement empiriquement. En effet, rien ne permet de relier directement le temps mesuré par un mouvement particulier, par exemple une horloge, au temps absolu. Le fait que tous les temps associés à chaque mouvement soient coordonnés entre eux par le truchement du temps absolu n'est plausible que dans la mesure où nous avons des raisons indépendantes de croire

21. *Ibid.*, 221b7-15.
22. *Ibid.*, 232b20-25.
23. R. DESCARTES, *Les principes de philosophie: Première partie*, Paris, Vrin, 2009, paragraphe 57.
24. I. NEWTON, *Principes mathématiques de la philosophie naturelle*, trad. par La Marquise DU CHATELET, Paris, Dunod, 2005, Livre 1, Scholie.

que le temps absolu existe. On peut légitimement douter de cette existence indépendante[25].

Une habile proposition pour remédier à cette difficulté est de ramener le temps au sujet, comme le fait Kant:

> Le temps est une représentation nécessaire qui sert de fondement à toutes les intuitions. On ne peut, par rapport aux phénomènes, en général, supprimer le temps lui-même [...]. Le temps est donc donné *a priori*. En lui seulement toute réalité des phénomènes est possible[26].

Cette position semble métaphysiquement moins couteuse, mais a la même caractéristique que la position de Newton, elle décroche le temps du mouvement et rend la dynamique dépendante du temps et non l'inverse comme chez Aristote. Avec Newton et Kant, la physique passe d'une science de la dynamique (principes intrinsèques du mouvement/changement) à une science des phénomènes dans l'espace et le temps.

Avec Einstein, si on ne revient pas à la lettre d'Aristote, on en revient à l'esprit. Dans son fameux article sur la relativité restreinte[27], Einstein ramène sur le tapis que le temps est essentiellement ce que les horloges mesurent. Cette approche est locale et même contextuelle dans la mesure où le temps mesuré peut dépendre du mouvement des horloges elles-mêmes. Si on veut étendre cette notion locale à une plus vaste région, il nous faut synchroniser différentes horloges par l'intermédiaire d'un processus physique:

> The "times" of an event is the reading obtained simultaneously from a clock at rest that is located at the place of the event, which for all time determinations runs synchronously with a specified clock at rest, and indeed with the specified clock[28].

Les lois de la mécanique et de l'électrodynamique ont pour conséquences que cette synchronisation est nécessairement relative au mouvement, plus précisément au référentiel inertiel. Avec Einstein, la dynamique reprend le rôle central. Cette tendance sera renforcée par le développement dans la décennie suivante de la relativité générale:

> Thus, according to the general theory of relativity, gravitation occupies an exceptional position with regard to other forces, particularly the

25. A. Robinet (éd.), *Correspondance Leibniz-Clarke* (Bibliothèque de philosophie contemporaine), Paris, Presses Universitaires de France, 1957.

26. E. Kant, *Critique de la raison pure*, trad. par A.J.-L. Delamarre – F. Marty (Folio essais, 145), Paris, Gallimard, 1980.

27. A. Einstein, *On the Electrodynamics of Moving Bodies*, in J. Stachel (éd.), *Einstein's Miraculous Year – Five Papers That Changed the Face of Physics*, Princeton, NJ, Princeton University Press, 1998, 123-160.

28. *Ibid.*, p. 127.

> electromagnetic forces, since the ten functions representing the gravitational field at the same time define the metrical properties of the space measured[29].

L'espace et le temps, imbriqués dans une même représentation: l'espace-temps, ne constituent plus le théâtre dans lequel se produisent les phénomènes mais sont une entité dynamique correspondant au champ gravitationnel. Les conséquences de cette révolution dans notre conception de l'espace et du temps sont nombreuses et intensément débattues[30]. Dans cet essai, je me contenterai d'insister sur la mise au second plan du temps comme paramètre caractérisant tout mouvement. En relativité générale, s'il y a une conception un peu robuste du temps c'est celle du temps propre, c'est-à-dire le temps mesuré par une horloge le long d'une trajectoire dans l'espace-temps, une ligne d'univers. Typiquement, ce temps dépend de la trajectoire et des interactions gravitationnelles subies le long de cette même trajectoire. Pour deux lignes d'univers, la théorie de la relativité générale permet de prédire le temps propre de l'une par rapport à l'autre et inversement, mais aucun temps n'est plus fondamental que l'autre. Le rapport entre temps, entre processus physiques, est une quantité objective selon la théorie. Le succès empirique de la relativité générale, sans recours à un temps universel, fait dire au physicien Carlo Rovelli:

> Basic physics without time is viable, it is forced upon us by relativity, and it is conceptually coherent and consistent with our experience of the world[31].

Même si on adopte une approche statique du mouvement, l'articulation du mouvement et du temps est loin d'être triviale dans la relativité générale. Certes, Einstein nous incite à revenir à une approche à la Aristote, c'est-à-dire que si le temps existe c'est au mieux une qualification du changement. Deux facteurs nous incitent à la prudence face à cette conclusion: 1) On peut être au repos et tout de même dans le temps. En effet, un objet apparemment immobile engendre une trajectoire dans l'espace-temps. La notion de changement doit donc ici être comprise

29. A. EINSTEIN, *The Foundation of the General Theory of Relativity*, in ID., *The Collected Papers of Albert Einstein*. Vol. 6: *The Berlin Years: Writings, 1914-1917*, éd. par A.J. KOX – M.J. KLEIN – R. SCHULMANN, trad. par A. ENGEL, Princeton, NJ, Princeton University Press, 1997, 146-200.

30. Pour un échantillon, voir un ouvrage collectif comme J. BUTTERFIELD – M. HOGARTH – G. BELOT (éds), *Spacetime*, Aldershot, Dartmouth, 1996.

31. C. ROVELLI, *The Disappearance of Space and Time*, in D. DIEKS (éd.), *Philosophy and Foundations of Physics: The Ontology of Spacetime*, Amsterdam, Elsevier, 2006, 25-36.

dans un sens bien plus large que traditionnellement, car une trajectoire spatiotemporelle est essentiellement une corrélation entre l'objet et le champ gravitationnel. 2) Dans la suite de ce qui vient d'être mentionné, la théorie de la relativité générale modélise les relations entre évènements et, en particulier, entre évènements et champ gravitationnel. Elle n'a pas comme pouvoir de décrire les propriétés intrinsèques spatiotemporelles. On peut donc douter que le temps ait une existence véritable en relativité générale, dans la mesure où il ne serait qu'une forme de relation entre véritables propriétés physiques. Ce problème reviendra dans la section suivante.

IV. Le problème du temps en gravitation quantique

Du fait de leur indéniable succès empirique, tôt ou tard il faudra combiner les acquis de la relativité générale et de la physique quantique. Cette tâche ne va pas de soi, comme le montre ce raisonnement de Matvei Bronstein[32]:

- Prémisse 1 – L'attribution d'une propriété à une petite région spécifique nécessite une localisation précise.
- Prémisse 2 – Selon la mécanique quantique, une localisation précise nécessite une grande impulsion et donc, une grande énergie.
- Prémisse 3 – Selon la relativité générale, toute forme d'énergie agit comme une masse gravitationnelle et déforme l'espace-temps proportionnellement.
- Conclusion 1 – Il existe une taille minimale pour laquelle nous pouvons localiser une propriété sans que cette dernière soit cachée par son propre horizon.
- Conclusion 2 – L'attribution de propriétés locales, l'essence de la théorie quantique des champs, est apparemment impossible.

En physique quantique, il apparait que le temps doit demeurer un paramètre d'arrière-plan sans rôle dynamique[33]. D'un autre côté, la relativité générale nous incite à considérer le champ gravitationnel et, par le fait

32. Raisonnement reconstruit et simplifié que l'on trouve dans D. Rovelli – F. Vidotto, *Covariant Loop Quantum Gravity: An Elementary Introduction to Quantum Gravity and Spinfoam Theory*, Cambridge, Cambridge University Press, 2015, p. 7.

33. On peut même douter que ce paramètre corresponde toujours au temps des horloges qui lui est le produit de systèmes physiques dynamiques. Voir W.G. Unruh – R.M. Wald, *Time and the Interpretation of Canonical Quantum Gravity*, in *Physical Review D* 40 (1989), no 8, 2598-2614.

même, le temps, comme dynamique. Deux programmes de recherche[34], deux théories, visent à résoudre ce problème. Soit on conserve une structure spatiotemporelle en arrière-plan et on reconstruit toutes les interactions, gravitation comprise, par rapport à cet arrière-plan. Cette approche est en gros celle développée par la théorie des supercordes. Soit on élimine tout arrière-plan spatiotemporel de l'ontologie de la théorie et on développe une théorie quantique gravitationnelle. Cette approche est celle choisie par des programmes comme celui de la gravitation quantique à boucles covariante (GQBC).

Chacune de ces approches rencontre des difficultés similaires pour rendre compte du temps. Pour des raisons d'espace, je ne vais brièvement discuter que de GQBC. Dans cette théorie, on débute par une certaine lecture des acquis de la relativité générale[35] où l'évolution des systèmes est fonction d'un paramètre de jauge, en d'autres mots d'un paramètre auquel ne correspond directement aucune quantité physique, par exemple le temps[36]. Dans cette approche, on débute donc par une théorie sans temps[37]. Puis on passe à une théorie quantique. L'une des conséquences est que l'espace sera discrétisé. Je laisse ce point de côté car cela ne contribue pas à notre propos. Dans ce contexte, est-ce que la physique est toujours une science des principes intrinsèques de la dynamique? Je soutiens que oui, mais cela demande, à nouveau, une révision de la notion de changement.

Rappelons que dans l'approche statique, changer est défini comme posséder certaines propriétés différentes à des moments différents. Nous avons vu dans la section précédente que la relativité générale avait déjà réformé cette définition en reformulant le changement comme une variation des propriétés en fonction du champ gravitationnel, représentant de l'espace-temps. La GQBC fait un pas de plus et abandonne la continuité de cette relation fonctionnelle. Le changement, tout changement est représenté dans la théorie par des transitions de probabilités. Cependant,

34. D'autres programmes ont existé. Pour un bref survol, voir J. BUTTERFIELD – C. ISHAM, *Spacetime and the Philosophical Challenge of Quantum Gravity*, in C. CALLENDER – N. HUGGETT (éds), *Physics Meets Philosophy at the Planck Scale: Contemporary Theories in Quantum Gravity*, Cambridge, Cambridge University Press, 2001, 33-89.

35. Cette conception assez standard n'est pas soutenue par tous. Pour un remarquable opposant, voir T. MAUDLIN, *Thoroughly Muddled McTaggart Or How to Abuse Gauge Freedom to Generate Metaphysical Monstrosities*, in *Philosophers' Imprint* 2 (2002), no 4, 1-23.

36. Pour une introduction aux aspects philosophiques entourant les théories de jauges, voir A. GUAY, *La symétrie de jauge comme sonde philosophique*, in S. LE BIHAN (éd.), *Précis de philosophie de la physique*, Paris, Vuibert, 2013, 295-308.

37. C. ROVELLI, *Quantum Gravity*, Cambridge, Cambridge University Press, 2004, chap. 1.

contrairement au cas de la physique quantique usuelle, en GQBC ces transitions sont entre des états qui ne dépendent pas explicitement du temps. Dans cette théorie, l'espace et le temps ne sont pas en arrière-plan. Au mieux, ils caractérisent des relations entre champs dynamiques et sont sur le même pied que toutes les autres variables dynamiques définissant les états. La dynamique est complètement encodée dans ces transitions. Compte tenu d'une certaine interaction (configuration d'espace et de matière), ces transitions nous donnent la probabilité d'observer telle ou telle interaction, ce qui nous amène à reconsidérer ce qu'est un changement:

> This does not mean that there is no evolution in the world or that there is no change. It means that evolution and change in the real world are too complicated to be well represented as evolution in a single variable[38].

La distinction clé entre variation et changement devient difficile à établir. C'est le moins que l'on puisse affirmer.

V. L'émergence du temps?

Si l'une de ces approches de la gravitation quantique, par exemple la GQBC, était confirmée empiriquement, devrait-on considérer que le temps est une illusion? Ce ne serait pas la première fois qu'un développement scientifique viendrait bouleverser une catégorie du sens commun ou de la métaphysique, mais dans ce cas on se doit d'être prudent car les conséquences sont très importantes. Si le temps physique n'existe pas, le temps vécu, probablement le produit d'un système physique, le cerveau, n'existe peut-être pas non plus. Le temps vécu joue un rôle clé dans maints débats philosophiques, comme ceux du libre arbitre ou de l'identité personnelle. Que restera-t-il des réponses apportées à une question comme celle de l'identité personnelle si le temps est éliminé? Compte tenu des enjeux, il nous faut donc analyser si la thèse de l'illusion est la seule plausible.

Si le temps est une illusion, ce n'est pas une illusion comme les autres illusions perceptuelles. Comme le soutient justement John Norton[39], les illusions perceptuelles sont au moins en partie contrôlables. Par exemple, les illusions d'attribution de taille à des objets ou d'attribution de mouvement à des objets statiques peuvent être mises en évidence en modi-

38. Rovelli – Vidotto, *Covariant Loop Quantum Gravity* (n. 32), p. 50.

39. J. Norton, *Time Really Passes*, in *Humana.Mente: Journal of Philosophical Studies* 13 (2010) 23-34.

fiant le point de vue ou le contexte de mesure. Il ne semble pas que nous puissions faire la même chose pour le temps. Si c'est une illusion, on ne peut pas en sortir ou la mettre en évidence autrement que par la réflexion philosophicophysique. Autre point apporté par Norton, toute la recherche sur les illusions vise à montrer par quel mécanisme elles surgissent. Cette recherche a été particulièrement fructueuse pour mieux comprendre comment la perception visuelle fonctionne. Dans le cas du temps, nous n'avons pas de réponse à cette question du surgissement. En conséquence, si le temps est une illusion, cette dernière ne résulte pas d'une simple erreur. Nous avons clairement l'impression que le temps passe. Les asymétries temporelles de la mémoire, de l'action volontaire, de la thermodynamique… sont apparemment des caractéristiques des phénomènes à notre échelle. Si le temps est une illusion, c'est qu'il ne fait pas partie de l'ontologie du monde et qu'il est la résultante d'une dynamique sans temps. Un peu comme la température qui n'est pas considérée comme une propriété physique à part entière mais comme la résultante d'autres propriétés (énergie, mouvement…). Bien sûr, le fait que la température entretient une relation de survenance (et non de bijection) avec les propriétés physiques rend son usage fort utile, mais cela n'exclut pas que l'on puisse soutenir que la température est fonctionnellement réductible aux véritables propriétés.

Si le temps est une illusion, on pourrait tout de même soutenir que c'est une illusion incontournable et même nécessaire. On peut en effet argumenter que même si la théorie physique ne réfère pas directement au temps, ce dernier est une catégorie nécessaire à la science. Cette approche néokantienne a l'intérêt de prendre toute la pratique scientifique en compte et pas seulement la théorie. En effet, on peut imaginer que tout test empirique nécessite des mesures qui s'organisent dans une dimension temporelle, que ce paramètre réfère ou pas à quelque chose dans le monde[40]. L'appréhension empirique du phénomène, la mesure, nécessiterait quelque chose comme le temps.

Une approche dans le même esprit est de soutenir que la théorie elle-même nécessite la géométrie, qui elle est implicitement un appel au temps et à l'espace[41]. S'il est vrai que l'on peut retrouver dans une théorie comme la GQBC un appel *a priori* à la géométrie, ce que ce recours implique est loin d'être évident. En effet, si une théorie fait appel *a priori*

40. Une approche de ce type a été soutenue par Nicolai Hartmann, voir S. PINNA, *The Philosophy of Quantum Gravity – Lessons from Nicolai Hartmann*, in *European Journal for Philosophy of Science* 5 (2015), no 3, 279-296.

41. A. HAGAR – M. HEMMO, *The Primacy of Geometry*, in *Studies in History and Philosophy of Modern Physics* 44 (aout 2013), no 3, 357-364.

à des notions géométriques (du genre espace, intervalle ou distance), il n'est pas automatique que ces notions réfèrent à l'espace et au temps. Avec l'avènement de la géométrie non commutative[42], les notions géométriques ont été redéfinies de telle façon qu'il est de plus en plus difficile d'en avoir une lecture néokantienne. Justement, le recours *a priori* à des notions géométriques dans la GQBC semble davantage correspondre à des notions de géométrie non commutative. L'argument n'est donc pas complètement convaincant.

Une autre possibilité philosophique quant au statut du temps est de défendre que bien que ne faisant pas partie de l'ontologie de la théorie, le temps n'est pas illusion, mais émerge dans un sens fort de l'ontologie fondamentale. Il ne s'agirait plus d'une illusion car l'entité qui émerge serait au moins en partie autonome. En effet, l'émergence est une relation empirique entre une base B et un émergent E qui implique *à la fois* que «E est dépendant ou déterminé par B» (DEP) et que «E est nouveau ou autonome par rapport à B» (NOV)[43].

Toutes les théories philosophiques de l'émergence tentent de préciser (DEP) et (NOV) de manière à ce qu'elles ne soient pas contradictoires et que l'émergence ne soit ni impossible, ni omniprésente. La plupart des théories de l'émergence discutées dans le contexte de la philosophie des sciences sont diachroniques, c'est-à-dire que la base précède temporellement l'émergent. L'émergent est un produit historique de la base. Cette approche est intéressante dans la mesure où l'émergence est assimilable à un certain type de processus physique irréductible. Malheureusement, elle est inappropriée à la modélisation de l'émergence du temps lui-même, car elle nécessite que la base engendre diachroniquement l'émergent. L'émergent étant le temps lui-même, le processus d'engendrement devrait donc s'inscrire dans un autre temps. D'où viendrait ce temps? En l'absence d'hypothèse plausible, il est préférable de ne pas s'engager sur cette voie. Dans le contexte de la philosophie de l'esprit, les théories de l'émergence sont généralement synchroniques, c'est-à-dire que l'émergent est déterminé ou constitué synchroniquement par la base. Il n'est pas historiquement engendré par celle-ci. Cette approche est plus prometteuse, mais malheureusement fait aussi appel à un temps alors que ce dernier est supposé émerger de la relation. En effet, la relation de constitution associe B à E synchroniquement. On peut se demander quel est le

42. A. CONNES, *Noncommutative Geometry*, San Diego, CA, Academic Press, 1994.

43. Pour une présentation plus détaillée de l'émergence en science, voir A. GUAY – O. SARTENAER, *A New Look at Emergence: Or When after Is Different*, in *European Journal for Philosophy of Science* 6 (2016), no 2, 297-322.

rôle du temps dans l'approche synchronique puisque selon ces théories, l'émergence n'est pas en tant que tel un processus physique, une génération? En fait, il sert essentiellement à coordonner les états de la base avec les états émergents. Sans cette indexation temporelle, on ne saurait pas quel état E particulier est associé à quel état B particulier.

L'histoire de la philosophie a déjà traité un tel problème de coordination. Dans une philosophie dualiste de l'âme et du corps, comment peut-on associer les états d'une âme particulière (entité temporelle mais non spatiale) aux états d'un corps particulier (entités spatiotemporelles)? Comment une âme est-elle associée à un corps particulier de façon suffisamment coordonnée pour qu'il y ait interaction systématique[44]? Notez qu'en général, en philosophie de la nature, les difficultés de coordination entre propriétés de types différents sont résolues par leurs relations à un troisième terme, l'espace-temps. Cette option n'est bien sûr pas disponible dans le cas qui nous occupe. Une unification par la causalité (c'est-à-dire que la base est la cause de l'émergent ou qu'ils ont tous deux une cause commune), autre méthode standard, n'est pas disponible car elle mènerait à une forme diachronique de l'émergence.

Une troisième possibilité est de soutenir que ce sont les lois elles-mêmes, la dynamique, qui sont le principe d'unité susceptible de coordonner les propriétés de B à E. Dans cette approche, on n'établit pas les propriétés physiques pour ensuite rechercher les lois qu'elles suivent, plutôt, être une propriété physique c'est être le sujet des lois dynamiques[45]. Une théorie de l'émergence usant de ce principe de coordination prendrait la forme suivante[46]:

(DEP) La configuration B^l de propriétés non spatiotemporelles constitue nomologiquement la configuration de propriétés spatiotemporelles E^l.

(NOV) E^l n'est pas réductible[47] à B^l. Il y a nouveauté véritable de E^l par rapport à B^l.

Ceci n'est qu'un cadre. Une théorie de l'émergence devrait spécifier les expressions «constitue nomologiquement» et «réductible». Une fois la théorie de l'émergence développée, il restera encore à montrer comment une configuration de propriétés en gravitation quantique est associée

44. Pour une version contemporaine de ce problème, voir T. O'CONNOR, *Causality, Mind, and Free Will*, in *Noûs* 34 (2000), no 14, 105-117.

45. On a soutenu récemment que ce principe d'unité est à l'œuvre chez Newton, voir K. BRADING, *Three Principles of Unity in Newton*, in *Studies in History and Philosophy of Science Part A* 44 (2013), no 3, 408-415.

46. Il s'agit ici de la tentative d'établissement d'un cadre ontologique, pas d'une théorie développée.

47. Dans un sens épistémologique ou ontologique selon la théorie de l'émergence particulière soutenue.

de manière dynamique/nomologique à un certain espace-temps semi-classique et en quoi cet espace-temps est effectivement une nouveauté[48].

Conclusion

Malgré les apparences, la mise au second plan de la notion du temps ne sonne pas le glas de la physique. Cette dernière demeure l'étude du changement, de la dynamique, même si cette dernière n'est pas associée de la même manière au temps. Les développements récents ont ouvert de nouvelles perspectives pour la philosophie de la nature. Dans quelle mesure le temps est-il une illusion? Est-il plutôt émergent? Toutes ces questions méritent notre attention de philosophes. Certes le débat physique sur le temps est maintenant hautement technique et peut rebuter le philosophe. Nous n'avons cependant pas le luxe d'éviter l'engagement. Les conséquences de la question du temps sur l'identité personnelle et l'anthropologie philosophique en général sont telles que l'on ne peut laisser ce débat aux mains des seuls scientifiques.

Institut Supérieur de Philosophie
Université catholique de Louvain
Place Cardinal Mercier 14/L.3.06.01
BE-1348 Louvain-la-Neuve
Belgique
alexandre.guay@uclouvain.be

Alexandre GUAY

48. Pour une tentative dans ce sens, voir J. BUTTERFIELD – C.J. ISHAM, *On the Emergence of Time in Quantum Gravity*, ArXiv:gr-qc/9901024v1, 1999.

ASTRONOMY AND TEMPORALITY

I. Introduction

A dictionary definition of temporality would be "the state of existing within or having some relationship with time"[1]. However, in the field of astronomy that word is rarely used to describe the various issues concerning time. This is one indication of the difference between scientists and philosophers in dealing with the concept of temporality. Indeed, time has been the subject of discussions among philosophers and natural philosophers/scientists throughout western civilization.

The word "time" itself is said to be the word with most extensive set of dictionary definitions in the English language. For example, the Oxford Dictionary includes at least 25 separate definitions including[2]:

1. The indefinite continued progress of existence and events in the past, present, and future regarded as a whole
2. The progress of time as affecting people and things
3. Time or an amount of time as reckoned by a conventional standard
4. A point of time as measured in hours and minutes past midnight or noon
5. A moment or definite portion of time allotted, used, or suitable for a purpose often time for/to do something
6. An indefinite period
7. The conditions of life during a particular period
8. One's lifetime
9. The length of time taken to run a race or complete an event or journey
10. An instance of something happening or being done; an occasion.

Clearly the word has many meanings but even in the context of our discussion it continues to defy easy description. The often-quoted description of time by Saint Augustine, circa 400 AD may express the issue in the best manner:

> For what is time? Who can easily and briefly explain it? Who even in thought can comprehend it, even to the pronouncing of a word concerning it? But what in speaking do we refer to more familiarly and knowingly than time? And certainly we understand when we speak of it; we also understand when we hear it spoken of by another. What, then, is time? If no one

1. http://www.oxforddictionaries.com/us.
2. *Ibid.*

> asks of me, I know; if I wish to explain to him who asks, I know not. Yet I say with confidence that I know that if nothing passed away, there would not be past time; and if nothing were coming, there would not be future time; and if nothing were, there would not be present time. Those two times, therefore, past and future, how are they, when even the past now is not; and the future is not as yet? But should the present be always present, and should it not pass into time past, time truly it could not be, but eternity. If, then, time present – if it be time – only comes into existence because it passes into time past, how do we say that even this is, whose cause of being is that it shall not be – namely, so that we cannot truly say that time is, unless because it tends not to be[3]?

In these discussions we are concerned with time (or temporality) as it is discussed in the fields of science, philosophy and theology as it is a topic of long-standing discussion in all of these fields.

This particular contribution deals with time from the point of view of a scientist, particularly an astronomer. For the scientist concerned with defining time in a technical sense, time requires a regularly repeatable natural phenomenon, e.g. a year or a day. Acknowledging this repeatable phenomenon, it is then necessary to establish conventions regarding: the interval between repetitions; when the series of repetitions is recognized to begin; the names for successive repetitions and their subdivisions; the means by which this information can be distributed. Beginning with early man, repetitive astronomical phenomena provided the most obvious answers to these concerns, the regular appearance of the Sun and Moon being the most obvious.

II. Time through the Ages

Evolving civilization makes it necessary to develop increasingly sophisticated concepts regarding time as well as increasingly sophisticated measurements of the passage of time. Particularly notable steps in the evolution of concepts of time involve the thoughts of Aristotle, Newton and our understanding of the principles of special and general relativity. Particularly notable events in the measurement of time range from the development of sundials, water clocks, mechanical clocks, and atomic clocks, all of these devices being related to increasingly sophisticated astronomical observations. It is of interest then to note some specific developments through the ages.

3. Augustine, *Confessions*, XI, chap. XIV, sec. 17.

1. *Antiquity*

Before the 5th century, i.e. the fall of Rome, the concept of time proceeded largely from the needs of hunting and farming. Only a crude knowledge of time was required for government and commerce at that point. Knowledge of the passage of time allowed our ancestors to find game in particular seasons and at particular times of the day or night. Farming obviously required knowledge of the seasons. In light of these needs time was regarded as being cyclical. It was commonly accepted that days and seasons and even the events associated with them as well as the appearance of the stars and planets in the sky would repeat over and over again.

Measurement of the passing of time involved the visual observation of astronomical phenomena. During this period the most enduring developments were concerned with calendars[4]. There being no need for a continuously maintained time scale as we experience today, time measurement was event oriented. The use of shadow of the Sun cast by a stick in the sand was developed into the creation of sun dials[5]. For indoor use or when clouds prevented the use of sundials, water clocks that essentially marked the passage of time by measuring the slow drainage of water from one container into another served as adequate devices[6].

Figure 1. Sundial from 1st century BCE in Archaeological Museum in Istanbul

4. See R. HANNAH, *Greek and Roman Calendars*, London, Gerald Duckworth & Co., 2005; J.M. STEELE (ed.), *Calendars and Years: Astronomy and Time in the Ancient Near East*, Oxford, Oxbow Books, 2007.

5. R.R.J. ROHR, *Sundials: History, Theory, and Practice*, New York, Dover Publications, 1996.

6. D.S. LANDES, *Revolution in Time: Clocks and the Making of the Modern World*, Cambridge, MA, Harvard University Press, 2000.

2. *Middle Ages*

In the western world Aristotelian physics dominated the concepts of time in the Middle Ages, i.e. roughly from the fifth to the 14th century. Time for Aristotelian physics is "the measure of change"[7]. It "is not change [itself]" because a change "may be faster or slower, but not time"[8]. Measuring motion would consist then of counting instants that Aristotle referred to as "nows". Time is not made up of "nows", however, just as a line cannot be made up of points[9]. Although Plato and Aristotle reasoned that the past was eternal, Christian theologians argued that time must have a beginning with creation and that it proceeds in a linear fashion to an end time. It was the common thought of the natural philosophers of the Middle Ages to consider time as continuous and divisible[10].

Figure 2. Verge and foliot clock

With these concepts as a background for natural philosophy, time was measured in practice by measuring the apparent directions of the Sun, planets and stars with respect to local terrestrial references, e.g. the local

7. ARISTOTLE, *Physics*, chapter 12.
8. *Ibid.*, chapter 10.
9. P. TURETZKY, *Time*, New York, Routledge, 2000, p. 32.
10. R. SORABJI, *Time, Creation and the Continuum: Theories in Antiquity and the Early Middle Ages*, Chicago, IL, University of Chicago Press, 2006.

meridian. Water clocks and candles served as devices to measure shorter time intervals. Calendars were important to mark feast days, festivals and for astrology. Toward the end of the 13th century (circa 1280) the first mechanical clocks appeared, and in the 14th century mechanical clocks were installed in a few European cities. These employed verge and foliot mechanisms powered by falling weights to regulate rotating pointers that marked the hours of the day. Verge and foliot refers to the type of clock escapement used in the clock, the foliot being a bar with weights at both ends rotating on a rod called the verge. The weights can be moved to regulate the timing of the clock (see Figure 2). Nevertheless, there was little need for what would be considered precise time in a modern context, the hours of prayer in monasteries probably being the most significant driver for clock development.

3. *Renaissance*

Significant developments in the concepts of time occurred with the European Renaissance, roughly from the 14th through the 17th centuries. For the natural philosophers of the Renaissance, time would be linear but composed of a series of cycles. By the 16th century, confidence in the Aristotelian physics had begun to wane in the light of a new notion of natural philosophy. The works of Copernicus, Brahe and Kepler appeared to challenge some long-held beliefs[11]. During that time Isaac Newton (1643-1727) conceived of time as a real entity and not just a concept. For Newton time flowed in a linear fashion and was independent of any matter or motion[12]. Gottfried Wilhelm Leibniz (1646-1716) rejected this idea in favor of a relational concept of time wherein time was ideal and not real[13].

In the 14th century hour glasses began to be used to measure shorter intervals of time, but by the 15th century they became less prevalent as mechanical clocks became more accurate, smaller, cheaper and easier to use. In 1582 the Gregorian calendar replaced the Julian Calendar in many European countries correcting errors inherent in the formulation of the Julian calendar and creating a 10-day discontinuity in the progression of dates[14].

11. E. GRANT, *A History of Natural Philosophy: From the Ancient World to the Nineteenth Century*, Cambridge, Cambridge University Press, 2007.

12. TURETZKY, *Time* (n. 9), p. 73.

13. G.J. WHITROW, *Time in History: The Evolution of Our General Awareness of Time and Temporal Perspective*, Oxford, Oxford University Press, 1988.

14. G.V. COYNE – M.A. HOSKIN – O. PEDERSEN *et al.*, *Gregorian Reform of the Calendar: Proceedings of the Vatican Conference to Commemorate Its 400th Anniversary, 1582-1982*, Vatican City, Specola Vaticana, 1983.

Galileo Galilei proposed the notion of a pendulum clock in 1603, and that idea was subsequently improved by Christian Huygens. A practical pendulum clock was patented by him in 1657[15]. Astronomy played a critical role. Observations of the Sun and stars were the standards used to set and calibrate the mechanical device.

4. *Age of Enlightenment*

The 18th century saw the advent of the age of Enlightenment. The concepts involving time were heavily influenced during this period by the philosophy of Immanuel Kant (1724-1804) who argued for a middle ground between Newton and Leibniz[16]. For him "time has the structure of the absolute mechanical flow of Newtonian time, and likewise cannot be discovered by any sense experience"[17]. On the other hand he would maintain that "time cannot exist independently from experience". He considered time and space to be things that we have constructed for our own understanding[18].

Pendulum clocks adjusted by means of astronomical observations continued to be standard for timekeeping. However, watches were developed for personal use and the marine chronometer was invented, cementing the relationship between time and navigation[19].

5. *Twentieth Century*

Significant changes in both the concepts and measurements of time occurred in the 20th century. It became clear through careful observation that the rotation of the Earth was not uniform thereby jeopardizing the concept that the rotation of the Earth was a suitable repetitive natural phenomenon to serve as a standard for precise timekeeping. Advances in science and technology, namely in communication, navigation, industry, and electrical power transmission emphasized the importance of a reliable infrastructure which, in turn, required time with unprecedented precision. In physics the field of quantum physics was established, but probably the most important 20th century conceptual advance is the acceptance of special and general relativity.

15. LANDES, *Revolution in Time* (n. 6).
16. G.J. WHITROW, *The Nature of Time*, Suffolk, Penguin Books, 1975.
17. *Ibid.*, p. 86.
18. *Ibid.*, p. 87.
19. LANDES, *Revolution in Time* (n. 6).

Astronomically the measurement of time saw improvements in precision of orders of magnitude, first through the application of photographic techniques and later through the use of radio interferometry. Quantum physics provided the means to develop atomic clocks to replace pendulum clocks and quartz crystal clocks. This progress in both concepts and measurements led to the establishment of a number of new time scales to meet the needs of users in various fields[20].

III. Current State of the Art

Recognizing the tenets of special and general relativity, we now define two basic kinds of time within the context of special and general relativity. The first of these is proper time, which is the actual reading of a clock wherever it is located. That reading depends on its position and its state of motion with respect to its environment. The second kind of time is coordinate time which is the independent variable in equations of motion of material bodies and in the equations for propagation of electromagnetic waves. It is a mathematical coordinate in the four-dimensional space-time of a chosen coordinate system, and for a given event, within that coordinate system, coordinate time has the same value everywhere.

The concepts of special and general relativity have had a profound effect on our understanding of time as well as quantitative consequences for the measurement and distribution of precise time. The transformation of proper time to coordinate time must take into account the combination of these known relativistic effects referred to as time dilation[21].

1. *Special Relativity*

Special relativity deals with the description of space and time in the absence of a significant gravitational field. It predicts differences in clock rates due to the difference in the velocities of the clocks. This effect, called kinematic or special relativistic time dilation, predicts that clocks will slow in rate when travelling at very high speeds. Coincidentally, at

20. D.D. McCarthy – P.K. Seidelmann, *Time: From Earth Rotation to Atomic Physics*, Weinheim, Wiley-VCH, 2009.
21. L.W. Fagg, *Two Faces of Time*, Wheaton, IL, Theosophical Publishing House, 1985.

those speeds we also expect the dimension of an object in the direction of its motion to contract as well as its relativistic mass to increase. These phenomena have been well established without any doubt in physical experiments. They are indeed real physical effects and not illusions. They show that space and time are linked, and we often characterize time in this space-time world as the fourth dimension. Consequently, time is often represented spatially, e.g. the arrow of time or time lines. However, it is important to understand that, although space and time are linked, they remain distinct in nature, and that it might be more appropriate to represent the idea of space time as the "dynamization" of space rather than the "spatialization" of time[22].

2. *General Relativity*

The general theory of relativity generalizes the special theory by incorporating the effects of gravity. Concerning the issue of time, it predicts changes in clock rates due to the acceleration of gravity.

This effect referred to as gravitational time dilation predicts that clocks will slow in rate as they near large masses. An example of this effect in combination with kinetic time dilation is the fact the Global Positioning Satellite (GPS) clocks are set to run 0.000 038 seconds per day slow before they are launched in order to compensate for the relativistic effects on the clocks when they are in orbit[23]. The accuracy of satellite navigation systems like GPS depends critically on the accuracy of the clocks in the orbiting satellites. Without such a correction navigational accuracy would be seriously degraded[24].

3. *Time Measurement Accuracy*

We have noted above that clocks came into existence in the latter part of the 13th century. Since then, time measurement by means of clocks has improved steadily. Atomic standards are now the standard devices for precise timekeeping. They operate by providing a precise frequency used to drive a clock, and came into use in the mid-1950s. It was quickly realized that these devices were capable of producing

22. L.W. FAGG, *The Becoming of Time: Integrating Physical and Religious Time*, Durham, NC – London, Duke University Press, 2003.

23. N. ASHBY, *Relativity and the Global Positioning System*, in *Physics Today* 55 (2002), no. 5, 41-47.

24. S. HAWKING, *A Brief History of Time: From the Big Bang to Black Holes*, New York, Bantam Books, 1988.

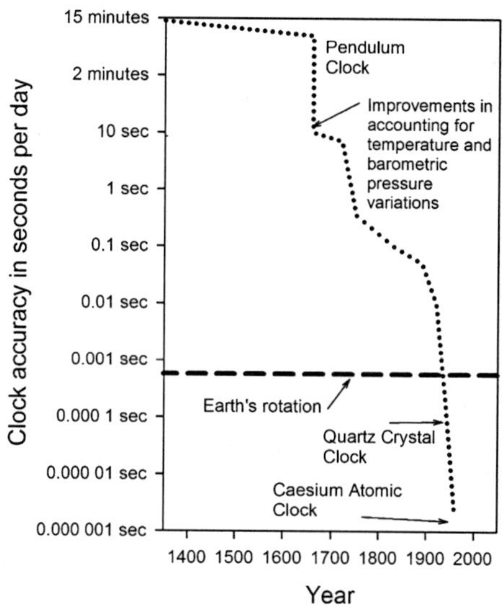

Figure 3. Improvement in clock accuracy through the ages

time with far greater stability and accuracy than any time derived from astronomical observations or calculations. These standards are based on the frequency of energy level transitions in atoms. The definition of the standard second today is based on the frequency of an energy level transition in the outer electron of Caesium atoms, which was calibrated in 1957 by comparing the time derived from atomic clocks with Ephemeris Time observations[25]. Figure 3 shows graphically the improvement in clock accuracy from the earliest verge and foliot devices through pendulum and quartz crystal clocks to the atomic standards of today. Modern timekeeping devices now show stability better than a billionth of a second per day. They are approaching the state where, because of gravitational time dilation, the accuracy of time measurement will depend on accurate knowledge of the gravitational potential as indicated by the altitude of the clock.

IV. Time Scales

In order to be useful, readings of clocks must be referred to some kind of conventionally adopted time scale. Just as concepts and

25. W. Markowitz *et al.*, *Frequency of Cesium in Terms of Ephemeris Time*, in *Physical Review Letters* 1 (1958), no. 3, 105-107.

measurement techniques have evolved, so too have time scales evolved to fulfill the prevailing needs for measurement accuracy and to coincide with prevailing notions regarding time. Before the existence of mechanical devices time scales were based solely on the direction to the Sun in the sky. Although some of our early ancestors may not have realized it, that kind of time is based on the rotation of the Earth. Sundials were entirely capable of implementing a solar time scale based on the Earth's rotation. When it was desirable to improve time measurement employing instruments requiring an observer to look directly at the Sun, however, it became more convenient to measure time using observations of the stars and then relating that time, called sidereal time, to solar time. Of course, the directions to the Sun or to the stars depends on the observer's location, and so in order to standardize time it was necessary to adopt a standard location on the Earth to which the observed time could be referred, namely Greenwich, England. It was also apparent that, because the Earth revolves around the Sun in an elliptical rather than a circular orbit, the measured "length" of the solar day depended on the time of year on which the observation was made. To even out the duration of the day, then, a "fictitious mean sun" was invented. This construction was defined mathematically in such a way that its daily motion along the projection of the Earth's equator in the sky was equivalent to the average or mean daily motion of the actual or apparent Sun along its path in the sky. Thus we had local apparent solar time, local apparent sidereal time, Greenwich apparent solar time, Greenwich apparent sidereal time, local mean solar time, local mean sidereal time, Greenwich mean solar time, and Greenwich mean sidereal time. These time scales depended on actual astronomical observations of celestial objects. A set of time-like scales called Universal Time (UT) was created when it was understood that the Earth's axis about which it rotated was moving within the planet and that the rotation rate of the Earth varied seasonally. Within that set UT0 referred to the time-like rotation angle that was measured locally by using optical means. UT1 refers to the time-like angle that was derived from UT0 by correcting for the movement of the Earth's axis within the planet, and UT2 was defined to be UT1 corrected by a conventionally adopted mathematical expression designed to correct for the seasonal variation in the Earth's rotational speed. All of the above are related to the rotation of the Earth.

When it was established in the mid-20th century that the Earth's rotation rate was not constant it became necessary to create a more uniform time scale independent of the Earth's rotation. For this purpose, the repeatable natural phenomenon chosen was the period of revolution around the Sun, i.e. the year. The year chosen to define the duration of the second for that time scale was 1900. Ephemerides of the Moon's position were constructed in terms of that second ("Ephemerides" is the plural form of "ephemeris", which is a tabulation of the positions of celestial objects as a function of time.). This provides a more uniform time scale called Ephemeris Time, but that relied on observations of the Moon and was not easily accessible. Moreover, the ephemerides were calculated using Newtonian mechanics and did not include the effects of special and general relativity. To account for the time dilation effects, then, two new scales were created: Terrestrial Dynamical Time (TDT) and Barycentric Dynamical Time (TDB). The former, later renamed Terrestrial Time (TT), represented time at the surface of the Earth and the latter at the barycenter of the solar system.

(The barycenter can be considered as the center of mass of the solar system, about which all of the solar system members, including the Sun revolve). Eventually the definitions of these time scales were refined and two new time scales came into existence: Geocentric Coordinate Time (TCG), and Teph. The former represents time at the center of the Earth and the latter is a specialized time scale closely resembling TDB used to calculate conventional positions of solar system objects. All of these time scales are defined mathematically and not observed or measured directly[26].

The time scale that makes use of the atomic realization of the second is called International Atomic Time (TAI), and the TT time scale is now defined through TAI. The worldwide standard for time used in everyday practice called Coordinated Universal Time (UTC) is formed by combining TAI with occasional one-second adjustments made to force UTC to read within 0.9 seconds of UT1.

However, as mentioned above, relativistic effects can now be measured routinely in accurate clock readings so that it is likely that future time scales will be created to account for these issues. Figure 4 shows graphically the evolution of time scales through the ages. In practice these time scales and time-like angles are accessed through the standard UTC time scale as shown in Figure 5.

26. D.D. McCarthy – B. Guinot, *Time*, Mill Valley, CA, California University Science Books, 2013.

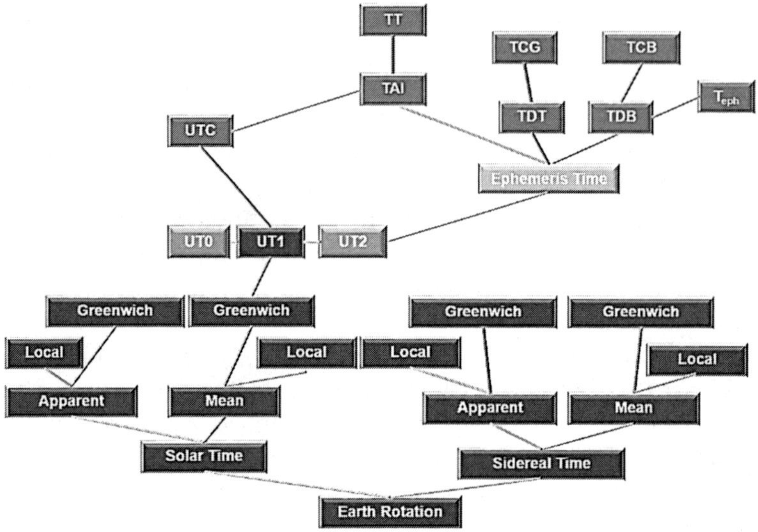

Figure 4. Evolution of time scales

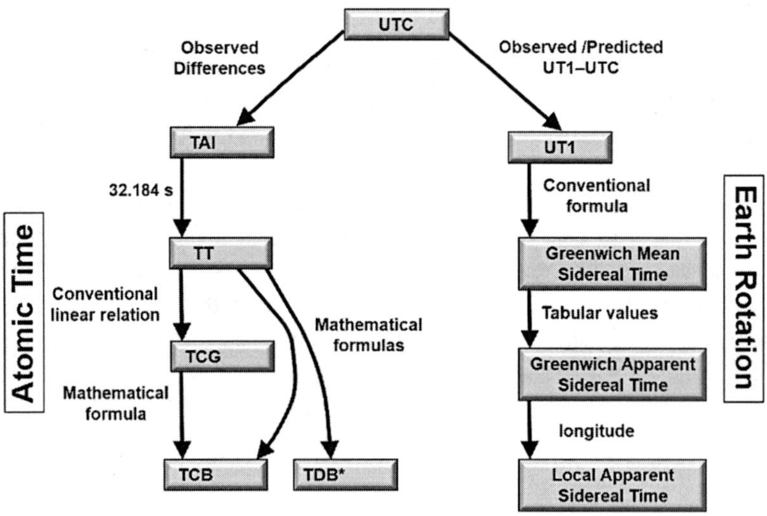

Figure 5. Chart showing the path to the commonly used time scales and time-like angles

V. What's Next?

We can expect that atomic timekeeping standards will continue to be developed with ever-improving precision. Laser-cooled optical clocks using single atoms of elements other than Caesium are being developed now in research laboratories that promise to improve the stability of clocks for common use by orders of magnitude. Currently, the limiting factor in clock technology is the inability to compare clock at a distance with the same kind of precision that clocks are capable of achieving in a laboratory. It is likely, then, that the current definition of the second, i.e. "the duration of 9 192 631 770 periods of radiation corresponding to the transition between the two hyperfine levels of the ground state of the Caesium-133 atom"[27] will be changed to make use of an element other than Caesium. Any new definition would, of course, be consistent with the current definition so that there would be no change in the realized duration of a second, but it would represent a finer technical description of the second.

Possibly improved definitions of time scales will also need to be considered as clocks become more capable of reaching improved precision. Time dilation will have to be considered in the formal definition of a practical time scale for common use. Without such considerations clocks will be better indicators of altitude than of the passage of time. Time scales for other solar system members, e.g. the Moon or Mars, may also be required. It is clear, then, that timekeeping for common practical applications has moved away from its astronomical roots with the development of atomic standards and corresponding definitions of time scales for measuring time. However, astronomers will continue to be involved in at least two areas related to time.

1. *Pulsar Time Scales*

Pulsars are extremely dense neutron stars spinning at very high rotational speeds. They emit a narrow beam of electromagnetic radiation that can be observed as a series of pulses when that beam is oriented in the direction of the observer. Consequently, they appear much like a cosmic lighthouse with intervals between pulses that range from milliseconds to seconds. Because the intervals are very regular it has been suggested that they would provide a repeatable natural phenomenon suitable for use in precise timekeeping applications. Observations of pulsars in comparison with atomic frequency standards show that the short-term stability of

27. McCarthy – Seidelmann, *Time: From Earth Rotation to Atomic Physics* (n. 20).

atomic standards exceeds that of pulsars, so it is unlikely that a pulsar time scale could contribute to short-term timing applications. However, pulsars may very well be important contributors to assessing the long-term stability of time scales. They would serve as independent checks on the possible drifting of time scales based on atomic frequency transitions. It is also expected that such observations will contribute to checking ephemerides of solar system objects and possibly observing gravitational waves[28].

2. *Time, Quantum Physics and Cosmology*

Quantum physics is a branch of physics describing physical phenomena at dimensions typical of atomic and subatomic length scales, which includes objects smaller than an atom. This encompasses atomic nuclei made up of protons and neutrons and the electrons surrounding the nuclei. It has been used to explain the individual behaviours of the subatomic particles that make up all forms of matter and how individual atoms combine to form molecules. Many modern technological inventions make practical use of quantum physic including atomic time standards.

Cosmology refers to the study of the origin, evolution, dynamics and fate of our universe. Astronomy and physics make significant contributions to this field of endeavor. Our understanding of time/temporality is involved as well, not only from a philosophical point of view but also for understanding the proper physical description of the flow of time. A brief description of some background concepts in quantum physics and cosmology that bear on this understanding of time/temporality may be helpful.

a) Relativistic Relationships

Referring to the discussion above regarding relativity, it is clear that time is not only related to space but also to mass through the concept of relativistic mass, whereby the mass of a body depends on its speed. Since mass is known to be related to energy, we see that time is related to space, mass and energy[29].

b) Heisenberg Uncertainty Principle

The Heisenberg Uncertainty Principle states that there is a fundamental limit to the precision with which certain pairs of physical properties of a particle, called complementary variables, can be known simultaneously. Complementary variables that are relevant for understanding time include (1) position

28. *Ibid.*
29. HAWKING, *A Brief History of Time* (n. 24).

and momentum, and (2) time and energy. In the first case (position and momentum) it can be understood by imaging situations where we might know the coordinates of a particle very well but be unsure of its velocity, or, on the other hand, we might have a very precise notion of its velocity but the coordinates of its position might not be known as precisely. In the second example (time and energy) we can understand this to mean that we might be able to determine the energy dispersion of a particle's state but not be able to know the lifetime of that state. Another interpretation is that it might be possible to measure the energy exchange with high precision but then not be so certain about the time frame of that energy transfer. This is a fundamental principle not to be confused with the "observer effect" that describes the concept that changes in a phenomenon are caused by the very act of observation[30].

c) The Big Bang

The commonly accepted concept for the beginning of our universe is called the Big Bang Theory. It is based on the astronomical observations that show that (1) galaxies appear to be moving away from us at speeds proportional to their distance, (2) there is a 2.725-degree Kelvin (-270.425 degree Celsius) cosmic microwave background radiation throughout the universe thought to be the remnant of a very hot beginning event, and (3) the relative abundance of the elements support such a model. This theory would claim that our universe began to expand from an infinitely small, infinitely hot "singularity" some 13.7 billion years ago. We might conceive a singularity to be something like the core of a black hole created by the intense gravitational attraction of a very massive object. There is no way of knowing what existed before this expansion began so there can be no answer regarding the existence of time and space before that event.

According to the Big Bang Theory protons and neutrons appear after the first millionth of a second; nuclear fusion begins one hundredth of a second later and light elements (e.g. Hydrogen, Helium, etc.) begin to form within the first 3 minutes. After 5000 years, matter begins to dominate over energy and the force of gravity becomes effective. Galaxies form in about 700,000,000 years and stars form after 3 billion years. Our solar system appears at about 9 billion years; Earth 400 million years later, and life on the planet emerges 10.2 billion years into the expansion[31].

Details regarding the initial singularity and the beginning moments of the expansion remain a matter of speculation. This is because general relativity breaks down near a singularity when quantum gravitational

30. *Ibid.*
31. *Ibid.*

effects must be taken into account. To begin to understand a quantum origin for our universe a theory of quantum cosmology would be required. No universally accepted model exists today[32].

Some authors hypothesize, even, that our universe may just be one example of an infinite set of universes that do not intrude on the dimensionality of each other in a "multiverse". We know ours is expanding but perhaps others could be contracting. Since we cannot observe beyond our universe one can only speculate[33].

As a result, we can only ask the questions: Did time begin with the big bang event? What is time in the Big Bang Theory? What is time in a "multiverse"? Does time exist?

CONCLUSION

Astronomy has been a key element in our understanding and measurement of time. That situation prevailed as long as observations of the apparent motions of celestial objects provided a measure of a repeatable natural phenomenon, i.e. the rotation of the Earth. After it became apparent that that phenomenon was not truly repeatable with the available precision, alternate phenomena were required to meet the increasing demands for precision. Today, atomic timekeeping is the basis for precise timekeeping. Conventional time scales have been created to be consistent with the measurement and with our concepts of space and time. Astronomy continues to contribute to our understanding of time through the investigation of pulsar time scales and its contributions to cosmology. Nevertheless, our speculations regarding the origin and fate of our universe cause us to continue to question as did Augustine:

> If, then, time present – if it be time – only comes into existence because it passes into time past, how do we say that even this is, whose cause of being is that it shall not be – namely, so that we cannot truly say that time is, unless because it tends not to be[34]?

2432 Riviera Drive
Vienna, VA
22181 USA
dennis_mccart57@hotmail.com

Dennis D. McCarthy

32. L. Smolin, *Time Reborn*, New York, Houghton Mifflin Harcourt, 2013.
33. Fagg, *The Becoming of Time* (n. 22).
34. Augustine, *Confessions*, Book XI.

WHO AM I?

QUESTIONS FOR CONTEMPORARY PSYCHOLOGY AND BRAIN SCIENCE

I. INTRODUCTION

It is usually acknowledged that contemporary debates on personal identity originate in a famous chapter of Locke's *Essay*, "Of identity and diversity", published in 1694[1], in which we find the following definition:

> [A Person is] a thinking intelligent being, that has reason and reflection, and can consider itself as itself, the same thinking thing in different times and places (II, XXVII, 9).

It is also well-known that the philosophical legacy of Locke's treatment of personal identity consists of two parts. The first is a set of questions (e.g., identity through time: what are the necessary and sufficient conditions for X_1 at t_1 and X_2 at t_2 to be the same person?). The second part is a rational investigation in which thought experiments are an important component[2].

Beyond their intrinsic interest, Locke's ideas may also be perceived as an opportunity to confront different research traditions, namely the philosophy of personal identity, the theology of persons, and the scientific approach of the self and of self-consciousness. One might be tempted, of course, to vindicate an *incommensurability thesis* about these different approaches concerning the question of the self. Definitions of the self widely differ, even within a single field; there is little hope, at first sight, that this heterogeneity may be overcome. There appears to be no common ground to discuss, say, the merits of Boethius' definition of the person in one of his *Theological Tractates* ("A person is an individual substance of a nature endowed with reason")[3] and the merits of the distinction made by the neurobiologist Antonio Damasio in his recent

1. J. LOCKE, *An Essay concerning Human Understanding*, Oxford, Clarendon, [1694] 1975.
2. See B. WILLIAMS, *The Self and the Future*, in *The Philosophical Review* 79 (1970) 161-180; D. PARFIT, *Reasons and Persons*, Oxford, Oxford University Press, 1984; T.S. GENDLER, *Exceptional Persons: On the Limits of Imaginary Cases*, in *Journal of Consciousness Studies* 5 (1998) 592-610.
3. BOETHIUS, *The Theological Tractates*, with a translation by F. STEWART, Cambridge, MA, Harvard University Press, 1953.

Self comes to mind[4] between a proto-self, a core self, and an autobiographical self, even if we suggest that "person" (in Boethius' sense) and "autobiographical self" (Damasio's idea) have roughly the same meaning. Moreover, conceptual analysis would have requirements that are too different from the methods of empirical knowledge for the two authors to engage in mutually beneficial exchanges.

However, there are reasons to challenge this incommensurability thesis. The first that we will examine is *history*: there is more than just mere historical contiguity between Locke's *Essay* and theological thought in seventeenth-century England, as both philosophical and theological elements are tightly linked with Locke's view of personal identity, meaning that theological disputes often led to rational and philosophically significant proposals. The other reason is that Locke raised questions about the personal self that can be addressed by empirical forms of investigation. Locke's legacy, in this sense, goes beyond what we have described above as a philosophical proposal and methodology; it extends to a set of *concerns* that are not alien to contemporary research in a variety of fields that stretch well beyond the province of philosophy.

The first of the questions raised by Locke that I shall examine is the definition of the Self in its relation to Self-knowledge. This question can be seen as the consequence of Locke's professed agnosticism on the mind-body problem (*Essay*, IV, III, 6): he believed that we are not in a position to decide between a Cartesian duality of substances and the possibility of material entities that would be able to think. Furthermore, identity of substance is, in Locke's view, neither necessary nor sufficient to guarantee the identity of a person. If the stream of thought that began in X were transferred to Y, the two thinking substances, X and Y, "would make but one person" (II, XXVII, 13). And where there is no possibility to retrieve memories, personal identity is not preserved, even if we are metaphysically dealing with the same substance (II, XXVII, 14). Thus, Locke's view is that the ontological question and the epistemological question cannot be separated: the definition of the self is correlated to the mode of its recognition of itself.

> Since consciousness always accompanies thinking, and it is that which makes every one to be what he calls self [….] in this alone consists personal identity, i.e. the sameness of a rational being (II, XXVII, 9).

My thesis will be that Locke's answer to the question of the nature of the self can be considered as an *instance* of a type: *if* the definition of

4. A. DAMASIO, *Self Comes to Mind*, New York, Pantheon Books, 2010.

the self is correlated to the mode of its recognition of itself, *then* other modes of recognition would involve different kinds of selves. That is why, for example, James writes in his *Principles* that "A man's *Social Self* is the recognition he gets from his mates": *reputation* is to the social Self what consciousness is to the Lockean person, a mode of recognition correlated to a given type of entity. This means that we can be pluralistic about the nature of selves and that an enquiry on diverse modes of self-recognition will be able to identify non-Lockean selves. In this chapter, we shall focus on the "ecological" self.

The second Lockean question concerns the temporal existence of the self and the relationship between its past, present, and future existence. It is usually assumed that identity through time concerns only the relationship between X at t_1 and X at t_2, where t_2 is the present time in which X reflects on a given episode of his life, with t_1 being located in the past. But, for Locke, thinking of oneself is not simply recollecting memories:

> This very intelligent being [...] must grant, that there is something that is himself, that he is concerned for [...]; that this self has existed in a continued duration more than one instant, and therefore, it is possible, may exist, as it has done, months and years to come [...] and may be the same self, by the same consciousness, continued on for the future (II, XXVII, 25).

Self-awareness and self-concern take into account one's future life. For anybody interested in neuropsychology, it is striking that the motive of the relationship between one's access to one's memories and one's representation of one's own future has become a much-debated topic. In an influential paper, Tulving linked episodic memory with what he calls "autonoetic consciousness"[5]. According to Tulving, autonoetic consciousness is a mode of representation of oneself as an entity whose existence is extended beyond the present in both the past and the future. Disturbances of episodic memory, being disturbances of autonoetic consciousness, must not be considered as disturbances of the representation of one's personal past. In his description of the famous case of N. N., Tulving describes how this patient was unable, not only to think of past events within his life, but also to imagine his own future. Since Tulving's paper, this question has received growing attention. Accordingly, contemporary neuropsychology can be located within an (extended) Lockean tradition due to its established relationship between memory, the self, and its future.

5. E. TULVING, *Memory and Consciousness*, in *Canadian Psychology/Psychologie canadienne* 26 (1985), no. 1, 1-12.

II. About Persons: When Theology Meets Philosophy

In Locke's *Essay*, the question of the persistence of the self is not purely theoretical. When he points out, quite late in the chapter "Identity and diversity", that "Person" is a "forensic term" (II, XXVII, 26), Locke explicitly connects the persistence of the self with the question of the conditions of accountability and punishment. For a thinking individual, being held responsible entails not just *being the cause of* (as in the following proposition: "this stone is the same stone as the one that broke the window yesterday"), *but being able to recognize oneself* [today] *as such a cause* [in the past]. This recognition is made possible, according to Locke, by the operation of consciousness:

> [...] as far as this consciousness can be extended backwards to any past action or thought, so far reaches the identity of the person (II, XXVII, 9).

Although Locke's views are still the object of diverging interpretations, the implicit principle in this passage can be reconstructed as:

> X can be recognized today as the author of given action A in the past if and only if:
>
> 1. Performing A was intentional.
> 2. The volition which explains the occurrence of A in the past and the recollection of *willing A* in X's mind today are two episodes of an identical stream of consciousness (this second clause is meant to rule out cases of *false memories,* where X would mistakenly believe that he is responsible for the occurrence of A and its consequences today).

In sum, identity through time is guaranteed by the self-ascription of past deeds, and the *appropriate* self-ascription of past deeds, made possible by the continuity of consciousness, is what grounds desert and punishment.

This "forensic" dimension of personal identity offers a first obvious connection with theological questions. If, as we have seen, the question of accountability is correlated to the problem of identity through time, the question of accountability must have a theological dimension through the motive of "divine rectification". If we are to be judged and then rewarded or punished by God in the next life for our deeds in this present life,

> [s]uch reward and punishment is just only if on the day of judgement the one standing before God is the same person who committed the past act[6].

6. S. Weinberg, *The Metaphysical Fact of Consciousness in Locke's Theory of Personal Identity*, in *The Journal of History of Philosophy* 50 (2012), no. 3, 387-415, p. 389.

Solving the problem of identity through time is crucial if we want to guarantee the possibility of both divine and human justice. In order to implement universal justice, God *has to solve* the problem of personal identity.

One might be tempted to minimize the importance of this theological dimension, as it plays no role in the treatment of the question of personal identity in the works of Locke's main followers within the analytical tradition. Obviously, a philosopher may worry about the identity of X_1 at t_1 and X_2 at t_2, without having theological concerns. To use Reichenbach's well-known epistemological distinction[7], theology would provide the *context of discovery* for Locke's theory of personal identity, while conceptual analysis and thought experiments would provide its *context of justification*.

However, among Locke's contemporaries, the definition of the person as an entity that exhibits the crucial property of being aware of itself had already emerged in the work of an English theologian[8], William Sherlock (1641?-1707). In his *Vindication of the doctrine of the Holy and ever blessed Trinity*[9], Sherlock grounds the rejection of the Socinian heresy in an analysis of the consciousness. To solve the special problem of the relations between *divine* Persons, Sherlock offered a theory of the relations between kinds of persons and varieties of consciousness. He holds that:

1. The divine persons in the Trinity are *distinct* in virtue of their own, respective "self-consciousness" [that is, their direct experience of their own thoughts].
2. The divine persons in the Trinity are *united* by what Sherlock calls their "mutual consciousness".
3. Human, finite persons *possess* self-consciousness but they are *deprived* of the kind of mutual consciousness that divine persons possess.

For Sherlock, "self-consciousness" is more than a mental ability of thinking individuals among others; it "constitutes the individuality of a person"[10]. The counter-example of "mutual consciousness" is all the more striking because it resurfaces in James' *Principles of Psychology*[11]

7. H. REICHENBACH, *Experience and Prediction: An Analysis of the Foundations and Structure of Knowledge*, Chicago, IL, University of Chicago Press, 1938.

8. U. THIEL, *The Trinity and Human Personal Identity*, in M.A. STEWART (ed.), *English Philosophy in the Age of Locke*, Oxford, Oxford Universty Press, 2000, 217-243.

9. W. SHERLOCK, *A Vindication of the Holy and Ever Blessed Trinity and the Incarnation of the Son of God*, London, W. Rogers, 1691.

10. THIEL, *The Trinity and Human Personal Identity* (n. 8), p. 226.

11. W. JAMES, *The Principles of Psychology*, Cambridge, MA, Harvard University Press, 3 vol., [1890] 1981.

(when James defends his idea that "within each personal consciousness, thought is sensibly continuous" against the objection of time gaps). Two different types of time-gaps must be distinguished: in the first type (e.g., epilepsy), according to James, such gaps are not felt and, therefore, they cannot break the continuity of the stream of thought. Yet, for other kinds of time gaps, there is a marked interval between episodes of consciousness, even though "[we have] the sense of the parts being inwardly connected and belonging together because they are parts of a common whole, the consciousness remains sensibly continuous and one. What now is the common whole? The natural name for it is *myself*, *I*, or *me*"[12]. To illustrate this point, James uses the example of Paul and Peter waking up in the same bed; each of them "reaches back and makes connection with but *one* of the two streams of thought which were broken by the sleeping hours. [...] The past thought of Peter is appropriated by the present Peter alone"[13]. For Peter, remembering one's own previous thoughts sets these very thoughts apart from Paul's, which he can only *conceive*. Both "reaching back" and "appropriating" past thoughts sound very Lockean. But the contrast between appropriation by memory and conception of another's thought also echoes Sherlock's proposal: human persons are, by nature, deprived of mutual consciousness. The tradition to which James belongs begins with Locke's and Sherlock's views, in a context where theology and philosophy are not just contiguous, but entangled.

III. Kinds of Selves: Self-Recognition and the Ecological View

In an influential paper, the psychologist Ulrich Neisser[14] proposed to make a distinction between five kinds of selves: the ecological self; the interpersonal self; the extended self; the private self; and the conceptual self. These "selves" are not defined as different kinds of entities, but different "aspects" of the same self, resulting from the varying types of information on which self-knowledge is based. Whatever the merits of this proposal may be, one can notice that the Lockean self shares important features with both Neisser's private self (whose experiences are unique to him) and extended self: the extended self, with his "memories"

12. *Ibid.*
13. *Ibid.*
14. U. Neisser, *Five Kinds of Self-knowledge*, in *Philosophical Psychology* 1 (1988), no. 1, 35-59.

and "anticipations", is the one about whom we can ask the question of identity through time, as memories and anticipation are crucial to self-ascription of past and future episodes of one's life. The ecological self, by contrast, seems quite alien, if not to Locke's concerns, then at least to the Lockean tradition, where the focus is on psychological, rather than physical, identity or continuity. It is defined by Neisser as "the self as perceived with respect to the physical environment: I am the person here in this place, engaged in this particular activity". To be fully understood, Neisser's view of the ecological self has to be situated within Gibson's influential ecological approach to perception.

One key concept introduced by Gibson, proprioception, must be mentioned here. In *The Senses Considered as Perceptual Systems*, Gibson holds that:

> The eyes, ears and skin can register the behaviour of the individual as well as external events. The eyes, for instance, register the movements of the head. [...] by way of the motions of ambient light. [...] the ears register the sounds of locomotion, and of vocalization. The skin registers manipulation. [...] Proprioception considered as the obtaining of information about one's own action does not necessarily depend on proprioceptors [...][15].

As one can see, Gibson's concept of proprioception is not what Sherrington had in mind when he coined the word[16]. As Sherrington wrote, any movement of the body can be registered by internal mechanoreceptors, like muscle spindles, allowing the central nervous system to monitor one's movements without any distinction between passive, externally generated motions (my arm is being raised by somebody else), and internally generated actions (my arm is moving because I have formed a motor intention). To Gibson, proprioception is information on internally generated actions, or, more generally[17], on any experience of the bodily self. Furthermore, any sensory channel, whether internal or external, can contribute to proprioception, as in Gibson's aforementioned example, where the auditory modality gives us feedback on what we do when we are walking. The change in optic flow when we move in a given direction is another classic instance of proprioception, where visual perception allows us to see where *we* are going.

15. J.J. Gibson, *The Senses Considered as Perceptual Systems*, Westport, CT, Greewood Press, 1966, p. 34.

16. C.S. Sherrington, *The Integrative Action of the Nervous System*, New York, Charles Scribner's Sons, 1906.

17. J.J. Gibson, *A Theory of Direct Visual Perception* (1972), in A. Noë – E. Thompson (eds.), *Vision and Mind: Selected Readings in the Philosophy of Perception*, Cambridge, MA, MIT Press, 2002, 77-89.

In the Gibsonian tradition, this is what is called the "specification" of the self though proprioceptive input. Moreover, what Neisser called the ecological self in 1988 is the self as captured by Gibsonian proprioception. Yet, in terms of ontogeny, how early does the emergence of such an "ecological self" occur? Developmental psychology is in a unique position to address this issue, especially in regard to the work of Philippe Rochat on "rooting responses" in neonates[18]. Because responses to the contact with somebody else's hand and with one's own hand are different at an early age, Rochat offers evidence that neonates discriminate between external and self-stimulation, just as in the sensualist tradition, Condillac's statue discovered thanks to the modality of touch that it was different from the other bodies with the peculiar feeling associated to the contact of its own body and its own hand. This discovery, in the neonate, is not limited to haptic sensations and "double touch". As Rochat wrote in another paper:

> When infants cry, the sound they hear is combined with kinesthesic and proprioceptive feedback. This intermodal combination is uniquely specifying the perceived self[19].

What psychologists within the ecological tradition have been investigating could be called the *minimal* self. It is minimal because the self-specification of the bodily, ecological self *occurs before*, and is *independent from*, other forms of self-recognition and self-knowledge. To be specified within the world, the ecological self needs nothing but low-level abilities of detection of and discrimination between physical events which have a different cause. This is an important thesis, if we think of the tradition inaugurated by Descartes. While the Cartesian evil genius eliminates the external, material world and isolates a pure ego, proprioception allows a different kind of reduction. The self-identification power of the ecological self is in fact independent from theory of mind (the interpersonal self), introspection (the private self), episodic memory (the extended self), and conceptual resources (the conceptual self). The ecological self is able to subsist without any of these abilities. Proprioception is the self-identification of a physical agent within the world, distinct from other entities. The Gibsonian view offers a non-Lockean answer to a Lockean question.

18. P. ROCHAT – S.J. HESPOS, *Differential Rooting Responses by Neonates: Evidence for an Early Sense of the Self*, in *Early Development and Parenting* 6 (1997) 105-112.

19. P. ROCHAT, *Early Development of the Ecological Self*, in C. DENT-READ – P. ZUKOW-GOLDRING (eds.), *Evolving Explanations of Development: Ecological Approaches to Organism-Environment Systems*, Washington, DC, American Psychological Association, 1997, 91-121, p. 102.

IV. The Role of Episodic Memory: Beyond Recollection

At the beginning of the *Essay*, Locke wrote:

> I shall not at present meddle with the physical Consideration of the Mind [...]; or by what motion of our Spirits, or Alterations of our Bodies, we come to have any Sensation by our Organs, or any Ideas in our Understandings (*Essay*, II, I, 2).

But we are now in a very different position than Locke: beginning with Broca, Wernicke, and Korsakov, and continuing until the recent development of contemporary cognitive neuroscience, the neural mechanisms that support our mental life represent the central object of investigation within a very specific *research tradition*[20]. While methods that were unknown at the time of Meynert and Wernicke have recently been developed and adopted as standard practices, like fMRI, and new connections have been established with other fields of scientific investigation, the basic ontology (brain components, especially cortical areas, and connections between them) remains more or less the same, and the general, underlying project is still recognizable. The neurocognitive and neuropsychological study of memory, as it is known today[21], is a sub-part of this research tradition devoted to the neuroscience of mental phenomena[22].

If we look for neural mechanisms dedicated to memory, one possible outcome is that they are also found to be involved in different mental phenomena. One current central issue is the relation *at the neural level* between our ability to retrieve memories and our ability to form mental pictures of things that are not present. Neuropsychology can tell us if, and when, disturbances of episodic memory cause equivalent disruptions upon episodic future thought. Since 1985, the results of Tulving, mentioned above, have been replicated[23]: patients who suffer from amnesia due to brain damage can also be impaired in their imagination of the future, although there is an ongoing debate concerning which regions of

20. L. Laudan, *Progress and Its Problems: Toward a Theory of Scientific Growth*, Berkeley, CA, University of California Press, 1977.

21. J. O'Keefe – L. Nadel, *The Hippocampus as a Cognitive Map*, Oxford, Oxford University Press, 1978.

22. W. Bechtel, *Mental Mechanisms: Philosophical Perspectives on Cognitive Neuroscience*, New York, Lawrence Erlbaum Associates, 2008.

23. D. Hassabis *et al.*, *Patients with Hippocampal Amnesia Cannot Imagine New Experiences*, in *Proceedings of the National Academy of Sciences* 104 (2007), no. 5, 1726-1731.

the brain are involved in this double impairment[24]. Moreover, imaging studies can also establish direct links between memory and episodic future thinking, without relying on the study of disturbances and lesions. The idea of a "common [neural] network" (that includes the medial prefrontal cortex, the medial temporal lobe, the retrospenial, lateral parietal and lateral temporal cortex), a network involved in episodic memory and episodic future thinking, has now been suggested several times, with a growing body of evidence to support its existence[25].

What should we make of the discovery of this common network? First, it is worth pointing out that the neurocognitive science of memory is not just a search for its "neural correlates", an investigation that, in any case, would leave intact our folk concept of memory. Looking for regions involved in episodic thinking of both types, however, goes beyond the search for "mechanistic explanations" of mental phenomena[26]. Characterizing such a "common network" also means looking for a better understanding of episodic thinking at the *psychological* level. Parahippocampal activation, for instance, would be evidence of contextual processing[27], or the evocation of known visual-spatial contexts both in episodic memories and in scenarios of the future. Neuroscience, then, is a means to an end: it is an oblique way of investigating *mental* processes.

But the discovery of this common network does not only lead to underline the importance of the tight link between memory and imagination, something that had already been suggested as early as Aristotle's treatise *On Memory and Reminiscence*[28]. It also leads to a reassessment of the function of memory and of the significance of its constructive character[29]. According to the *constructive episodic simulation hypothesis*, registering past events is not the only function of memory. Its other function is to "allow [...] us to mentally simulate our personal futures"[30] through the

24. L.R. Squire *et al.*, *Role of the Hippocampus in Remembering the Past and Imagining the Future*, in *Proceedings of the National Academy of Sciences* 107 (2010), no. 44, 19044-19048.

25. D.L. Schacter – D.R. Addis – R.L. Buckner, *Remembering the Past to Imagine the Future: The Prospective Brain*, in *Nature Reviews Neuroscience* 8 (2007) 657-661.

26. P.K. Machamer – L. Darden – C.F. Craver, *Thinking about Mechanisms*, in *Philosophy of Science* 67 (2000), no. 1, 1-25.

27. K.K. Szpunar – J.C.K. Chan – K.B. McDermott, *Contextual Processing in Episodic Future*, in *Cerebral Cortex* 19 (2009) 1539-1548.

28. Aristote, *Petits traités d'histoire naturelle*, Paris, Flammarion, 2000.

29. F.C. Bartlett, *Remembering: A Study in Experimental and Social Psychology*, Cambridge, Cambridge University Press, 1932.

30. D.L. Schacter – D.R. Addis, *The Cognitive Neuroscience of Constructive Memory: Remembering the Past and Imagining the Future*, in *Philosophical Transactions of the Royal Society B* 362 (2007), no. 1481, 773-786, p. 778.

recombination of images of the past into mental scenarios. Mental continuity involves more than simply remembering past intentions to act accordingly. From this perspective, our ability to think of the future crucially depends on episodic memory, which owes its constructive character to its involvement in imaginative processes.

Thus, on the basis of what science suggests, we could propose a different, forward-looking view of episodic memory in its relation to personal identity. Episodic memory would not be essential to the building of a personal self because it contains faithful pictures of one's past, images that allow us to solve the question of the persistence of the identity of the person through time, but because it provides a material that enables the construction of scenarios of one's future life[31]. First, episodic thought, would allow us to answer the question of one's individuality: X (a given person) is different from Y (another person) means that X uniquely acknowledges himself through a set of related *finite descriptions* and related mental images as "the one who did action A_1 yesterday", "the one who plans to perform action A_2 tomorrow", etc. Episodic thought would also solve the problem of identity through time: if we consider the set of X's episodic thoughts at t_1 (yesterday), we can observe a partial overlap and a series of meaningful relations with the set of episodic thoughts of X at t_2 (tomorrow).

1) Some potential or actual episodic memories are shared by X at t_1 and X at t_2.
2) Parts of X's simulation of his future life at t_1 have become episodic memories of X at t_2: the one who planned to perform a given action has not only become the one who remembers that he has now performed it, but also the one who remembers the corresponding intention at t_1 and the associated mental states (his optimistic feelings, for instance, when he planned his action in order to bring about a given outcome).
3) And some of the episodic memories at t_2, related to t_1, are the basis through which X is imagining his future at t_2. The general idea is that X at t_2 does not need to think of what he did at t_1 to remain the same person, and that *even being able to think of what he did* is not what matters. To remain the same at t_2 as he was at t_1, X, when he envisions his own future, has to *rely* on mental images, some of which

31. L. GÉRARDIN-LAVERGE – D. FOREST, *La mémoire reconstructive: De la psychologie à la philosophie*, in *Canal Psy* 110 (2014) 21-26; L. GÉRARDIN-LAVERGE, *La mémoire reconstructive: Repenser la mémoire pour penser l'identité personnelle*, PHD Dissertation, unpublished.

are inherited from t_1. Constructive memory invites us to take into account other forms of mental continuity and to enrich the Lockean framework.

Conclusion

As we have seen, the philosophical enquiry on the identity of the self is initially embedded in a theological context, and has generated a set of questions that can be addressed within several domains of scientific research. This should be enough to reject what I have previously called the *incommensurability thesis*, and to vindicate the project of a fruitful dialogue between different research traditions and disciplines. In order for this dialogue to take place, we do not need to abolish disciplinary boundaries, and we should not expect science to provide solutions to philosophical questions related to the identity of the self. However, science may offer both constraints and suggestions for philosophical enquiry. For instance, it seems difficult today to vindicate a theory of personal identity in which episodic memory plays a role without taking into account solid findings concerning the relations between episodic memory and episodic future thought.

Since the days of Butler and Reid, Locke's philosophy of personal identity has been the target of many critics[32]. One might think, then, that it is now damaged beyond repair, and that the shift from one understanding of memory to another is only a minor improvement to a fundamentally flawed theory. But there are still very good reasons to raise the question of identity through time as Locke understood it. In his influential *Sources of the Self*, Taylor has called the Lockean Self a "bleached" Self, stripped of the very condition of its identity, that is, an "orientation" in a "moral space" that would depend on its commitments and concerns[33]. Yet, what is offered as a critique of Locke is, in fact, just a different view of the self that leaves his main question unanswered. For X at t^1 and X at t^2 may be the same person without sharing what Taylor calls a moral space, because somewhere between t^1 and t^2, X may have had an identity crisis. Having an identity crisis is not losing one's identity (in Locke's sense), but altering one's moral space and changing one's

32. J. Perry (ed.), *Personal Identity*, Berkeley, CA, University of California Press, [2]2008.

33. C. Taylor, *Sources of the Self: The Making of the Modern Identity*, Cambridge, MA, Harvard University Press, 1989.

priorities and values; in the alteration of one's moral space, the persistence of the former self and the continuity of one's psychological life is presupposed. Changing my moral space, then, just like changing my physical appearance, does not alter my relation to what I did before such a change. This is one justification for the persisting importance of Locke's thought during modern times.

Université Paris 1 Panthéon-Sorbonne
UFR de Philosophie
12, rue de la Sorbonne
FR-75005 Paris
France
denis.forest@univ-paris1.fr

Denis FOREST

PART THREE

FREEDOM

FREEDOM FROM A THEOLOGICAL PERSPECTIVE

> But now that you are freed from sin and have become slaves of God, your benefit is sanctification as you tend toward eternal life (Rom 6,22).
>
> A Christian is a perfectly free Lord of all, servant to none; a Christian is a perfectly dutiful servant of all, subject to all (Martin Luther).
>
> And forasmuch as man is rational it is necessary that man have a free will (Thomas Aquinas).

Understandings of freedom in Christian theology are complex, as these quotations illustrate well. Therefore, a few points are important to make at the outset. First, in Christian theology, freedom is never seen in isolation from the person's relationship with God. Unlike most secular ideas of freedom that emphasize the lack of any restriction or control for an individual considered as an independent agent, Christian theological understandings of freedom always place it within a larger picture of the person-before-God. The contemporary western conception of the individual free person, it can be argued, dates back to the Reformation, is predominant in the global north, and, in many ways is foreign to the idea of the self and freedom in much of the global south[1]. Second, the nature of that divine-human relationship has a great deal to do with how freedom is defined theologically. In the first two quotations, from Paul's letter to the Romans and then his spiritual heir Martin Luther's treatise *The Freedom of the Christian*, freedom is joined with slavery and servanthood – on the surface, at least, concepts that appear to be as far away from freedom as possible. Yet, especially for this strand of the Christian tradition, freedom and slavery (that is, both slavery to sin and then slavery to God) are understood in a dialectical relation to each other. In a second important strand of the tradition, freedom arises out of the human capacity to desire the good and to exercise reason, as the quote from Thomas Aquinas illustrates. In this understanding, the person's capacity for real freedom is imperfect but nevertheless real. Rather than a dialectic of freedom and slavery, there is a dialectic of freedom and responsibility that also sees the human person in a somewhat more positive light. In what follows, I will

1. For the most comprehensive treatment of selfhood in the modern period see C. TAYLOR, *Sources of the Self: The Making of the Modern Identity*, Cambridge, MA, Harvard University Press, 1989.

discuss these two strands of the tradition and then turn to the ways in which they have been critiqued in the late twentieth century, particularly for their failure to see human persons in their historical and social context. On the one hand, liberation theologians have raised questions about human freedom by questioning the position of the implied human subject. On the other hand, postmodern theologians raise the very question of human subjectivity. All of these positions raise significant issues regarding human freedom that have implications for its exercise in the present.

I. The Bondage of the Will

Whether or not human beings are truly free has long been a disputed question among Christian thinkers. Paul famously comments later in his letter to the Romans: "What happens is that I do, not the good I will to do, but the evil I do not intend. But if I do what is against my will, it is not I who do it, but sin which dwells in me" (Rom 7,19-20). Paul asserts the *lack* of human freedom to do the good, and attributes this lack to sin. This bondage to sin is what Luther will, later on, call the "bondage of the will". The thread that begins with Paul's interpretation of Gen 2–3 finds echoes in Augustine's own story of his and of all humanity's inability *not* to sin, and Luther's conviction that we are all *bound* to sin. All of this is a very complex story, one whose details are too complex to elaborate on in this paper. But the main point to make is that, as narrated in Gen 2–3, humanity declared its independence from God (from a theological perspective, can we say that humanity wanted to be free of God?) and, as a consequence, lost its *real* freedom. In our present human condition, as a consequence, human beings cannot *not* sin, and thus, lack *real freedom* of the will. While we can make particular choices, this is not true freedom and in the long run we are nevertheless fundamentally bound to sin.

This theological picture may appear at first to be based in a mythic conception of forbidden fruit, something modern people can claim to have long left behind. Theologians, however, would argue that there is more than a grain of truth in the story, revealing that there is something flawed, tragically unfree, in human nature that begs for exploration, if not explanation. Moreover, the sciences may even help to shed light on this dimension of human behavior. The process theologian Marjorie Hewitt Suchocki turns to evolutionary biology for clues to the sources of "sin" in the human condition and argues that "a bent toward violence is woven into the very fabric of our humanity"[2]. Her point is that human beings have evolved over the millennia, both physically and socially, and that human survival has "necessarily entailed violence"[3]. This violence has an ambiguous character in that it has helped human survival – consider how violence is necessarily involved in hunting – while at the same time has perpetuated a tendency to resort to violence in ways that are destructive to human community. Theologians who draw on evolutionary biology make the point that while the sciences can shed light on the origins of human behavior, they cannot fully explain it, given that there is also a capacity to transcend violence, to act altruistically, something that may not be limited to human beings alone[4].

While this may present a fairly dismal picture of the human condition, in fact it is only one half of the theological story. The other part is the broader context of the human relationship to God. What the Genesis act of rebellion did, from a theological perspective, was to attempt to sever that relationship; or, to put it another way, to try and control the relationship from the human end. In this telling of the story, human beings tried to deny their ultimate dependence on God and in so doing, ultimately denied their very nature. This act of rebellion/independence, however, is not the final word. In the Christian tradition, God takes on human flesh so as to reconcile us with Godself and to stand with humanity in solidarity.

The point that I would want to make here, and will return to later in this paper, is the theological conviction that human beings are, by our very nature, relational. While there is individual responsibility, this responsibility is also relational. It is worth noting that this is also a point underscored by both natural and social scientists: human beings cannot develop adequately apart from their social context. Human beings are related to God, but we are also related to ourselves, to others, and to the wider world of living beings and non-sentient life. The fundamental nature of these relationships, as Christians read their sacred scriptures, is a relationship of love. Human beings were created out of divine love and are meant to dwell forever in that love. In the Christian story, God's taking on flesh in the person of Jesus Christ is what ultimately saves humans from their attempt to live without God. I will not go into the various theologies of salvation or atonement which are very much in the present issues in discussion, if not dispute. My point is be that in this first

2. M.H. SUCHOCKI, *The Fall to Violence: Original Sin in Relational Theology*, New York, Continuum, 1994, p. 13.

3. *Ibid.*, p. 91.

4. See for example S.J. DUFFY, *Genes, Original Sin, and the Human Proclivity to Evil*, in *Horizons* 32 (2005), no. 2, 210-234.

strand of Christian thinking, the more radical the understanding of sin and alienation from God (that is, our utter *lack* of freedom), as we find in the theologies of Augustine, Luther, and Calvin, the more radical one's understanding of grace – that dimension of God's love that is freely bestowed on all of us. So Luther's famous paradoxical statement at the beginning of this paper is echoed in his other statements, such as his affirmation that we are all *simul justus et peccator* in the eyes of God. Freedom comes only from God and can only be adequately understood in terms of our lack of freedom apart from God[5].

II. Freedom to Respond

The second thread of the tradition maintains the human capacity to respond in freedom to God. For this section, I will draw on the tradition that originates in large part from the thought of Thomas Aquinas and finds its expression in recent thinkers such as Karl Rahner, one of the most noted Catholic theologians of the 20th century. This thread differs in both style and substance from Paul, Augustine, and Luther, although their insights into the human condition remain significant. Where the first thread focuses on the human being's lack of freedom, this thread sees the human being's situation as natural, rational, and free, as well as fallen, although each of these concepts needs a bit of unpacking. Sin still plays a significant role, but is conceptualized through a different perspective.

"Natural": Thomas Aquinas relied on Aristotle's philosophy which saw the human person as a combination of body (matter) and soul (form) oriented toward happiness[6]. This thread emphasizes humanity's "natural" disposition toward the good, the human desire for knowledge, and a rational capacity that seeks the truth. The Christian theological perspective is that divine love, or grace, builds on and perfects nature: that is, what is given to us as biological creatures is the basis on which divine grace works[7]. Creation is good, and although affected by sin, it provides clues to the workings of God in the world. Rather than a dialectical relationship of sin and grace, this understanding sees sin not so much as a deliberate disobedience to God which results in human alienation (although it can be expressed this way) but more as the tragic context of

5. In the Calvinist tradition, grace is irresistible, as the Synod of Dort proclaimed; in the Catholic tradition, as the Council of Trent maintained, it is possible for the human being to refuse God's invitation.

6. See Thomas Aquinas, *ST* Ia-IIæ, qq. 1-5.

7. See *ST* I, q. 1, a.8, ad.2.

our human situation – a mysterious reality that escapes rationality, a reality into which each of us is born, and yet, significantly, for which each of us is still responsible. To quote one commentator on Rahner: "There is a dynamism in us which we have not brought about through our own choosing, and this dynamism invites us to go it alone in life, to choose separation, radical selfishness, 'thing-ness', which is eternal death and the tragic mockery of authentic selfhood"[8]. Sin is both our context and our choice, in which we are responsible for ourselves and yet lack the ability, as Paul notes above, to always do the good.

"Rational": Rationality refers here, quite simply, to what the Canadian philosophical theologian Bernard Lonergan called the "desire to know", a capacity within each person that questions and seeks understanding[9]. For Thomas Aquinas, human rationality is the locus of the *imago dei*. This capacity and desire is not only to seek knowledge but also to understand how one is related to the whole of reality. In other words, human beings do not seek only to know discrete things, but we seek to understand the "why" of our existence. Thomas and Rahner ground this desire in the (theological) fact of our creation by God in love for existence with God. We have, to use the language of the medieval Scholastics, a supernatural end, not just a natural one. Faith "makes sense" in this understanding.

"Free": we have the ability to choose how we live our lives. Rahner maintains that we have the ability to see our lives as a whole, to give an account of ourselves, to decide who we will be. It is important to note that for Rahner, the question of human transcendence, the free capacity to ask the question of existence, is itself a choice. As he observes, "A person can, of course, shrug his shoulders and ignore this experience of transcendence"[10]. Ultimately, he would argue, we are responsible for ourselves and our choices. This idea certainly resonates to some extent with the libertarian impulses that we witness in the modern world, but also to some extent represents an alternative way of seeing the human situation than Augustine and Luther. Where in the dialectical thread, we are profoundly *unfree* to do the good and must rely utterly on divine grace, in this thread of the tradition, our freedom is qualified, sometimes profoundly, by our finite and often evil human situation, but we still have

8. B.O. McDermott, *The Bonds of Freedom*, in L.J. O'Donovan (ed.), *A World of Grace: An Introduction to the Themes and Foundations of Karl Rahner's Theology*, New York, Crossroad, 1981, 50-63, p. 61.

9. See B. Lonergan, *Insight: A Study of Human Understanding*, New York, Philosophical Library, 1957.

10. K. Rahner, *Foundations of Christian Faith*, New York, Seabury, 1978, p. 32.

the ability, in "a world of grace", to respond to the divine invitation. For Rahner, human beings are both responsible and free. So grace is not seen primarily as the dialectical response to sin but rather as, first, the always, already graced situation in which we live our lives and, second, as the extravagant act in which God acts in solidarity with us in the incarnation. This is not to deny the presence of sin and evil but to say that they are not wholly determinative of the human situation. As David Tracy has remarked, the Protestant tradition has historically been a dialectical one, emphasizing the *either/or*, where the Catholic tradition has been more analogical, emphasizing the *both/and* character of sin and grace[11].

I should note as well that one can find in Thomas a detailed treatment of the virtues and vices. His conception of the person is in many ways a developmental one that not only sees persons as growing in understanding as they age, but also as capable of growing morally. As I note above, grace builds on *and perfects* nature; it has, in theological terms, a "healing" quality that "elevates" the person.

In sum, then, this picture of freedom does not deny the reality of sin but sees it from a different vantage point. The person's rational capacities are given priority – a point that Luther would strongly dispute; he famously called reason a "whore" – and the person's capacity to respond to God freely is not denied, but it is understood within a context that is, to put it mildly, deeply flawed. But significantly, in addition, both of these understandings of freedom assume conceptions of the person that largely ignore context. To use traditional language, these are "theologies of man" that assume freedom and a social position where this freedom can be exercised without constraints other than sin.

III. Liberationist Critiques of the Tradition

The movement of political and liberation theologies that developed in the 1960s and 70s was both illustrative of the global social changes taking place at the time and a reaction to the ahistorical understanding of the person that was characteristic of much of the pre-Vatican II conception of the person[12]. Beginning with the Latin American Bishops' meeting in Medellín, Colombia in 1968, the publication of Gustavo Gutierrez's

11. See D. Tracy, *The Analogical Imagination: Christian Theology and the Culture of Pluralism*, New York, Crossroad, 1982.

12. This statement is probably much more true of pre-Vatican II Roman Catholic theological anthropologies, but one could also make a case that significant Protestant theologians overlooked the situation of much of the world's oppressed peoples.

A Theology of Liberation in 1973, and continuing with the emergence and growth of Black, feminist, African, and Asian liberation theologies, freedom was no longer seen as a permanent dimension of "man's" experience, but rather understood concretely in terms of social, economic, political and historical realities. In his *Faith in History and Society*, Johann Baptist Metz took on his teacher and mentor Rahner. Charging that Christian theology had failed to take account of the Holocaust and the cries of its victims, Metz argued that Rahner's subject was an overly abstract conception of the human person[13]. Metz argued for a political theology of the subject, one that took into account the concrete circumstances of people struggling to live in the world today. Metz's particular critique was of what he calls "bourgeois religion", a religion characteristic of Europe and North America that lacks a Messianic sense and is content with the way things are[14].

In a similar way, liberation theologies took as their starting point the brute fact of oppression – the concrete lack of freedom – and argued that traditional theological conceptions of freedom as having to do mainly or only with the person's ability to respond to God failed to recognize that freedom could only be exercised in a concrete context. The facts of the overwhelming poverty of much of the world, held in place by capitalist policies; of systemic racism, ignored by societies and the churches; of sexism, dismissed as trivial and inconsequential, have led to critical theologies that challenge the idea that there is a singular human subject. Instead of understanding sin as rebellion against God by a prideful human subject, liberation theologies have argued for conceptions of systemic sin that imprison human subjects in social and political structures where freedom is nearly if not completely absent. Feminist theologies, for example, have argued that traditional conceptions of freedom overly emphasize the individual and tend to see relational contexts as limiting. Rather than focusing primarily on autonomy, feminist theologians stress that autonomy needs to be seen alongside relationality[15]. Black theologies have drawn on their traditions of music and struggle in showing how the biblical narratives of Exodus and of wilderness offer a model of God's

13. J.B. METZ, *Faith in History and Society: Toward a Practical Fundamental Theology*, New York, Seabury, 1980.

14. J.B. METZ, *The Emergent Church: The Future of Christianity in a Post-Bourgeois World*, New York, Crossroad, 1981.

15. See especially Margaret Farley, but also Martha Nussbaum, who cautions that an emphasis on relationality may well be appropriate for western women, but not necessarily women in more familial contexts; M. FARLEY, *Personal Commitments: Beginning, Keeping, Changing*, New York, Harper and Row, 1986; M.C. NUSSBAUM, *Women and Human Development: The Capabilities Approach*, Cambridge, Cambridge University Press, 2001.

desire for human freedom[16]. Latin American theologies have drawn on Marxist theories to uncover the ways that economic exploitation by the global north perpetuates poverty and dependence[17].

All of these theological movements take freedom not as an abstract quality of human existence considered theoretically but rather as a power exercised in the lives of communities. They have stressed a much more social dimension of the person than the individualist conception more characteristic of traditional theologies. Freedom is never exercised abstractly. While it is still relationally understood, it must be seen not only as a capacity but in its concrete exercise within human lives.

While there is not sufficient space here to deal adequately with postmodern conceptions of the self, it is important to note that they are highly critical of ideas of selfhood that assume a coherent and unified self, one that is assumed in traditional conceptions of freedom[18]. The postmodern self is fragmented and ambiguous, constituted as a subject by the complexities of discourses and social arrangements[19]. Drawing on traditional Catholic conceptions of freedom as well as postmodern critiques, Jennifer Beste, for one, has argued that persons suffering from traumatic experiences, especially childhood sexual abuse, show how Rahner's understanding of the basic human capacity to respond to God in freedom lacks an adequate sense of the context in which human freedom may operate[20]. In sum, both liberation and postmodern critiques of traditional theological conceptions of freedom – i.e., the Protestant and Catholic positions outlined above – argue that they fail to consider the economic, political, social, cultural, and linguistic realities that have such a powerful influence on human life in the present. So the question remaining is to consider whether these theological perspectives on freedom can contribute to understanding the human situation at present.

16. See J.H. Cone, *The Spirituals and the Blues: An Interpretation*, Maryknoll, NY, Orbis Books, 1992; D.S. Williams, *Sisters in the Wilderness: The Challenge of Womanist God-Talk*, Maryknoll, NY, Orbis Books, 1993.

17. See G. Gutierrez, *A Theology of Liberation: History, Politics and Salvation*, Maryknoll, NY, Orbis Books, 1988; also, E. Dussell, *The History of the Church in Latin America: Colonialism to Liberation (1492-1979)*, Grand Rapids, MI, Eerdmans, 1981.

18. For a helpful summary, see P. Lakeland, *Postmodernity: Christian Identity in a Postmodern Age*, Minneapolis, MN, Fortress, 1997.

19. Here, I rely on Jennifer Beste's description of Butler's concept of subjectivity in J.E. Beste, *God and the Victim: Traumatic Intrusions on Grace and Freedom*, Oxford, Oxford University Press, 2007, p. 61.

20. *Ibid.*

IV. Freedom, Autonomy, and Responsibility

Mainstream theological perspectives, and certainly the Roman Catholic tradition, take the "human sciences" quite seriously. Recall Thomas Aquinas's famous dictum that grace builds on and perfects nature and does not destroy it. Recall as well that Aristotle, Thomas's intellectual mentor, was a biologist and in many ways based his conclusions on his empirical observations of reality. What this means practically for theology is that other forms of human knowledge – philosophy, the arts, the sciences – have an integrity of their own which theology respects and, in many cases, draws upon. The question to consider now is how theological perspectives on freedom might contribute to issues facing humankind today.

The first point to make, acknowledged by philosophers, scientists, and theologians, is that we live in a limited world. Theologians might call it finite and flawed or even sinful, but our world is not limitless and we are all bound by certain conditions. The laws of nature, for example, are in operation and we are not free to disobey them. Yet human freedom seems often to be exercised in ways that seem to deny these very limitations. The effects of the use of fossil fuels on the climate of the earth are one serious issue that theology has addressed recently, as we see in Pope Francis' 2015 encyclical *Laudato si'*. Early in the document, Francis comments that " ... our human ability to transform reality must proceed in line with God's original gift of all that is"[21]. In recognizing the human capacity to "transform reality", Francis argues that there are limits to our freedom to alter that reality. Throughout the encyclical, one finds a constant critique of the human tendency to "recognize [no] higher instance than ourselves..."[22]. In these comments, one finds echoes of the ancient mythic idea that human beings attempted to wrest any sense of dependence – either on God or on others – in favor of an unfettered independence that saw its own authority as paramount. As he emphasizes in no. 67, "We are not God". The inherent limitations on freedom that come with creaturely status are repeated throughout the document and underscore the significance of this theological understanding of freedom. It is a freedom that is relational – to God, to others, and to the earth itself – and it is also a freedom that carries with it serious responsibility.

21. Francis, Encyclical letter *Laudato si'* on care for our common home, Vatican, 2015, no. 5.

22. *Ibid.*, no. 6.

Second, one of our inheritances from the Enlightenment, very much under challenge today, is that of the mind-body split. Neuroscience challenges the idea that we are fully self-determining from a mental standpoint – that is, that we are uninfluenced by bodily factors beyond our control, as Descartes so famously thought. Many so-called "mental illnesses" are in fact physiologically based and are the results of chemical imbalances or neurological issues and for which there are pharmaceutical or even surgical remedies. Not only our brains but our guts influence how we feel and act. In fact, our brains are ineluctably connected with our guts. From my decidedly amateur perspective in relation to the sciences, these issues raise significant questions in relation to human freedom, as they do for many neuroscientists.

My own sense in relation to this second point is that it is an inevitable consequence of the first point. That is, there are neuronal bases for our actions that limit but do not fully determine our capacity to act in freedom: they condition it. As a theologian in the tradition of Aquinas and Rahner, I need to hear these questions and insights and consider what they mean for a theological perspective on freedom. To what extent does the random character of our universe affect our own consciousness? How do neuroscientific understandings of consciousness and freedom have a bearing on considerations of moral responsibility? These are questions that I can only raise here, far less even begin to answer. But these neuroscientific ways of understanding the person, to quote one expert in the field, "... are now producing alternative explanatory candidates in the study of the human person"[23].

The third point is related to the first two. As I noted above, theology – as the sciences do as well – sees the human person in a relational context: to God, but also to other persons, the self, and the world in which we live. In Christian understandings of freedom, there is also the concomitant connection with responsibility. While some Enlightenment conceptions of human freedom see it as purely an absence of constraint, such a conception of freedom is inadequate on a number of counts. Even if we take God out of the picture, to conceive of freedom wholly apart from our human and physical environment is a false reading of freedom and privileges not only the "man" of traditional conceptions (that is, the white, educated, wealthy "man") but also sees "man" falsely as disconnected from all the forces that go into "his" existence. That is to say, our dependence on caregivers in our development and in the very conditions

23. P. CLAYTON, *Neuroscience, the Person, and God: An Emergentist Account*, in *Zygon* 35 (2000), no. 3, 613-652, p. 617.

for the possibility of our ability to make "free" decisions is often overlooked as if these conditions did not even exist. As one of my colleagues argues in a forthcoming book, the fact of human dependence is all too often ignored and those who care for the dependent – could we say those who are in profound ways "unfree"? – are seldom if ever recognized for the importance of the service they provide for those who need their care[24]. Fortunately, theologians are becoming far more attentive to these contexts, including our environmental context, and recognizing that real freedom is not ignoring the necessary ways in which we are limited by that context, but also taking responsibility for it.

Yet significant questions remain. For example, scientists are now developing the capacity to "edit" the genetic structure not only of plants and animals but also of human beings. A new technology, known as CRISPR (clustered regularly interspaced short palindromic repeats) has the power to change the DNA of unborn children. At a recent U.S. conference on the topic, many scientists were convinced that research on new forms of genetic modification ought to continue since such gene editing has the potential to prevent devastating birth defects. Yet others argued that such freedom, which could provide the possibility of "editing" genes for favorable traits, is a serious violation of the human responsibility to future generations, who have no say in such genetic manipulation. Moreover, the possibilities for commercial use of such genetic manipulation raise further questions.

All three of these points – our finite world, the physiological basis for our consciousness, and the scientific challenges that humanity faces – affect how theologians need to understand freedom. No longer can theologians speak of "freedom" without considering how it is exercised, who has freedom and who does not, and how conceptions of freedom can affect generations yet to be born. This leads me to a fourth point, and where I will again speak more theologically. As a theologian, I ask the question of meaning in an ultimate sense. I am concerned with questions of less-than-ultimate meaning, such as the need to take science seriously, to respect how my understanding is shaped by factors beyond my immediate control, but there is still what I can only call a "non-reducibility" of human personhood and freedom to psychological, chemical, biological, social, and neuronal explanations. As John Haught, a theologian who spends a great deal of time thinking about the relationship between theology and science, puts it, "Is the essentially mindless, impersonal, and

24. See S. SULLIVAN-DUNBAR, *Dependent Care and Christian Ethics*, Cambridge, Cambridge University Press, 2016.

purposeless universe entailed by an evolutionary naturalism resourceful enough to explain and ground, in an ultimate sense, the trust you are placing in your own critical intelligence at this moment?"[25].

CONCLUSION

Let me return to a point I have made throughout this paper, which is that freedom theologically considered is always understood in a relational context. Freedom is always freedom *for*, not simply freedom *from*. That is, freedom is not a simple absence of constraint. It is always (or should always be) directed toward one's final end which in theology is understood to be God. By "directed toward God" I do not mean directed toward some mythical idea that there is a supernatural being "up there" who knows everything in advance, watches me, judges me, and will in the end add up my actions and decide whether I get to live with this being in some heavenly paradise. Rather, I mean God as an ultimate center of value, a reality which encompasses all that exists. The Christian scriptures and tradition (two of the traditional sources of theology; the other two being reason and experience) reveal a God of love whose aim for all of existence is love.

This implies responsibility for oneself and for others. My freedom, in its finite and sinful context, allows me to ignore my environment and to deny my relational dependence on other people and on forces beyond my control, to say nothing of my relationship with God. Depending on my situation, I can abdicate any responsibility for anyone other than myself. But this is another instance of what theologians call "sin". Augustine labeled this temptation "concupiscence", the overweening desire to put myself and my desires first. What "sin" actually means and entails is yet another conversation for which we do not have time today, but my point is to emphasize that freedom is not a free-floating concept but is always related to one's responsibility for self and others.

A second and related point is that "freedom from a theological perspective" always has a moral dimension. Here again, what theologians call a theological anthropology – the many ways in which human existence is understood – helps to determine the *direction* of the human person. We are not simply accidental monads plopped down on this whirling planet in a fathomless universe. Our capacity to ask questions, to look at

25. J.F. HAUGHT, *Theology, Evolution, and the Human Mind: How Much Can Biology Explain?*, in *Zygon* 44 (2009), no. 4, 921-931, p. 926.

what Rahner calls the "horizon" of our existence, means that we have not only the capacity but also the responsibility to "make sense" of our situation. We can evade this responsibility if we want – we have the freedom to do this. But our "transcendental" structure of being, that is, our ability to think beyond our finite categories about the significance of our lives, presses us to exercise this freedom responsibly.

These last two points suggest that we theologians may have much in common with philosophical and scientific perspectives on freedom. We all need adequate ways of understanding human freedom and the conditions that nourish it or that extinguish it. We all need to be attentive to the contexts in which human freedom is exercised, such as in relation to our environment.

To conclude: I have tried, in the short time I have here, to give an account of how theologians understand the idea of freedom. There are at least two different ways of seeing freedom in the Christian theological tradition that have been dominant which I have briefly summarized. These two threads have been challenged in the present by the very real social, economic, political, and scientific contexts in which freedom can be exercised. Human dependence on God, which is often misunderstood to mean that religion enslaves us, is rather the process by which humanity is able to realize its full potential.

There is also much that I have not explored here today: the intellectual dishonesty with which Freud, with good reason, charged religion; the very real abuses of freedom – intellectual, political, personal – of which religion has been and continues to be guilty; the religious ideologies that enslave minds and bodies. For all of these, there is ample evidence. But what I have tried to do here is to suggest how intelligent (and free!) human beings can and do find in the Christian theological tradition a way of understanding freedom that makes sense and provides avenues of conversation with other approaches that in the long run can free all of us to work for a better world.

Theology Department
Loyola University Chicago
315 Crown Center
1032 W. Sheridan Road
Chicago, IL 60660
USA
sross@luc.edu

Susan Ross

NEURAL PLASTICITY AND FREE WILL[1]

Recent research in neuroscience has shed light on the increasingly impressive plasticity of the connections between nerve cells in the brain. This plasticity plays a decisive role in all memorizing and learning phenomena, as every human activity implies structural modifications of the brain at the level of synaptic connections. As we will show, these developments lead to a better understanding of the relationship between both the brain and animal behaviour, and the brain and human behaviour. Thus, a new approach to the question of free will is now possible.

In addition, the debate on free will has recently taken on a very radical form to neuroscientists since Benjamin Libet's experiments in the early 1980s. By showing that the brain centres that order a specific action are active before the conscious decision-making centres, Libet seems to challenge the idea of a free will. Daniel Wegner vehemently defends this interpretation in his own work, the more evocatively titled *The Illusion of Conscious Will*.

In this paper, I would like to integrate neural plasticity issues with the arguments recently developed by Libet, and defended by Wegner. First, I would like to present recent theses in the area of neural plasticity, particularly those that help to develop the philosophical issues that the scientists encounter. On this topic I will refer primarily to Eric Kandel's work on plasticity and Gerald Edelman's research on consciousness. Secondly, I will present Libet's experiments, as well as the interpretations Wegner proposes, in challenging free will. In the third section, I will compare the two arguments and propose an interpretative line that makes way for a conception of free will that takes all the positions and opposing arguments into account.

The general argument defended here is that free will, considered as a possibility of choice between various alternatives in human behaviour, is conceivable. Contemporary neuroscience, and particularly research on neural plasticity, opens itself to an interpretation of human behaviour centred on effective free will. As we shall see, this implies reflecting on both determinism and causality and the role of language.

1. This text was first published in French in *Revue philosophique de Louvain* 111 (2013), no. 1, 27-52. The Editor of the Journal has given permission to publish the English translation.

I. Neural Plasticity and Determinism

1. *Eric Kandel and Two Types of Memorizing*

Paradoxically, it is through his work on *aplysia*, an aquatic mollusk, that the Nobel Prize laureate Eric Kandel brought to light the fundamental mechanisms of memorizing. Through an ingenious experimental procedure, he showed that the retraction reflex of the gill on the behavioural level can be modified by two forms of learning: habituation and sensitization[2]. A light initial contact on the siphon causes a sharp withdrawal of the gill, whereas repeated light contacts generate habituation: the reflex gradually diminishes as the animal learns to recognize the harmlessness of the stimulus. Sensitization is obtained by applying a powerful shock to either the head or tail: the animal recognizes the powerful shock as harmful and consequently reacts with an exaggerated gill retraction reflex in response to the same contact on the siphon.

These phenomena may occur during various spans of time, thus distinguishing short-term and long-term memory. Indeed, the administration of forty consecutive acts of stimuli led to a habituation to gill retraction lasting only a day, whereas ten stimuli a day for four days produce a sensitization lasting for weeks.

Having brought these memorization phenomena to light on the behavioural level, Kandel and his team tried to discover the mechanisms at work on the cellular and molecular levels[3]. After several years of research, they managed to show that short and long-term memories are respectively linked to functional and anatomical modifications of the synapses involved in the behaviours in question.

These experiments dealt with the synaptic connections between sensory and motor neurons within the *aplysia*. Short-term memory is linked to a functional modification of the synapse. In the process of habituation, the synapse is reinforced by increased glutamate release in intercellular space. The synapse is thus more sensitive, leading to a faster triggering of the motor neuron. Such a phenomenon involves the chemical composition of the cytoplasm at the synapse level in the sensory neuron. The cell's nucleus is not involved in this process.

On the contrary, long-term memory involves an anatomical modification of the synapse. The sensory neuron develops outgrowths towards the motor neuron. The establishment of new contacts requires the

2. E.R. Kandel, *In Search of Memory: The Emergence of a New Science of Mind*, New York – London, W.W. Norton & Company, 2006, p. 200.

3. *Ibid.*, pp. 251-253.

mobilization of protein synthesis involving activity in the cell nucleus. Similarly to short-term memory, the multiplication of synaptic switches is accompanied by an increased glutamate release, which corresponds to the organ's increased sensitization. Since this sensitization takes the form of a new anatomical structure, it has consequences for a much longer time.

First discovered in the *aplysia*, these fundamental mechanisms can be observed throughout the animal world, particularly in mammals and humans. Learning processes fit into variable time frames. Even in humans, short-term and long-term memory are accompanied by either functional or anatomical modifications respectively.

For an example of this, Eric Kandel cites Thomas Ebert's work on musicians[4]. With his colleagues at the University of Constance, Ebert's team compared images of the brains of violinists and cellists with those of non-musicians. This study revealed that the cortex area reserved for the right-hand fingers did not differ between musicians and non-musicians, whereas cortex area representations of the left-hand fingers were greatly extended, in a proportion ranging from one to five, in the brains of musicians. The size of a body part representation in the cortex thus depends on the intensity and complexity of its use.

Kandel draws interesting consequences on the anthropological level:

> As a result, because each human being is brought up in a different environment and has different experiences, the architecture of each person's brain is unique. Even identical twins with identical genes have different brains because of their different life experiences. Thus, a principle of cell biology that first emerged from the study of a simple snail turned out to be a profound contributor to the biological basis of human individuality[5].

We will consider the philosophical ramifications of such discoveries later, but I would first like to turn to another mode of neural plasticity, learning processes through "stabilizing selection".

2. *Gerald Edelman and the Theory of Neuronal Group Selection*

Another mechanism employing neural plasticity has recourse to a process that selectively stabilized the used neural circuits. In Neuronal Group Selection Theory (NGST), Gerald Edelman, another Nobel Prize laureate, proposes a learning mechanism belonging to the logic of a

4. *Ibid.*, p. 217.
5. *Ibid.*, p. 218.

selectionist explanation, distinguishing it from explanation by instruction[6].

Let us take the example of humans learning to walk. How can we explain the way a small child learns to walk?

On the assumption of an explanation by instruction, the process of learning to walk is written into a child's genetic programme, into its DNA. At a precise stage of the child's development, certain genes are stimulated, inducing a particular structuring of the nervous system, which leads the child to adopt the adequate behaviour and walk correctly. The correct position, the process leading to it and the learning phases are inscribed in the genetic programme.

In an explanation by selection, the process is much more open. The genetic programme induces a process of redundant connections linking sensory, motor, and emotional centres within the brain. This is what Edelman calls the global cartography. This connectivity allows a multiplicity of various behaviours. The learning process involves a value: the child must wish to move around. At a certain stage of her/his development, the child will seek to move around. To do so, she/he will have recourse to various strategies that will likely vary in effectiveness, and will be more or less reinforced by the entourage's encouragement.

The selective stabilization mechanism implies that a nerve circuit used on the brain will be stabilized. In the case of learning to walk, the sensory and motor circuits which allowed the first attempts will be associated with emotions linked to the efficacy of the attempts and possible encouragement received from the entourage. Thus, if the first try led to a painful fall, this first way of doing things will be associated with that unhappy experience and will thereafter be avoided. If, on the contrary, a successful try is accompanied by reinforcement by the entourage, the child will again resort to this way of doing things and will refine the position: these new experiments will lead to a stronger stabilization of the best adapted behaviour.

Thus, in neuronal group selection, a redundant structure allows a multiplicity of behaviours. This is a trial and error-based strategy associated with the selective stabilization mechanism, leading to the learning of adapted behaviours. The circuits most used are reinforced to the detriment of other circuits, which remain very unstable, or even degenerate.

6. Part of an abundant bibliography, *The Remembered Present: A Biological Theory of Consciousness*, New York, Basic Books, 1989 represents one of Edelman's major works: therein he sets down his theory in its most rigorous fashion. Two particularly interesting works of synthesis: G.M. EDELMAN, *Bright Air, Brilliant Fire: On the Matter of Mind*, New York, Basic Books, 1992; G.M. EDELMAN – G. TONONI, *A Universe of Consciousness: How Matter Becomes Imagination*, New York, Basic Books, 2000.

NGST thus gives decisive weight to neural plasticity. For Kandel, this plasticity leads to an irreducible diversity of individuals, since the brain's final structure is dependent on each person's history. For Edelman, even two identical twins will not have the same brain since they have distinct individual histories.

Edelman integrates his theory into a more general conception of consciousness and man. He distinguishes primary consciousness from consciousness of a higher order. Primary consciousness refers to the capacity of certain animals for organizing their behaviour in terms of an approach to the environment linked to various earlier experiences. However, that capacity for mobilizing information is completely dependent on stimuli of the present moment. Thus, Edelman refers to primary consciousness as a "remembered present". The animal, endowed with primary consciousness, is a "slave of the present". On the contrary, the human being, thanks to articulated language, is able to mobilize representations independently of the stimuli of the present moment. That capacity makes him aware of the distinction between reality and fiction, and between the present, past and future. The human perceives himself as inserted into a temporality and becomes conscious of himself: this is a consciousness of a higher order whose principal characteristic is allowing an escape from the "slavery of the instant".

At the neurological level, Edelman associates higher order consciousness with what he calls a "dynamical core".

1. A group of neurons can contribute directly to conscious experience only if it is part of a distributed functional cluster that, through reentrant interactions in the thalamocortical system, achieves high integration in hundreds of milliseconds.
2. To sustain conscious experience, it is essential that this functional cluster be highly differentiated, as indicated by high values of complexity[7].

Present exclusively in humans, this dynamical core is at the origin of conscious experience in all of its complexity.

Edelman assigns a double evolutionary dimension to this conception of consciousness: consciousness appears over the course of both individual development and phylogenesis. Indeed, from a Darwinian point of view, we can understand that, for a given species, primary consciousness is an important asset in natural selection – especially when compared to species that are deprived of it. In the prey-predatory relationship, primary

7. EDELMAN –TONONI, *A Universe of Consciousness* (n. 6), p. 144. Edelman proceeds to describe in detail the conscious experience as permitted by the dynamical core. Such a development goes beyond the context of this paper (cf. pp. 145ss.).

consciousness gives the protagonists a momentary mastery in their relationship to the environment and a formidable capacity for learning. Similarly, consciousness of a higher order, and the capacity for the long-term representing and ordering that it permits, have led humans to considerable mastery over the environment in its physical, vegetal, and animal components.

These arguments have caused Edelman to propose a "unitary anthropology" around the three concepts. By "idiosyncrasy", Edelman refers to the particularity of each individual, finding his identity not only in genetic or immunological terms, but also in the diversity of social interactions. From the moment when the brain's very structure, in its fine connectivity, refers to the whole gamut of an individual's behaviours, this individual's identity is the fruit of his or her particular history. In addition, through the concept of "intentional consciousness", Edelman refers to the human capacity to situate her/his behaviour in an extended temporality. The human is able to plan various scenarios in space-time and modify the causal relations in a sense defined in terms of his/her intentions. Lastly, a rare assertion for a neuroscientist:

> If what I have said is true, a human being has a degree of free will. That freedom is not radical, however, and it is curtailed by a number of internal and external events and constraints. This view does not deny the influence of the unconscious on behavior, nor does it underestimate how small biochemical changes or early events can critically shape an individual's development. But it does claim that the strong psychological determinism proposed by Freud does not hold. At the very least, our freedom is in our grammar[8].

This assertion is reiterated in later writings: "While we remain prisoners of description, our freedom is in the grammar"[9]. Edelman's initial project was "naturalizing consciousness" to show that, in order to give an account of human behaviour and its specificity within the animal world, Descartes concept of a substantial soul differing from the body is unnecessary. Edelman proposes an anthropology which allows us to think of the human being as a product of phylogenesis and provided with a brain that gives him or her access to articulated language and representation. With such an anthropology, Edelman defends a conception of humanity specifically linked to free will. In so doing, he holds a place in a modern philosophical tradition that finds human dignity in freedom. For Edelman, naturalizing consciousness does not amount to a reductionism.

8. EDELMAN, *Bright Air, Brilliant Fire* (n. 6), p. 170.
9. EDELMAN – TONONI, *A Universe of Consciousness* (n. 6), p. 222.

He proposes a unitary anthropology, which is non-dualistic on the level of substances, and non-reductionist[10].

Such a position cuts to the core of the neuroscientists' world. Libet's experiments, in particular, are classically arranged to evoke an argument on the impossibility of free will from the neuroscientists' point of view. I would now like to give an account of these experiments and develop Wegner's interpretations, which defend a strictly deterministic conception of human behaviour.

II. Libet's Experiments

In the early 1980s, physiologist Benjamin Libet carried out various experiments on the neurophysiological dimensions of the decision-making process. As we shall see, these experiments led to unexpected results and occasioned a variety of different interpretations. In 2005, Libet published a work seeking to synthesize the problems he discovered[11]. I would, first of all, like to describe these experiments before offering some of the more outstanding interpretations.

1. *Experiments and Results*

As early as 1965, Kornhuber and Deecke had observed that an electric change in brain activity precedes a voluntary act. Indeed, electroencephalogram measurements show that an action is preceded by a "readiness potential" that occurred some 800 milliseconds before the moment of the action[12].

Looking further into this work, in an experiment with no deliberation, called "act now", Benjamin Libet asked a subject to bend his finger whenever he felt so inclined. He sought to make Kornhuber's experiments more complex by identifying the instant the subject makes the conscious decision to act. He imagined a tracking system which would allow the subject to determine the precise instant of his decision: a spot

10. For a detailed analysis of the philosophical implications of the theory of neuronal group selection, see B. Feltz, *L'inné et l'acquis dans les neurosciences contemporaines*, in *Revue philosophique de Louvain* 98 (2000), no. 4, 711-731; B. Feltz, *Neurosciences et anthropologie*, in M. Delsol – B. Feltz – J.-M. Groessens (eds.), *Intelligence animale, intelligence humaine*, Paris, Vrin, 2008, 7-40; B. Feltz, *Neurosciences, déterminisme et libre arbitre*, in *La Revue Nouvelle* 65 (2010), no. 3, 60-71.

11. B. Libet, *Mind Time: The Temporal Factor in Consciousness*, Cambridge, MA, Harvard University Press, 2005.

12. *Ibid.*, p. 124.

of light with a circular trajectory on a cathode-ray screen, revolving around the periphery in 2.56 seconds. The subject identifies the light spot's emplacement at the time of his decision.

The experiment thus involves three measurements: the instant of the action, readiness potential, and the instant of decision. The instant of the action is identified by the electric activity of the muscle generating the movement, the readiness potential is measured by electroencephalogram, and the instant of decision is identified by the subject on the dial presented on the screen.

These experiments resulted in the following series of events: (1) readiness potential; (2) consciousness of decision; (3) action.

The readiness potential precedes the action by 500 ms, whereas the consciousness of the decision precedes the action by 200 ms. The action is thus prepared by the brain 300 ms before the subject makes the conscious decision.

Such a result appeared quite paradoxical for defenders of free will. Contrary to what spontaneous perception of human behaviour suggests, this seems to indicate that the conscious decision does not induce the process of action since the readiness potential precedes decision-making. We are thus led to affirm that consciousness does not cause action[13].

How are we to envisage the question of free will in such a context?

2. *Interpretations*

a) Benjamin Libet and the "Veto Consciousness"

Benjamin Libet proposed an interpretation of the "consciousness veto". He takes note of the fact that conscious decision is not at the origin of action, but observes that 200 ms separate the decision from the action: the subject thus has 200 ms to oppose the action or to let it take place. "The conscious will could decide to allow the volitional process to go to completion, resulting in the motor act itself. Or the conscious will could block or 'veto' the process, so that no motor act occurs"[14]. Libet judges that such a function of free will could not be illusory: "Conscious will might actively enable the progression of the voluntary process to action; it would not be simply a passive observer in such a case"[15].

13. Considered a classic in the history of neuroscience, Libet's experiments have inspired an abundant literature. Taking it all into consideration would go beyond the context of this paper. Essentially, my goal is to introduce Wegner's position and carry on the dialogue with this additional work.

14. *Ibid.*, p. 138.

15. *Ibid.*, p. 139.

b) Daniel Wegner and the Illusion of Free Will[16]

Daniel Wegner proposes a much more radical interpretation than Libet. In a bulky work, he defends the thesis of the illusion of free will by proposing what he calls "the theory of apparent mental causation"[17]. From this point of view, the experience of free will is in fact illusory. The real causes of action are unconscious, and it is those unconscious causes which result in the apparent consciousness of action as experienced by a subject.

> The experience of a conscious will arises when a person infers an apparent causal path from thought to action. The actual causal paths are not present in the person's consciousness. The thought is caused by unconscious mental events, and the action is caused by unconscious mental events, and these unconscious mental events may also be linked to each other either directly, or through yet other mental or brain processes. The will is experienced as a result of what is apparent, though, not what is real[18].

Consciousness does not cause action in this context. It is an unconscious mental process that forces voluntary actions to take place. Moreover, other mental processes can also cause the conscious thought of action to occur. Consciousness carries out a re-appropriation of the action *a posteriori* and integrates that action into the construction of a coherent autobiography. In certain respects, by the means of *Authorship Emotion*, consciousness takes pride in the actions that it does not cause. In the event of reproved action, do we not often observe that the author says he does not recognize himself in the action that he/she has committed?

In the concluding chapter of his work, Wegner proposes a metaphor to account for the action of consciousness:

> Does the compass steer the ship? In some sense, you could say that it does, because the pilot makes reference to the compass in determining whether adjustments should be made to the ship's course. (...) But, of course, the compass does not steer the ship in any physical sense. (...) It is thus tempting to relegate the little magnetic pointer to the class of epiphenomena – things that don't really matter in determining where the ship will go. Conscious will is the mind's compass[19].

This argument lends itself to discussion, which we shall return to below.

Summarily put, we might say that the Wegnerian interpretation is based on two presuppositions: on the one hand, there is the integral

16. D.M. WEGNER, *The Illusion of Conscious Will*, Cambridge, MA, MIT Press, 2002.
17. *Ibid.*, p. 64.
18. *Ibid.*
19. *Ibid.*, p. 317.

determinism of behaviour, in which free will is pure illusion and behaviours are determined by events escaping consciousness; on the other hand, there is also the absence of downward causation, with language being pure illusion, a retrospective reorganization of an autobiographical account which integrates accounts of new actions in coherence with earlier actions, and no causal effectiveness linked to language. This represents one of the major issues of the metaphor interpreting the compass as an epiphenomenon.

We will now approach these two themes in a more detailed fashion.

III. The Question of Determinism

The question of determinism is an important one in the philosophy of science, and cuts across the community of philosophers as much as that of scientists. Two great traditions can be distinguished: one defending the conception of a completely deterministic world and the other leaving room for contingent phenomena.

1. *Integral Determinism*

For scientists like Galileo, Newton, Laplace, and Einstein, the world functions in a strictly deterministic way. The laws of physics provide the image of a world completely governed by a deterministic system. These modern debates on the existence of a deterministic world are the prolongation of the medieval theological debate on God's omniscience, one in which human freedom was already at stake. That was the context leading Jansen to defend the idea of predestination, a logical consequence of God knowing the collective future of humanity, as well as that of each individual. In the modern period, deterministic problems were taken up again by thinkers like Spinoza and Leibniz who, from the outset, subscribed to an image of the world that contemporary physicists proposed to them.

Laplace occupies a particular place among scientists since, as the founder of statistical calculation in the early-19th century, he defended the image of a deterministic world by showing that statistical calculation is a form of simplification which does not involve the world's stochastic functioning. Indeed, predictions on the number on the face side of a dice might very well be the subject of a detailed physical study of deterministic laws. But the difficulty with such a calculation may be circumvented by statistical calculation, which relies on repeating the identical experiment many times over. Statistical logic is a populational logic, which is in no way opposed to a deterministic approach on the individual level. This is precisely what Laplace suggests with his famous metaphor of a demon who might know all the world's deterministic laws, as well as the whole of the initial conditions characterizing the world's integral state, at any given moment. Without recourse to statistics, that demon would be able to recall and predict all the states of the world past and to come.

Over a century earlier, Spinoza situated his philosophy in a worldview of this sort. For Spinoza, the world is strictly deterministic and human behaviour directly participates in this state of the world. Thus, there is no free will for Spinoza. Yet the concept of freedom does have a certain relevance. The determinations of humans are so complex that it is impossible to know all of the laws, as well as the initial conditions, that determine their behaviour. We are thus faced with deterministic, but practically unpredictable, behaviour. This inability to predict leads Spinoza to speak about freedom as a necessary illusion. Many neuroscientists have returned to Spinoza in proposing an anthropology agreeing with what appears to be the presuppositions of neuroscience: a unitary anthropology and a deterministic world leaving room for freedom[20]. Yet, Spinoza is intractable on the free will problematic:

> If we don't want to carry madness so far, we must necessarily grant that the mental decision that is believed to be free is not distinct from imagination and memory, and is nothing but the affirmation which an idea, insofar as it is an idea, necessarily involves (Pr. 49, II). So these mental decisions arise in the mind from the same necessity as the ideas of things existing in actuality, and those who believe that they speak, or keep silent, or do anything from free mental decision are dreaming with their eyes open[21].

2. *A Place for Stochastic Phenomena*

This image of a strictly deterministic world was called into question by biologists and physicists, such as Darwin, Monod, Gould, Edelman, Heisenberg, Prigogine, and Stengers. Nobel Prize laureate Jacques Monod's position on this point is especially significant.

Monod was heavily influenced by the interpretation of his countryman Henri Bergson, who, however, belongs to another period of time and shares conceptions of life particularly distant from Monod's. For Bergson,

20. H. ATLAN, *Le vivant post-génomique ou Qu'est-ce que l'auto-organisation?*, Paris, Odile Jacob, 2011; A. DAMASIO, *Spinoza avait raison: Joie et tristesse, le cerveau des émotions*, Paris, Odile Jacob, 2008.

21. B. SPINOZA, *Ethics*, Part III, Proposition 2, Scholium, from *Spinoza: Complete Works*, ed. M.L. MORGAN, transl. S. SHIRLEY, Cambridge, MA, Hackett, 2002, p. 282.

the Laplacian conception of the world – although Bergson refers to Leibniz in the texts – leads to a very weak conception of time. Time is simply the measurement of our ignorance: "Nothing new under the sun". For an omniscient being who knows all the laws of the world and the initial conditions at any given time, history would simply assume the form of the development of a pre-drawn plan, with no surprises or innovations; time is merely the unfolding of a programmed development.

To that weak concept of time, Bergson offers a stronger conception that implies the production of real innovations, although to be considered as such, it must be unforeseeable. Thus, Bergson refers to an "essential unforeseeable". Biological evolution is creative in that it produces "essentially unforeseeable" forms. For Bergson, this unforeseeability is related to a vital principle profoundly marking living matter and making life irreducible to inert matter. While Monod is in radical disagreement with this conception of the living, he retains the concept of "essential" unforeseeability and its links to the relationship of chance and necessity. While chance produces genetic diversity, necessity maintains a more nuanced double dimension: chance variation is integrated into a system characterized by invariance and teleonomy at the organizational level, but the organism is subject to the demands of Darwinian natural selection at the population level. The encounter of two independent causes leads one to regard the result as a contingency[22]. Insofar as the world is not strictly deterministic, its evolution may be best described as creative in the sense of producing unforeseeable new forms[23].

3. *A Kantian Analysis*

Historically, the question of the compatibility of free will and a deterministic world is at the heart of incipient modernity. Freedom is an essential modern concept. Political democracy cannot be constituted without an anthropology giving prominence to man's ability to make free choices. That is why, as we have seen, Spinoza deals with this question in such a

22. This notion of contingency was elaborated by S.J. Gould, notably in his analyses of the extinction of dinosaurs.

23. Such a conception does not imply that the world is indeterministic. As we shall see further on in relation to the body, one can speak of local determinisms leaving room for a certain indetermination. For an in-depth analysis of the question of time in the life sciences: see B. FELTZ, *Historicité et nouveauté dans les sciences de la vie*, in J. GREISCH – G. FLORIVAL (eds.), *Création et événement: Autour de Jean Ladrière* (Bibliothèque philosophique de Louvain, 45), Leuven, Peeters, 1996, 23-35; B. FELTZ, *Darwinisme phylogénétique et darwinisme neuronal*, in L. COULOUBARITSIS – J.J. WUNENBURGER (eds.), *Les Figures du temps*, Strasbourg, Presses universitaires de Strasbourg, 1997, 351-376.

radical manner, even if we have underlined the limits of his arguments. A century later, Emmanuel Kant proposed a somewhat distinct interpretation that was also compatible with Newtonian physics. Kant takes up the question of freedom in the *Critique of Pure Reason* through what he calls "the Third Conflict of the Transcendental Ideas"[24]. We know that, for Kant, an antinomy is a contradiction between two theses that pure theoretical reason, insofar as it provides access to knowledge, cannot solve. Moreover, each of the two theses contains logical difficulties rendering them unacceptable.

The third antinomy, or the antinomy of freedom, is precisely centred on causality. Kant defines freedom as the capacity to inaugurate a new causal chain. He also opposes thesis and antithesis. In the thesis, Kant affirms: "Causality in accordance with laws of nature is not the only one from which all the appearances of the world can be derived. It is also necessary to assume another causality through freedom to explain them"[25]. He further maintains that an integral determinism, the sole recourse to causality according to the laws of nature, leads to an infinite regress. On the contrary, the antithesis poses that "There is no freedom but everything in the world happens solely in accordance with the laws of nature"[26]. Kant develops this position by showing that recourse to a "free causality" would make the world incoherent and incomprehensible, since free causality could intervene constantly in the process of the world.

From the Kantian point of view, the antinomy runs up against the limits of pure theoretical reason, i.e. reason insofar as it gives access to knowledge. Since both the thesis and antithesis lead to unacceptable consequences, we are faced with an undecidable outcome from pure theoretical reason.

It is practical reason that will lead to a decision. Humans, in fact, experience a use of practical reason leading them to produce criteria of ethical action. Searching for the Good, which is at the heart of the human condition, only makes sense if free will is presupposed. Where pure theoretical reason remains faced with an undecidable, practical reason postulates free will.

For Kant, when judged by pure theoretical reason, both free and natural causality are justifiable, even if it presents difficulties. But the practical use of reason only makes sense if a free causality is in fact effective. Thus, in Kant, there is both the observation of undecidability before pure

24. I. KANT, *Critique of Pure Reason*, transl. and ed. P. GUYER – A.W. WOOD, Cambridge, Cambridge University Press, 1998, p. 484 (The Antinomy of Pure Reason: Third Conflict of the Transcendental Ideas).
25. *Ibid.*
26. *Ibid.*, p. 485.

theoretical reason and the affirmation of freedom as a postulate of practical reason.

4. *Wegner or Darwin?*

These Kantian analyses keep all of their importance in that they clarify the strengths and weaknesses of each of the opposing positions. Moreover, recourse to practical reason refers to the multiple uses of reason, which the scientific world does not always understand. However, these analyses are often marked by their epoch. Kant considered Newtonian physics as a practically definitive scientific approach. The deterministic world he refers to is indeed Newtonian. Today, we know that physics, as well as biology, have produced theories allotting a major role to chance.

Recourse to coherence in approaching human experience thus turns against those holding the antithesis.

We might indeed wonder about the coherence of the position of a certain number of scientific philosophers. On the one hand, they fustigate creationists, notably Americans, who refuse the concept of chance and want to fit a deterministic logic into the scientific theory of evolution at all costs, and speak in terms of *Intelligent Design*. On the other hand, these same philosophers contest the very possibility of free will – very often in the name of a physicalist determinism[27]. I feel it is worth underlining the fact that the Laplacian conception of the world leads to a belief in the irrelevance of Darwinism. If Laplace is right, Jacques Monod's recourse to random mutations in the reinterpretation of Darwinism is itself illusory. We would have to presuppose a deterministic world wherein a recourse to randomness is simply a heuristic procedure corresponding to no real structure. If such were the case, the relevance of selectionist explanation, as much in Edelman as in Darwin and Monod, would inevitably be called into question.

The presupposition of a world which leaves room for stochastic phenomena is thus in no way irrational. On the contrary, it appears as essential if we wish to propose a coherent image of the world in terms of the various current scientific theories[28].

27. As examples of this philosophical tradition, we cite: P.M. CHURCHLAND, *The Engine of Reason, the Seat of the Soul: A Philosophical Journey into the Brain*, Cambridge, MA, MIT Press, 1997; P.S. CHURCHLAND – T.J. SEJNOWSKI, *The Computational Brain*, Cambridge, MA, MIT Press, 1992; K.F. SCHAFFNER, *Discovery and Explanation in Biology and Medicine*, Chicago, IL, University of Chicago Press, 1993.

28. For a detailed analysis of the debate on *Intelligent Design*, see B. FELTZ, L'Intelligent Design*: Enjeux philosophiques et sociétaux*, in *Revue philosophique de Louvain* 107 (2009), no. 3, 387-409.

The Wegnerian interpretation of Libet's experiments relies on two presuppositions: a deterministic world and the refusal of a causality associated with language. We have just seen that a deterministic conception of the world is by no means imposed in light of the theoretical evolutions in contemporary science. Yet, we should underline the fact that a world making room for stochastic phenomena does not necessarily lead to the embodiment of free will. This remark leads to our analysis of the second presupposition of Wegner's interpretation, the link between free will and language.

IV. Free Will and Language

1. *Free Will and Linguistic Signification: Habermas' Viewpoint*

Stochasticity is not freedom. A partially deterministic world does not necessarily lead to freedom. A world with room for stochasticity is a necessary, but insufficient, condition for the emergence of free will. Free behaviour is not stochastic behaviour. Edelman quite rightly insists on this point, but it accords with a whole philosophical tradition deeply anchored in the history of thought: man's specificity is located in the articulated language used to give meaning to one's behaviour. Human behaviour is based on an individual giving his acts signification by means of a linguistic structure.

In a recent paper, Jürgen Habermas shows how freedom calls for a system of determinations[29]. Bodily determinations are not obstacles to freedom, but conditions for the possibility of freedom.

> Since the body, as a lived body, "is" in each case one's own body, it determines what one can do: "Being determined is a constitutive support of self-determination"[30].

Thus, the question arises of the possible modes of action of freedom in a body. In dialogue with Donald Davidson and Wolf Singer, Habermas adopts the non-reductionist viewpoint from the outset and analyses the role of language within the decision-making process.

> To say that it is not possible to "retreat" behind the dualism of epistemic perspectives means, in the first place, that the corresponding language games and patterns of explanation cannot be reduced to one another.

29. J. Habermas, *Freedom and Determinism*, in Id., *Between Naturalism and Religion: Philosophical Essays*, Cambridge, Polity Press, 2008, 151-180.

30. *Ibid.*, p. 160.

> Thoughts that can be expressed in mentalistic terms cannot be translated without loss of meaning into an empirical vocabulary geared to things and events[31].

This means that the first point is to recognize the irreducibility of linguistic logics to biological logics. Yet, such an attitude is perfectly compatible with epiphenomenalism and a Wegnerian interpretation of Libet's experiments.

Habermas goes further and takes his distance from any epiphenomenalist interpretation. In a reflection on the place of language in cognition, he underlines the double linguistic and social dimension of human cognition. Learning language is clearly an inter-subjective process. This learning leads to making the language's rules one's own, as well as an entry into the inter-subjective dynamics essential to the cognition process. For Habermas, it is the inter-subjective interactions that lead to awareness of objective knowledge. He consequently distinguishes between individual "subjective mind" and "objective mind" when referring to the collective dimension of knowledge.

> Without intersubjective understanding, there can be no objective knowledge. Without the reorganizing "connection" of the subjective mind [*subjektiver Geist*] and its natural substrate, the brain, to an objective mind [*objektiver Geist*] – that is, to symbolically stored collective knowledge – there can be no propositional attitudes to a world that is distanced in a way that allows for objectivation. Nor can there be any of the technical achievements in coping with an objectivated world of that sort. Only *socialized brains*, linked up with a cultural milieu, become bearers of those highly accelerated, cumulative learning processes that have become uncoupled from the genetic mechanism of natural evolution[32].

Thus, language and cognition are social processes pertaining to the socialization of human individuals. How are we to think of the relationship to the brain within this context?

If we are to avoid all epiphenomenalisms, we must think of the objective mind's possible action on the brain itself.

> Freedom of action belongs to the dimension of objective mind. Conscious participation in the symbolically structured "space of reasons" jointly inhabited by linguistically socialized minds is reflected in the accompanying performative sense of freedom. The rational motivation of convictions and actions takes place in this dimension and follows logical, linguistic and pragmatic rules that are not reducible to natural laws. Why should there not

31. *Ibid.*, p. 167.
32. *Ibid.*, p. 172. Italics Habermas.

> also be a "mental causation", in the sense of the programming of the brain by objective mind[33]?

The rules of language, whether they be grammatical or logical, clearly derive from a collective dynamic and participate in what Habermas calls "objective mind". While admitting that there is no thought without a brain, Habermas advances the hypothesis that these rules of language may have a structuring effect on the brain itself. Language-learning processes emphasize the socialization actions that constitute an important dynamic in humans. With Habermas, we may suppose that these processes have an impact in structuring the brain itself.

> These meaning systems can, in turn, influence the brains of participants through the grammatically regulated use of symbols. (...) In the course of ontogeny, the individual brain apparently acquires the dispositions required to "access" the programs of society and culture[34].

And we may further speculate, continues Habermas, the objective mind's impact on the individual brain's ability to open the way to one's linguistic activity, an action that likely effects the behaviour of individuals, should be underlined: here we are faced with a possible mechanism of free will.

> the physical features of the received signals disclose to the brain, now mutated into a subjective mind, the grammatically organized meanings that demarcate the public space of an intersubjectively shared lifeworld from a surrounding environment that is henceforth objectified. And the formation of judgment and action constitutive for our performative awareness of freedom occurs in this "space of reasons"[35].

Hence, for Habermas, free will clearly fits into both the distancing effect that language permits and the language game's performative effect, which involves individual nervous system modifications and impacts behaviour. Such remarks show that Habermas' logic maintains an embodied freedom. Conscious action appears as an islet in a largely unconscious dynamic, but the link to language opens onto the implementation of an effective free will.

2. *Free Will and Linguistic Signification: Back to the Neuroscience.*

In reference to the first part of this paper, I would like to highlight the similarity between Habermas' remarks and the philosophical issues of the

33. *Ibid.*, p. 173.
34. *Ibid.*, p. 175.
35. *Ibid.*, p. 176.

theory of neural group selection. For both Edelman and Kandel, linguistic activity is accompanied by a constant modification of the fine connections on the cortex level. Thus, the brain – as Habermas considers it – is indeed a biological-cultural product. The impact of what Habermas calls objective mind is in fact proven in Edelman's argument. And, what is more, even on the level of what Habermas calls "subjective mind", *id est* individual linguistic activity, contemporary data on neural plasticity give us a grasp of the possible impact of language on cortical connections, and therefore on the brain's structure.

Let us go further on this point by taking explanatory logic into account. In the brain, each language involves neural modifications. Speaking Chinese, English or French, for example, involves distinct connections in the brain. This is the case for general grammatical structuring; it is equally the case for any momentary linguistic assertion. Yet, each language carries specific constraints, precisely in terms of grammatical, phonetic, and logical rules.

Let us consider a series of E_1 statements, correct and coherent at both the grammatical and logical levels, and pronounced at time t_1, which consists of a series of reasoned premises. Furthermore, this series is enabled by a brain in state C_1, whose ontogenesis led to learning the various rules. The reasoning experiences a development which ends, at time t_2, with a series of statements: E_2. The state of connections C_2 of the brain at time t_2 is different from the state of brain connections at time t_1. To account for the brain's state at time t_2, we must take specific non-biological rules at the linguistic level into account. Hence, to account for the brain's state at time t_2, we must have recourse to linguistic specificities: we are thus in effect in the domain of a language capable of structurally modifying the brain's connectivity (cf. Figure 1)[36].

As figure 1 shows, the brain's state at time t_1 – the basal properties of B_i – allows us to account for the statements at time t_1 – the supervenient properties S_i – , but only a reference to the language rules allows us to give an account of the state of the brain at time t_2 – the basal properties of B_i*.

The previous argument in regard to the speaker's brain must also apply to the hearer's brain. To be comprehensible, statements must comply with grammatical rules; to be convincing, the series of statements must comply with logical rules. The state of the hearer's brain at time T_2, who understands the statements and lets himself be convinced or rejects the

36. See O. SARTENAER, *Émergence et causalité descendante dans les sciences de l'esprit*, in *Revue philosophique de Louvain* 111 (2013), no. 1, 5-26.

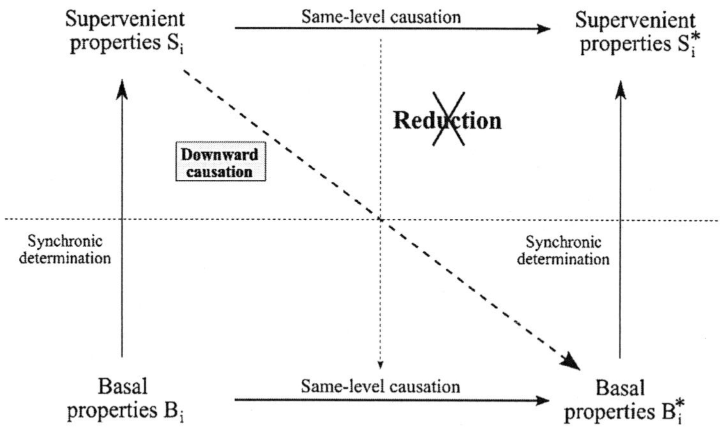

Figure 1. Causality at the linguistic level is indispensable for explaining the brain's passage from state C_1 to state C_2. We can thus speak of downward causation (taken from O. Sartenaer, 2013).

reasoning, is thus different from the state of his brain at time T_1. To explain the differences between these states, we must also have recourse to grammatical and logical rules that involve a non-biological domain.

As the substructure of linguistic activity, neural plasticity presents properties likely to make free will possible. Language, as a producer of significations via neural plasticity, may well have an impact on behaviour[37]. In this way, we take our distance from the Wegnerian interpretation, which sees a pure *a posteriori* reconstruction of language. This last interpretation is unnecessary. The mechanisms of neural plasticity open up the possibility of language as having an effective impact on behaviour.

Moreover, such a schema allows us to consider the passage from an efficient to a final causality. Language, as spoken or thought, requires a substantial amount of metabolism, involving efficient causality. Language opens up the possibility of representation, anticipation, and planning action, all attitudes which implement final causality. Where efficient causality ensures metabolism and linguistic activity, its dynamic opens itself to the efficacity of a final cause. Seen in this perspective, language is clearly the interface allowing us to rationalize the passage from a logic of efficient causality, excluding final causes, to a conception of behaviour integrating intentional finality.

37. In this conception of free will, associated with a downward causation via language, we can distinguish both a motor and a directional principle within an efficient causality. In this context, the principal component of language as causality would involve the directional principle.

Still, let us further specify that, from a Kantian perspective, by showing the possible mechanisms of a downward causation and language's exertion of a causality on the brain's structure and human behaviour, we do not demonstrate the existence of a free will, but of its possibility. Many philosophers and linguists consider language to be structurally deterministic – whether we think of the structuralist conceptions of Saussure, Chomsky, Levi-Strauss or Lacan. A determinism linked to language is perfectly compatible with a conception of language as having an effective impact on behaviour. Our argument is twofold. On the one hand, it is centred on a dialogue with neuroscience and suggests that an integral determinism through the nervous system is no longer justifiable if we take research work on neural plasticity and Edelmanian interpretations on primary and higher consciousness in connection with language into account.

In addition, and again from a Kantian perspective, if a deterministic conception of language is defensible, it is by no means necessary. As we have seen with Habermas, a conception of language as a place producing innovation, the "unforeseeable essence" in the Bergsonian sense, is perfectly defensible. Language embodies a system of constraints opening into true creativity. Associated with Kandel and Edelman's theories on the links between neural plasticity and consciousness, such a conception of language supports the idea of an effective free will.

3. *As a Conclusion: Back to Libet and Wegner*

How are we to understand the results of Libet's experiments in light of these considerations?

First of all, we will recall that Libet himself described his "act now" experiments as non-deliberational. Thus, no relationship with language is possible; that places the experiment in an area quite distinct from what was discussed in the preceding point.

Furthermore, it should be stressed that Libet presupposes a linear temporal structure in the process of consciousness: the intention precedes a consciousness of decision, which precedes the action. Many authors working on the decision-making process are inclined to show that we are dealing with a parallelist conception: intention, consciousness, and action are linked to independent mechanisms, which certainly interact with one another, but that still have their own temporal evolution and variable methods of interaction. Marc Jeannerod has further developed this perspective, as he shows that the phenomenon of consciousness is quite variable during the action. "The conscious experience's amplitude (...) decreases from the period preceding the action (...) until the passage to act, when it is practically absent, only to reincrease once the action is completed (...). Comparing conscious experience before and after the action plays a role in maintaining cognitive consonance and developing self-consciousness as a causal agent"[38]. Even if Jeannerod's interpretation resembles Wegner's, the parallelist perspective furnishes us with nuances on its relationship to consciousness at the very moment of action.

Such arguments also converge with Edelman's positions, for whom consciousness of a higher order superadds itself to primary consciousness. All of the automatic processes related to animal consciousness are quite present in humans. In a certain manner, the higher consciousness over-determines behaviours and gives signification to pre-existent structures. Yet, in so doing, the over-determination may have an impact on the structures.

Thus, this distances ourselves from Wegner's interpretation. The compass consciousness, described as epiphenomenal, comes down to *a posteriori* attributing significance to behaviours it has no impact on: it amounts to a negation of free will. On the contrary, in Edelman's conception, which also neatly incorporates Habermas' ideas without denying corporal determinations, consciousness is able to modify trajectories and intervene in intentional processes through language. And, in so doing, consciousness greatly participates in the process of human action. Freedom is embodied in a system of determinations that are constraining, but not completely deterministic, and which leaves room for the impact of linguistic signification in behaviour development. The compass metaphor is not meaningless. A compass is an ordinary object, but every navigator knows its importance for reaching one's destination. In that sense, far from being the symbol of an "epiphenomenal" object, the compass may actually be the symbol of the importance of consciousness in human behaviour, with its structural discretion and its decisive impact on the orientation of whoever refers to it.

Faculté de philosophie, arts et lettres
Institut Supérieur de Philosophie
Université catholique de Louvain
Place Cardinal Mercier 14/L.3.06.01
BE-1348 Louvain-la-Neuve
Belgium
bernard.feltz@uclouvain.be

Bernard FELTZ

38. M. JEANNEROD, *Le cerveau volontaire*, Paris, Odile Jacob, 2009, p. 254 (English translation from French is mine).

BIO-INSPIRED ROBOTICS

FROM REHABILITATION TO HUMAN AUGMENTATION

I. INTRODUCTION

Robotics is likely one of the most representative disciplines of engineering, since developing robots requires both inventiveness and the capacity to build things. Robotics also requires substantial scientific innovation. Indeed, the different steps tackled in a robotics project (i.e. modeling, control, manufacturing, etc.) often require the development of new theories and thus serves as a vector to increasing our fundamental understanding of mechanics, electronics, systems theory, and even biology. Developments in robotics are occurring rapidly, with many scientists envisaging some robots as autonomous agents that can make important decisions and take independent action without the endorsement of a human being. This evolution is due to recent progress in both information technology (the so-called field of "artificial intelligence") and hardware development (miniaturized motors, sensors, batteries, new materials, etc.). This recent growth has been particularly critical in robots displaying a close interaction with the human body[1].

There is no definite consensus as to what defines a robot. A good compromise would likely state that a robot should be equipped with (i) sensors, so that it can perceive (part of) the state of its body and/or surrounding environment; (ii) a processing unit, so that it can treat this information and consequently make (high-level) decisions, possibly with a certain degree of autonomy; (iii) actuators, so that it can move and/or act on the environment as a function of these decisions. Furthermore, bio-robotics – or bio-inspired robotics – is a separate, but related, field dealing with robots inspired by nature, i.e. those which are copying natural or biological principles in their design. Thus, a robot whose appearance and/or behavior closely resembles an animal or human would be called either an "animaloid" or "humanoid", respectively.

Bio-inspired robotics projects are often pretending to pursue two complementary objectives[2]. The first one is quite obvious: making better

1. E. GUIZZO – H. GOLDSTEIN, *The Rise of the Body Bots*, in *Institute of Electrical and Electronics Engineers [=IEEE] Spectrum* 42 (2005) 50-56.
2. A.J. IJSPEERT, *Biorobotics: Using Robots to Emulate and Investigate Agile Locomotion*, in *Science* 346 (2014), no. 6206, 196-203.

robots. Indeed, robots are limited in their skills but, by observing nature, scientists can obtain more impressive performances. Thus, copying nature invites engineers to make better robots, i.e. robots that are more efficient, more agile, more adaptive, etc. For example, roboticists have recently developed eel-like walking[3] and swimming[4] robots that have the capacity to move both in the water and on the ground. Other examples are the gecko robot, which can climb vertical walls with a foot mechanism that copies those of an actual gecko[5]; and quadrupedal or hexapod robots that mimic locomotive principles from mammals or insects[6]. Finally, bio-inspired robots are also being developed to support disabled humans, e.g. by replacing their amputated limbs. For instance, artificial feet (i.e. active ankle prostheses) have been developed that copy some principles of a natural foot, like muscle elasticity or reflex-based control[7].

The second objective behind several bio-inspired robotics projects is to get a better understanding of the system being copied, i.e. understanding by design. This objective postulates that building the copy of a biological agent requires an understanding of the functionality of the fundamental mechanisms lying behind. Moreover, putting these mechanisms together can even lead to the discovery of new principles about actual biological systems. This statement is perfectly illustrated by the aforementioned salamander-like robot[8]. This poly-articulated robot not only copies the body structure of a salamander, but also the way its body segments are controlled. Similarly to the actual animal, the control is

3. C. Stefanini *et al.*, *A Novel Autonomous, Bioinspired Swimming Robot Developed by Neuroscientists and Bioengineers*, in *Bioinspiration & Biomimetics* 7 (2012), no. 2, 025001.

4. A. Crespi *et al.*, *Salamandra Robotica II: An Amphibious Robot to Study Salamander-Like Swimming and Walking Gaits*, in *IEEE Transactions on Robotics* 29 (2013), no. 2, 308-320; A.J. Ijspeert *et al.*, *From Swimming to Walking with a Salamander Robot Driven by a Spinal Cord Model*, in *Science* 315 (2007), no. 5817, 1416-1420.

5. S. Kim *et al.*, *Smooth Vertical Surface Climbing with Directional Adhesion*, in *IEEE Transactions on Robotics* 24 (2008), no. 1, 65-74.

6. U. Saranli *et al.*, *RHex: A Simple and Highly Mobile Hexapod Robot*, in *The International Journal of Robotics Research* 20 (2001), no. 7, 616-631; T. Zhang – D.I. Goldman, *A Terradynamics of Legged Locomotion on Granular Media*, in *Science* 339 (2013), no. 6126, 1408-1412; A. Spröwitz *et al.*, *Towards Dynamic Trot Gait Locomotion: Design, Control, and Experiments with Cheetah-Cub, a Compliant Quadruped Robot*, in *The International Journal of Robotics Research* 32 (2013), no. 8, 932-950.

7. R. Bellman – M. Holgate – T. Sugar, *SPARKy 3: Design of an Active Robotic Ankle Prosthesis with Two Actuated Degrees of Freedom Using Regenerative Kinetics*, in *2nd IEEE RAS EMBS International Conference on Biomedical Robotics and Biomechatronics, 2008* (2008) 511-516; M. Eilenberg – H. Geyer – H. Herr, *Control of a Powered Ankle-Foot Prosthesis Based on a Neuromuscular Model*, in *IEEE Transactions on Neural Systems and Rehabilitation Engineering* 18 (2010), no. 2, 164-173.

8. Ijspeert *et al.*, *From Swimming to Walking* (n. 4).

based on a network of (spinal) oscillators. Copying the structure of this network led to understanding how a slight increase in the tonic excitation of the oscillators (i.e., a simple change in the level of the constant input being injected) led to a smooth transition from swimming to walking, with the kinematics being very close to those of the actual animal (i.e. a traveling wave for swimming and a static wave for walking). This breakthrough was confirmed on the animal: the actual salamander increases the descending tonic input of its spinal oscillators in order to govern the transition from swimming to walking, and vice-versa. This perfectly illustrates how robotics can serve basic science (in this case, biology) by providing a unique set of tools relevant for scientific investigations.

Bio-inspired robotics represents a new area within the relatively young field. Robotics started about one century ago, with the "invention" of the word "robot". The first use of the word is unanimously attributed to the Czech playwright Karel Čapek. In 1921, he wrote a play involving a very strange character specifically designed to do subordinate labor, i.e. "*an artificial human being which is a brilliant worker, but deprived of all unnecessary qualities: feelings, creativity and capacity for feeling pain*". He called this character a "robot", coming from the Czech word "robota", denoting a highly subordinated type of laborer. "*Robots are thus not people. They are mechanically more perfect than humans are, they have an astounding intellectual capacity, but they have no soul. The creation of an engineer is technically more refined than the product of nature*". This statement is indeed a sharp contrast to the aforementioned claim for bio-inspiration! Bio-inspiration acknowledges a strong added value to the inspiration that nature (and natural evolution) can provide to "optimize" the musculo-skeletal structure of embodied entities, and for the neural control of their movements. Thus, robotics and roboticists have greatly evolved over the past century.

Our university has recently raised a new interdisciplinary consortium to support research in medical robotics. Louvain Bionics[9] was launched in November 2014. It aims to bring together the talents of researchers from the three sectors of the Université catholique de Louvain – sciences and technologies, health sciences, and human sciences – who are interested in questions related to movements and to the robotic assistance of gestures, in order to enhance knowledge and competency in fields such as surgical assistance and to support diagnosis and rehabilitation. In short, it targets the gathering of people who maintain interest in the

9. http://www.uclouvain.be/louvain-bionics (accessed 15/09/2017).

modeling and control of human movements. Within Louvain Bionics, research projects should lead to both a better understanding of the intact and disabled human locomotor apparatus and, eventually, the design of bio-inspired robotic devices for movement assistance and rehabilitation. Recent representative publications from this consortium include contributions about (i) motor control modeling in altered environments (i.e. altered gravity)[10], (ii) surgical robots[11], and (iii) rehab robots[12]. Currently, Louvain Bionics employs more than 15 research teams. This consortium is unique because it brings together not only engineers, therapists and physicians, but also psychologists and philosophers. This dialog between human scientists, engineers, and therapists concerning the ethical aspects of medical robotics is purposefully intended to lie at the core of our future achievements.

Many scientists – including theologians, philosophers, and engineers – share a common concern for the exploration of the possibilities of our imagined future. This contribution thus intends to explore how roboticists imagine the future, with a particular focus on the deployment of bio-inspired robots to interact with humans. More precisely, we will explore three statements and the way robotics intends to counteract them. The first statement is that humans have disabilities. Let us fix them with robots! The second is that humans have limitations. Let us go over them by augmenting humans with robots! The third statement is that humans *are* actually limited. Well, let us replace them with robots! There is, of course, a substantial number of ethical questions lying behind this "dream world". It thus represents an ideal platform offered to enhance future collaboration between engineers and ethicists. The rest of this contribution will be structured around these three statements. Interestingly, we begin each of the following sections by illustrating that the issues being raised are not new and do not derive from the rise of robotics. They are actually almost as old as humanity itself. Robotics, however, may currently be pushing these issues to a level that has not yet been encountered, due to the apparently endless perspectives raised by its development.

10. T. GIARD *et al.*, *Inertial Torque During Reaching Directly Impacts Grip-Force Adaptation to Weightless Objects*, in *Experimental Brain Research* 233 (2015), no. 11, 3323-3332.

11. B. HERMAN *et al.*, *An Articulated Handle to Improve the Ergonomic Performance of Robotic Dextrous Instruments for Laparoscopic Surgery*, in *Mechanical Sciences* 5 (2014), no. 1, 21-28.

12. M. GILLIAUX *et al.*, *Upper Limb Robot-Assisted Therapy in Cerebral Palsy: A Single-Blind Randomized Controlled Trial*, in *Neurorehabilitation and Neural Repair* 29 (2015), no. 2, 183-192.

II. FIXING HUMANS

Fixing human disabilities by means of technology and/or therapeutic intervention has been a dream of humanity's since its earliest days. For centuries, humans have used science and their own capacity to conduct new scientific investigations in order to better understand the mechanisms governing both their healthy and disabled bodies, with the goal of eventually developing new treatments aimed at fixing any issues that might arise. In the late Middle-Ages, Vesalius' dissection of cadavers paved the way for modern anatomy[13]. Much earlier, i.e. three thousand years ago, ancient Incas performed cranial surgeries – i.e. trepanations – on living humans to cure brain disorders, as illustrated by trepanned skulls that were discovered close to Incan cities. Many other examples exist to illustrate the inventiveness of humans in order to develop their knowledge for performing innovative medicine.

Robotics is offering a lot of perspective on the context of using technology as a vector to cure humans. In particular, two motor pathologies are strong incentives for developing medical robots that can support rehabilitation. The first is stroke. Stroke is a cerebral accident that unfortunately occurs to many people. For instance, it is estimated that about 53 people suffer a stroke in Belgium each day. A stroke occurs because a part of the brain is being deprived of oxygen for enough time that the brain cells die and can no longer provide any function. Unfortunately, about 20% of the patients die in the month following the insult, while 30% suffer severe motor and sensory disorders. The remaining 50% hopefully recover full motor and sensory capacities[14]. The second motor disorder driving the development of rehabilitation robots are spinal cord injuries (SCI). This problem is fundamentally different from strokes because the insult does not impact the brain, but rather the spinal cord, i.e. the "highway" conveying (and processing) descending and ascending neural signals between the brain and the peripheral nervous system. SCI is a fracture of the spinal cord that prevents these nervous connections from functioning. Depending on the height and severity of the lesion, a partial or total loss of motor and sensory capacities may be experienced in the upper- and/or the lower-limbs[15].

Robotics can help to treat these pathologies for one very important reason: the nervous system is plastic, meaning that high-intensity

13. A. VESALIUS, *De humani corporis fabrica libri septem*, Basel, Johann Oporinus, 1543.

14. http://www.strokenet.be.

15. http://www.spinalinjury101.org/details/levels-of-injury.

training movements are a necessary condition to increasing the chance of recovering motor autonomy. Both at the brain and spinal levels (pending that the lesion is not complete), practicing movements supports the reorganization of the neural pathways governing the performance of autonomous movements. The more intense the training, the better the expected recovery[16]. Classically, this intensive training is supervised and performed by human therapists. However, the physical limitations of the therapists and the economic pressures on the health care system can make treatment availability suboptimal in comparison to what the patient could undergo. As an illustration, classical walking training for an SCI patient with lower-limb disorders requires three therapists: one moving each leg, and one creating the pelvis oscillations. In such uncomfortable postures, the therapists often reach exhaustion before the patient. Robots can thus serve as advanced tools for this type of therapy, not in order to replace the therapist, but rather to help him/her to offer more intense therapy to a greater number of patients than he/she could supervise alone.

Rehabilitation robots are usually classified into two groups: end-effector devices (mainly used for the upper-limb) and exoskeletons[17]. The first type of robots comes in series to the limb, so that it can only transmit external forces to the end effector. A pioneering device in this category is the famous *MIT-Manus*[18]. The second type comes in parallel to the limb, so that it can independently actuate and support each of the joints. Famous examples of this type are the *Armin* (for the upper-limb) and *Lokomat* (for the lower-limb). One of the engineering challenges with exoskeletons is guaranteeing the mechanical alignment between the anatomical and artificial axes of rotation at each joint in order to avoid transmitting parasitic forces to the patient[19]. Louvain Bionics also developed an end-effector rehabilitation robot for the upper-limb. *REAplan* has so far been used to quantify the upper-limb impairments of disabled

16. G. KWAKKEL *et al.*, *Effects of Intensity of Rehabilitation after Stroke: A Research Synthesis*, in *Stroke* 28 (1997) 1550-1556; Y. BLEYENHEUFT – A.M. GORDON, *Hand-Arm Bimanual Intensive Therapy Including Lower Extremities (HABIT-ILE) for Children with Cerebral Palsy*, in *Physical & Occupational Therapy in Pediatrics* 34 (2014), no. 4, 390-403.

17. S. HESSE *et al.*, *Upper and Lower Extremity Robotic Devices for Rehabilitation and for Studying Motor Control*, in *Current Opinion in Neuroly* 16 (2003) 705-710.

18. H.I. KREBS *et al.*, *Robot-Aided Neurorehabilitation*, in *IEEE Transactions on Rehabilitation Engineering* 6 (1998) 75-87.

19. A. SCHIELEE – F.C.T. VAN DER HELM, *Kinematic Design to Improve Ergonomics in Human Machine Interaction*, in *IEEE Transactions on Neural Systems and Rehabilitation Engineering* 14 (2006) 456-469.

patients[20] and to provide robot-assisted therapies to the same populations[21].

Assistive robotics is another family of medical robots being developed for people with motor impairments. The difference between rehab and assistive robots is that the latter cannot lead to a recovery of motor autonomy. This is perfectly illustrated with amputation: replacing a missing limb with a robotic prosthesis will not make the biological limb grow again. In contrast, the amputee is expected to live with the device for the rest of his/her life. Several active prostheses are currently being developed in research laboratories and are progressively percolating on the market[22]. The most fundamental difference between an active (i.e. robotics) and a passive (i.e. classical) prosthesis is that the former can deliver positive mechanical power, so that one can expect to experience a more natural movement. Another type of assistive robots is those being developed for people with a complete lesion of the spinal cord, so that retrieving autonomous control of the limbs cannot be expected. Impressive prototypes are currently reaching a sufficient maturity to allow these patients "to be walked" by a wearable exoskeleton. This is perfectly illustrated by the famous *Ekso Bionics*[23]. This, along with other similar robots, provide hope for paralyzed patients to not only recover their ability to autonomously walk, but also to stand up next to their relatives and to travel in environments that are challenging for a wheel chair, like staircases, etc.

Is there a reason for adopting a bio-inspired approach in the design of this kind of robot? Is it desirable to copy nature in the design of prosthetic robots or robots continuously assisting people with motor disorders? A very intuitive reason to positively answer these questions is that

20. M. GILLIAUX *et al.*, *A Robotic Device as a Sensitive Quantitative Tool to Assess Upper Limb Impairments in Stroke Patients: A Preliminary Prospective Cohort Study*, in *Journal of Rehabilitation Medicine* 44 (2012) 210-217; M. GILLIAUX *et al.*, *Using the Robotic Device REAplan as a Valid, Reliable, and Sensitive Tool to Quantify Upper Limb Impairments in Stroke Patients*, in *Journal of Rehabilitation Medicine* 46 (2014) 117-125.

21. GILLIAUX *et al.*, *Upper Limb Robot-Assisted Therapy* (n. 12); P. LECONTE *et al.*, *Rhythmic Arm Movements Are Less Affected Than Discrete Ones after a Stroke*, in *Experimental Brain Research* 234 (2016); P. LECONTE – R. RONSSE, *Performance-based Robotic Assistance during Rhythmic Arm Exercises*, in *Journal of NeuroEngineering and Rehabilitation* 13 (2016) 82.

22. BELLMAN – HOLGATE – SUGAR, *SPARKy 3* (n. 7); EILENBERG - GEYER - HERR, *Control of a Powered Ankle-Foot Prosthesis* (n. 7); S. MICERA - J. CARPANETO - S. RASPOPOVIC, *Control of Hand Prostheses Using Peripheral Information*, in *IEEE Reviews in Biomedical Engineering* 3 (2010) 48-68; L. AMBROZIC *et al.*, *CYBERLEGs: A User-Oriented Robotic Transfemoral Prosthesis with Whole-Body Awareness Control*, in *IEEE Robotics Automation Magazine* 21 (2014) 82-93.

23. http://intl.eksobionics.com.

by copying the neuromechanics of a biological limb into prosthesis, the prosthesis will likely feel like a natural limb, thus making it more intuitive to use. In one of our research projects, we try to emulate the dynamics of ankle muscles in the behavior of an active ankle prosthesis[24]. A typical property of muscle dynamics is elasticity (or compliance). *A priori*, it is very counterintuitive for an engineer to design compliant devices because stiffness is usually recognized as a necessary condition to achieve accurate control. In robots closely interacting with humans, compliance proved to enhance safety and energy savings, i.e. two properties of high interest for a wearable prosthesis. Note that this prototype was tested for the first time on a trans-tibial amputee a few months ago[25]. This same project is currently being extended to the design of a bi-articular lower-limb prosthesis, i.e. an active prosthesis for people with amputation above the knee. We are currently developing a new type of mechanism offering the possibility to *transfer* mechanical energy between the artificial knee and ankle in a manner similar to the way that our bi-articular muscles do in our legs[26]. This is again bio-inspiration!

Assistive robotics is also opening fantastic opportunities due to the recent progress in brain-machine interfaces. A new project carried out by several American universities and the German DLR managed to connect the brain of a fully paralyzed locked-in patient to a robotic arm[27]. This person managed to control this artificial arm by activating some neurons of her motor cortex and executed complex movements like target reaching, grabbing a bottle of water, and bringing it to her mouth. The patient consequently reported that the robot allowed her to drink by herself for the first time in her life.

Future challenges in assistive robotics are to improve the biocompatibility and durability of the implants being used as BCI, and to also improve the feeling of "body ownership" of the device for the patient. This consists of – again – making the device feel like a biological limb, so that its control becomes more natural and intuitive. A necessary condition in achieving this goal consists of "closing the loop", i.e. restoring

24. C. EVERARTS – B. DEHEZ – R. RONSSE, *Variable Stiffness Actuator Applied to an Active Ankle Prosthesis: Principle, Energy-Efficiency, and Control*, in *2012 IEEE/RSJ International Conference on Intelligent Robots and System (IROS)* (2012) 323-328.

25. A. BOONE, *Experimental Tests on a Powered-Ankle Foot Prosthesis*, Master Thesis, Louvain-la-Neuve, Université catholique de Louvain, 2015.

26. C. EVERARTS – B. DEHEZ – R. RONSSE, *Novel Infinitely Variable Transmission Allowing Efficient Transmission Ratio Variations at Rest*, in *2015 IEEE/RSJ International Conference on Intelligent Robots and System (IROS)* (2015) 5844-5849.

27. L.R. HOCHBERG *et al.*, *Reach and Grasp by People with Tetraplegia Using a Neurally Controlled Robotic Arm*, in *Nature* 485 (2012), no. 7398, 372-375. http://braingate2.org.

sensations in addition to motor control. It is indeed well-established that sensory feedback helps a lot in controlling volitional movements. Consequently, arm or hand anesthesia – deprived from sensory feeling, but not from motor control – causes major problems in simple tasks, like taking a cup of coffee, even if vision is left intact[28]. The collaborative European project "LifeHand 2" represents a nice illustration of the efforts roboticists have made to restore sensations through an artificial device. This project led to the development of a prosthetic hand that can both be controlled by neural interfacing to the peripheral nervous system[29] and deliver sensory feedback to the amputee[30]. The sense of touch is thus returned to the amputee by converting the information carried out by tactile sensors placed on the prosthesis fingers to electrical information being delivered to the nerves, again through special electrodes. The amputee was able to discriminate between different object textures (soft and stiff) during manipulation without vision.

Besides technical limitations, another challenge that is facing researchers in medical robotics is financing these advanced technologies through social security systems. Receiving financial support for purchasing these devices is indeed a necessary condition for making them affordable to the large majority of potential patients. Social security systems usually evaluate potential support to a new treatment (whether it is a new molecule or a new technology) as a trade-off between the expected improvement in a patient's quality of life (the so-called "QALY" index[31]) and the corresponding cost increase. The ideal situation is, of course, when the new treatment causes both a decrease in cost and an increase in QALY. In this case, social security will undoubtedly support the new treatment. In contrast, no funding will be awarded to a new treatment that would both decrease the quality of life, while costing more than existing solutions. There is also a low chance of getting financial support for a treatment that has a negative impact on the QALY, even though it may be less expensive than the existing one. The most important decision in this process corresponds to whether this treatment clearly causes an improvement in the patients' quality of life, but with an extra cost when compared to the current solution. Making a decision in this case requires

28. A.-S. AUGURELLE *et al.*, *Importance of Cutaneous Feedback in Maintaining a Secure Grip During Manipulation of Hand-Held Objects*, in *Journal of Neurophysiology* 89 (2003), no. 2, 665-671.

29. I.e., in this case, the electrodes are placed on the nerves closest to the stump.

30. S. RASPOPOVIC *et al.*, *Restoring Natural Sensory Feedback in Real-Time Bidirectional Hand Prostheses*, in *Science Translational Medicine* 6 (2014), no. 222, 222ra19.

31. https://en.wikipedia.org/wiki/Quality-adjusted_life_year.

political guidelines, which are increasingly developed based on a balance between these extra costs and the expected added value that a patient with a better QALY can bring to society.

Thus, there is a strong need for researchers active in medical robotics not only to prove the efficiency of their devices when compared to existing solutions, but to also keep the cost of these technologies under reasonable constraints.

III. Augmenting Humans

Augmenting healthy humans with capacities well-beyond those of their natural bodies is the next step that robotic technology could tackle. Indeed, if we can make a locked-in patient control a robotic arm with her brain, why not connect a healthy brain to a robotic arm to make humans more dexterous, i.e. evolving from "bimanuality" to "trimanuality"? Similar questions can be raised regarding all technologies outlined in the previous section.

Once again, this represents an old story: humans have always tried to build tools that can augment the natural capacities of their bodies. Hand axes (or bifaces) are the longest-used tool in human history and were invented to make cleaner cuts than a bare hand. The earliest axes were found in Ethiopia and date back to about 2.6 million years ago. Much more recently, i.e. five centuries ago, people invented the screwdriver, so that modern roboticists can now assemble robots in a much more efficient and effective manner than by their fingers alone. These are only two examples from a very large set of enhancement technologies. Recently, athletics have highlighted that the boundary between human "fixing" and "augmentation" is not so impermeable. Lower-limb amputated athletes pretended to take part in sprint races with valid ones, having their leg (either one or both) replaced by a springy blade. The committees facing this request experienced great difficulties in reaching a consensus, with some experts claiming that these handicapped athletes were actually "mechanically augmented" (some people even spoke about "mechanical doping").

Thus, ethical issues raised by human augmentation are not confined to robotics alone, although robotics may – again – be paving the way for possible augmentations, as well as the associated ethical questions that come with them. For example, several human augmentation projects pretend to develop robots helping the elderly. These range from wearable robots improving the ability to walk (very similar to those already presented in the former section) to a humanoid companion robot who could provide various services. The elderly are often associated with an increase of the prevalence of several diseases (such as stroke), so that the boundary between "fixing" and "augmenting" is, once again, not easy to draw.

The military sector, especially in the United States, has clearly pushed for human augmentation. The American army has directly funded several robotic projects with the intent of developing wearable robots that could help soldiers to walk and run for longer periods of time or greater distances, to carry heavier loads, and to reduce the risk of injury and feelings of fatigue. In short, robots will make soldiers more efficient during their mission. The *Raytheon XOS Exoskeleton*[32] is a representative example. This is a full body wearable exoskeleton that can be carried by a human operator. It helps soldiers to carry very heavy loads with their arms or in a backpack by directly transferring most of these loads to the ground through the exoskeleton structure.

A second strong incentive for human augmentation is driven by industry. People performing painful, dull, or repetitive jobs, like those requiring one to – again – manipulate heavy loads or to periodically switch between several (uncomfortable) postures, could be supported with robots. NASA's "power glove", which is equipped with actuators that artificially augment the user's grip force in a substantial way and that can conveniently be worn as a glove, is a recent and impressive example in this field[33]. Another project from HONDA targets the development of a legged body-weight support robot, which is supposed to be helpful to people with jobs that require them to periodically perform squatting movements[34]. This robot rests between the user's legs and can transfer part of the user's weight directly to the ground, bypassing the user's biological knees.

Several agencies and institutions have started to raise concerns over the ethical questions raised by these developments. Within the last few years, for example, interdisciplinary panels of roboticists and ethicists published a variety of works on ethics in robotics. The French "Commission de réflexion sur l'Éthique de la Recherche en sciences et technologies du Numérique d'Allistene" even went as far as publishing a report about the ethics of robotics research, which they purposely intended to be put in the hands of robotics researchers[35]. A couple of years earlier, a British consortium that

32. http://www.army-technology.com/projects/raytheon-xos-2-exoskeleton-us.

33. http://www.gizmag.com/nasa-gm-robo-glove/21817.

34. http://corporate.honda.com/innovation/walk-assist.

35. CERNA COLLECTIF, *Éthique de la recherche en robotique: Rapport n 1 de la CERNA Commission de réflexion sur l'Éthique de la Recherche en sciences et technologies du Numérique d'Allistene* [Research report], CERNA – ALLISTENE, 2014. https://hal.inria.fr/hal-01086579/document.

brought together the Royal Society, the Academy of Medical Sciences, the British Academy, and the Royal Academy of Engineering organized a workshop exploring potential enhancements that arise from advances in science and engineering that are likely to impact future work. This workshop gave rise to a report[36] pointing out the possible changes in the way people work due to enhancement technologies (e.g. influencing an individual's ability to learn or perform tasks, and perhaps even to enter a profession), the need for empirical data to guide policy, the encouragement of open dialogues including policy makers and citizens, the monitoring of the technological cost, the influence of the availability of enhancements regarding equality and justice, and the need to promote interdisciplinary approaches.

IV. Replacing Humans

A natural evolution from robotic augmentation would be to get rid of human limitations by simply eliminating humans themselves. In other words, if humans are limited, why not replace them with robots? Human replacement is not a question that appeared with robotics, since technology in general, and automation in particular, represents a field that was largely developed to create replacements for humans wherever possible. This clearly started by targeting the so-called "3D jobs", i.e. jobs that were considered dirty, dangerous, and demeaning. Robotics played a significant role in these types of fields – think about the robots deployed along an automobile mounting chains or the automated barriers that now stop traffic at railroad crossings. The job of the human gatekeepers was simple: they opened and closed the barrier when the train was coming. Thus, it was easy to program an automaton to perform this task in their place.

The archetype of the robot replacing a human is the humanoid. Several humanoid projects have been conducted over the last few decades, giving rise to a variety of achievements that have received significant media attention. *Asimo*, developed by HONDA, is likely the most famous humanoid. One of his most recent achievements was to play football with President Obama[37] and the Belgian Prime Minister[38]. *Asimo* is also likely

36. *Human Enhancement and the Future of Work: Report from a Joint Workshop Hosted by the Academy of Medical Sciences, the British Academy, the Royal Academy of Engineering and the Royal Society*, 2012 https://acmedsci.ac.uk/file-download/34506-12308aca.pdf.

37. http://www.theguardian.com/world/video/2014/apr/24/barack-obama-football-robot-japan-video.

38. http://www.lesoir.be/877555/article/actualite/monde/2015-05-13/voiture-hydrogene-robot-et-tabouret-mobile-essais-charles-michel-au-japon.

one of the oldest humanoid projects, since the HONDA project secretly started in 1986 and was only unveiled 10 years later. *NAO* is a French humanoid 60cm tall, which was developed with the intention to become the standard platform for humanoid research, at least when dynamical aspects are irrelevant. Many other examples exist and can be found in the scientific literature or on the Internet.

Better observance of the performances of humanoid robots reveals that – despite impressive skills and agility – they are still far from competing with their human counterparts regarding these aspects. *Asimo* can serve a glass, unscrew a bottle cap, and pour the liquid, although it does so about ten times slower than a five-year-old child. *Asimo* can also walk, run, and climb stairs, although it does this by spending likely ten times more energy than a human and by maintaining a full visual supervision of its environment, while we do similar things almost unconsciously. *Asimo* is a fully controlled robot that has to walk with bended knees in order to avoid entering into a singular configuration. As we can experience ourselves, walking with flexed knees is very exhausting because it requires energy to maintain torque in the knees to counteract body weight.

Walking is thus a fantastic task for exploring the limitations of current humanoid robots, and trying to overcome them with bio-inspired approaches. Humans combine two ubiquitous neural mechanisms when they walk: spinal oscillators that provide periodic excitations to muscles and feedback-based reflexes[39]. In an ongoing research project, we are trying to copy these principles in a humanoid robot, both simulated and real[40]. In contrast to *Asimo*, the gait we obtain displays stretched knee during the stance phase of walking, so that it appears much more human, and could potentially be much more energy-efficient.

Is there any situation in which it might be desirable to replace humans by robots? Clearly, the dirty, dangerous, and demeaning jobs mentioned above could be taken by robots without strong protest. Some industrial tasks require dealing with toxic fumes or vapors, manipulating heavy loads, working in high-temperature environments, like a foundry, or in locations where radioactivity is too high for human beings. These tasks

39. S. Rossignol – R. Dubuc – J.-P. Gossard, *Dynamic Sensorimotor Interactions in Locomotion*, in *Physiol Rev* 86 (2006) 89-154.

40. N. Van der Noot – A.J. Ijspeert – R. Ronsse, *Biped Gait Controller for Large Speed Variations, Combining Reflexes and a Central Pattern Generator in a Neuromuscular Model*, in *2015 IEEE International Conference on Robotics and Automation (ICRA)* (2015) 6267-6274; N. Van der Noot *et al.*, *Experimental Validation of a Bio-Inspired Controller for Dynamic Walking with a Humanoid Robot*, in *2015 IEEE/RSJ International Conference on Intelligent Robots and Systems (IROS)* (2015) 393-400.

would likely be unanimously transferred to robots. Similarly, robots could supplement humans in natural or man-made disaster zones. The nuclear catastrophe at Fukushima in 2011 is a very illustrative example of this potential. Yet, it was not only a disaster for the Japanese population, economy, and environment, but also for roboticists. It happened in the country of robotics – Japan – but roboticists did not manage to send a single robot inside the destroyed nuclear plant for rescue operations. Some sources, for example, claim that, if in the hours that followed the disaster, someone could have been sent into the plant to turn a series of valves that would have relieved pressure on the reactors, the consequences would have been less severe. Indeed, the reactor pressure buildup eventually led to the most devastating explosion[41]. No human could have performed this task because of the radiation and risk involved, but a robot could have entered the plant. Unfortunately, there were no robots ready at the time. Robots are typically well tuned to perform tasks in controlled-lab environments, but face enormous difficulties in performing out-of-the-lab tasks in places where they would have to face uncertainties. What is more uncertain than a devastated nuclear plant?

Fukushima's frustration drove a lot of initiatives promoting the development of robots for post-catastrophe interventions. The most famous one is likely the DARPA robotics challenge (DRC) that was organized during the summer of 2015[42]. In this challenge, 23 robots competed in post-catastrophe-like scenarios to perform tasks they might face in this kind of environment (turning a valve, climbing a ladder, destroying a wall, etc.). Watching videos from the DRC finals reveals that there is still much research to perform before robots can achieve these goals. Despite the fact that they were designed and controlled by some of the best roboticists in the world, DRC robots were very slow, displayed incoherent behaviors, and underwent many falls that should have been avoided. Actually, the most insightful videos from the DRC are those which recorded these failures[43], since they vividly depict the problems with deploying these kinds of robots in a real environment. Moreover, it is worth noting that DRC robots were tele-operated, i.e. a human operator always stayed in the loop to supervise the robot and make the high-level decisions. It is likely that this restricted the level of the robot's autonomy and showed that they will not be sufficient in post-catastrophe environments plagued by poor communication capacities.

41. http://qz.com/420056/these-are-the-robots-competing-to-one-day-save-your-life.
42. http://www.theroboticschallenge.org.
43. See e.g. https://www.youtube.com/watch?v=NeFkrwagYfc.

It is not a coincidence that DARPA is an agency funded by the US army. The military sector is actually one of the main drivers to replace humans by robots, i.e. to put robotic soldiers on the battlefield in place of humans. The most "famous" military robot is likely the flying drone, which is routinely used by the US army to bomb targets almost all over the world. There are also ground-based robots, i.e. mobile machine guns, or legged logistic robots that transport munitions and goods across the battlefield. Yet, there is still always a human deciding to press the button, i.e. making the decision to fire. Nevertheless, there are initiatives being taken to fix this situation, i.e. to give lethal autonomy to robots. Norway recently unveiled a program of lethal robots that have the capacity to make an autonomous decision to fire[44]. The ethical questions behind military robots are almost infinite and are beyond the scope of the present contribution[45].

Robots are also replacing humans in the industrial sector. The main ethical concern is that this could take jobs. Cars have been built (almost completely) by robots for decades, and now "robotization" is reaching into other sectors. The assembling of electronic components is clearly one of the main targets for the industrial robotics market. The Chinese company in charge of assembling popular smartphones still employs 1.5 million workers in China. Thus, one of the most advanced pieces of technology that many of us carry around in our pockets is still mainly assembled by humans (mostly female). Clearly, these workers perform a dull and repetitive job, with a lot of ethical concerns questioning the quality of their working conditions. Yet, the question as to whether it would be humane to replace them with robots is not an easy one to answer.

Next to the military and industrial sectors, one can also envision robots replacing humans within the service sector. Machines are actually already all around us. Today, we can catch a plane without chatting to a single human in the airport: the luggage is dropped into a machine, the ticket is checked by a machine, security is performed by a machine, the entrance to the plane is supervised by a machine, etc. Bankers and store cashiers have also been replaced by machines. Nevertheless, these machines cannot be considered robots: most of them have no actuator and a very limited amount of (advanced) decisions to make.

44. http://www.thelocal.no/20141023/norways-killer-robot-technology-under-fire.

45. The interested reader might consult e.g.: M.-D.-N. Ruffo de Bonneval de la Fare des Comtes de Sinopoli de Calabre, *Problèmes éthiques posés par le remplacement de l'humain par des robots: Le cas des systèmes d'armes autonomes*, PhD Thesis, Paris, Université Paris-Sorbonne; Namur, Université de Namur, 2016.

Furthermore, the use of service (humanoid) robots is also increasing. In the future, people believe that domestic robots will be used for housekeeping, or that robots will guide people in museums and exhibitions. Moreover, some people predict that advanced jobs could also be taken by robots: some medical doctors could be replaced by robots having direct access to the patient's records and to a worldwide database associating symptoms to diseases. Future university professors could also be robots, since they always repeat the same lectures every year...

These potential applications open amazing dialogues regarding autonomy. In contrast to a medical robot following its controller, or a tele-operated robot, the robots of the future will have to be equipped with a high level of decisional capacities. Should these robots be free to reinvent their own tasks or interact with the environment? Should these mechanisms be – again – bio-inspired – i.e. copying the mutations of biological organisms? And finally, who would bear the responsibility of robot failure or misconduct? All of these questions deserve very careful treatment and should be further explored by multidisciplinary panels consisting of not only roboticists, but also ethicists, policy makers, and citizens.

Conclusion

This chapter explored the recent developments in robotics in regard to their interactions with humans, as well as a means of fixing people's disabilities, augmenting their limits, or replacing them when it is necessary or economically valuable to do so. Importantly, issues related to technological-based enhancement are not new. Humanity has always tried to exploit its current level of technology to treat diseases or overcome body limitations.

However, robotics is playing a prominent role in this field, due to recent progression in technology (both "software" and "hardware"). Yet, robots continue to pose a variety of ethical questions about the interactions between humans and technology, since they can emulate the whole human being, as well as performing many of the same tasks.

Today, robots are being used to fix, augment, and even replace humans. Sometimes, this is for the better, such as when it contributes to an individual patient regaining some autonomy, or when they perform a task that a human could not do; yet, it may also sometimes be for the worse. Beyond the technological challenges associated with modern robotic developments, there is also an impressive series of ethical questions that society should urgently tackle. These questions directly impact both our deep human nature and our ability to live together.

École Polytechnique de Louvain — Renaud RONSSE
Institute of Mechanics, Materials and Civil Engineering
Institute of NeuroScience
Université catholique de Louvain
Place du Levant 2/L5.04.02
BE-1348 Louvain-la-Neuve
Belgium
renaud.ronsse@uclouvain.be

École Polytechnique de Louvain — Philippe LEFEVRE
Institute of Information and Communication Technologies, Electronics and Applied Mathematics
Institute of NeuroScience
Université catholique de Louvain
Avenue Georges Lemaître 4-6/L4.05.01
BE-1348 Louvain-la-Neuve
Belgium
philippe.lefevre@uclouvain.be

CONFRONTATION OU FRAGMENTATION DES RATIONALITÉS?

RÉFLEXIONS SUR LE DEVENIR TECHNIQUE DE NOTRE SOCIÉTÉ

Il y a deux jours, au moment même où je me rendais à l'inauguration de notre colloque, j'ai entendu Régis Debray déclarer sur les ondes d'une radio nationale française qu'il n'y avait aujourd'hui plus que deux questions philosophiques essentielles, celle de la religion et celle de la technique.

Évidemment, il y avait quelque chose de très français dans cette manière qu'a eue Régis Debray de déterminer du haut de sa chaire, sur un ton mandarinal, ce qui est essentiel et ce qui ne l'est pas, et quelque chose d'encore plus français dans cette façon de désigner comme universels et incontournables les deux thèmes sur lesquels il est précisément en train de travailler.

Mais inspiré par le thème de notre colloque – la confrontation des rationalités –, je me suis demandé qui était capable aujourd'hui de traiter ces questions de front, je veux dire: telles qu'elles s'imposent réellement au monde et aux acteurs qui le peuplent. Non pas d'un point de vue intellectuel et académique, mais du point de vue de la réalité du monde en tant que telle, un monde auquel pourrait s'appliquer une rationalité critique globale, jugeant des phénomènes comme la religion ou la technique dans leur ensemble.

Et je demande: où est passée cette activité critique globale, capable de juger, confronter, articuler les rationalités? Qui, aujourd'hui, assume cette tâche? Qui est capable de produire un point de vue normatif susceptible d'englober «tout état existant», comme disait le jeune Marx, c'est-à-dire le monde?

Première évidence: la philosophie ne le peut plus. La philosophie n'est plus en position de prendre ce point de vue surplombant sur le monde, d'assigner aux différentes rationalités leur juste place et de produire un discours critique général sur le cours du monde.

Qui, alors, le peut? Il n'y a que le Pape, sans doute. Il est le seul à pouvoir englober sous un regard normatif englobant tous les aspects de la vie terrestre – comme le Pape actuel l'a encore montré au début de l'été 2015, en rédigeant, pour la première fois dans l'histoire de l'Église une Encyclique sur l'écologie. Mais quand je parle du Pape, je ne désigne pas à proprement parler la *personne* – encore que l'on sache bien comment la personnalité du Pape peut influencer l'institution dans son ensemble –, je désigne plutôt un *point de vue*, le point de vue pontifical si l'on veut, qui par sa nature même surplombe le monde et juge son cours. La légitimité du point de vue pontifical est sans doute assurée par une base métaphysique spécifique, celle qui considère le monde comme une création, comme une totalité créée par Dieu; c'est cette grammaire initiale de la création qui permet en retour d'adopter un point de vue critique global et surplombant sur le monde[1].

Or, c'est précisément un tel point de vue métaphysique initial qui est aujourd'hui interdit à la philosophie: celui qui l'adopterait ne ferait pas de la philosophie, mais, précisément, de la théologie. Corolairement, il est donc certain que l'activité critique au sens large est abandonnée par la philosophie, cette critique qui considèrerait «tout état existant», ce qui veut dire identiquement que la philosophie, en particulier la philosophie morale et politique, a *déserté le monde*. La situation actuelle de l'éthique est très caractéristique à cet égard: l'éthique a déserté le monde par *parcellisation* ou *fragmentation* de son activité critique: plutôt que d'envisager le monde dans son ensemble, l'éthique a bien plutôt *fragmenté ses domaines d'objets*: bioéthique, éthique médicale, éthique du handicap, éthique de la fin de vie, éthique de l'environnement, éthique animale, éthique de la recherche, éthique des nanotechnologies, éthique des affaires, etc. – les exemples sont véritablement innombrables. Telle est la voie que l'éthique de notre temps a choisie pour se retirer du monde: le parcelliser, le fragmenter, l'atomiser, le pulvériser – littéralement: *l'analyser*. Notre éthique est devenue *analytique*. C'est là évidemment le moyen le plus sûr pour soustraire à tout questionnement de fond le monde lui-même, et de permettre aux forces systémiques qui le gouvernent de se développer sans entraves. L'éthique d'aujourd'hui, loin d'être critique du système, est un élément essentiel de sa reproduction.

Que cette séparation et cette fragmentation en domaines distincts favorisent la reproduction non questionnée du système, c'est encore la publication de l'Encyclique papale sur l'écologie qui nous permet de le montrer: dès que le message «sans prudence», sans prévention, de l'Encyclique a été connu, le candidat républicain à l'élection présidentielle de 2017 Jeb Bush a déclaré: «j'espère ne pas être châtié pour cela par mon prêtre, mais je ne bâtis pas ma politique en fonction de mes évêques, de mes cardinaux ou de mon pape (...). Je pense que la religion

1. Que l'on me comprenne bien: je ne suis pas nostalgique d'une quelconque «philosophie pontificale», mais plutôt des capacités d'une philosophie qui pourrait être authentiquement critique, c'est-à-dire capable de juger «tout étant existant».

doit parler de ce qui nous rend meilleurs en tant que personne, et moins des choses qui relèvent du domaine politique»[2]. L'éthique est ici considérée comme devant servir à l'édification de la personne, et ne doit par conséquent pas se mêler de la gestion du monde[3]. Il y a ici fragmentation par division du travail: à chaque domaine d'objet sa rationalité propre – ce qui évidemment favorise le libre déploiement du système, qui peut se développer de manière endogène selon les critères qu'il a lui-même produits. Il n'y a donc pas confrontation des rationalités, comme le dit le titre de notre colloque, mais fragmentation des rationalités.

Pour la philosophie, et pour la philosophie éthique en particulier, cette situation représente un défi, qui s'énonce comme suit: à quelles conditions l'éthique peut-elle se réapproprier le monde qu'elle a déserté? Si le point de vue surplombant tel qu'il est exprimé dans le point de vue pontifical est, pour des raisons philosophiques, inaccessible à la philosophie, à quelles conditions la philosophie éthique peut-elle néanmoins encore dire quelque chose sur le monde, et éviter sa simple reproduction automatique, mue par les seules forces du système?

Car tel est le point de départ de mes réflexions: aujourd'hui, dans notre monde, l'éthique s'est rétrécie, elle n'exerce plus son pouvoir critique qu'à la marge, dans des domaines strictement délimités. Dans ce contexte, l'éthique se limite en vérité à vérifier que l'éthique libérale des droits individuels soit respectée, donc que des torts ne soient pas infligés, que des discriminations soient évitées et la vie privée préservée. C'est à cela que servent nos comités, chartes, règlements, institutions éthiques de toute espèce qui pullulent dans nos sociétés avancées, mais qui en réalité servent à *valider* ce qu'elles sont désormais impuissantes à critiquer. Dans le domaine médical par exemple, on se soucie du consentement du patient pour le moindre acte thérapeutique, mais on ne peut pas critiquer la déshumanisation de la médecine. Dans la gestion du risque, on brandit le Principe de précaution, mais c'est pour mieux faire passer le dispositif technoscientifique dans son ensemble. Mais c'est le domaine de la robotisation croissante de notre environnement social qui donne l'image la plus saisissante de cette *démission générale de l'éthique*. Depuis que

2. «I hope I'm not going to get castigated for saying this by my priest back home, but I don't get economic policy from my bishops or my cardinals or my pope (…). But I think religion ought to be about making us better as people and less about things that end up getting in the political realm». Voir: http://www.nytimes.com/2015/06/17/us/politics/popes-views-press-gop-on-climate-change.html?ref=topics&_r=0 (consulté le 19/06/2015).

3. C'est la raison pour laquelle les partisans de cette stricte division du travail ne voient pas de contradiction à utiliser le message papal dans les questions comme celles de l'avortement, car celles-ci mettent notamment en jeu une philosophie de la personne, qu'ils considèrent comme fondamentalement hors politique.

nous conversons avec des voix préenregistrées au téléphone, que nous obéissons au bip de notre ceinture de sécurité nous ordonnant de la boucler, nous nous sommes *accoutumés* à un environnement peuplé de machines; depuis que nous gérons notre vie relationnelle, professionnelle, intellectuelle, mais aussi quotidienne et administrative par ordinateur, cet environnement logarithmé nous est devenu naturel. Or, c'est dans le silence de toute réflexion éthique que s'est peu à peu mais inexorablement imposé à nous un environnement machinisé, robotisé, digitalisé. Ce silence est d'autant plus accablant que *ces modes de vie sont ce qui nous affecte le plus*: ils imposent à notre insu des attentes de comportement durables auxquels nous n'avons pas le choix de nous soustraire. Nous nous sommes bon gré mal gré adaptés, mais personne ne nous a jamais demandé si c'est bien là le monde que nous voulions, si c'est bien le mode de vie que nous souhaitions pour nous-mêmes et nos enfants. Les modes de vie nous gouvernent, et nous échappent.

Certes, d'un point de vue éthique, on dira qu'à chaque nouvelle mise sur le marché d'un robot, on se préoccupe de l'innocuité de la nouvelle invention, on crée des commissions éthiques pour garantir le respect informatique de nos vies privées et on veille à ce que la sécurité des usagers finaux soit garantie. Mais voici le problème: alors même que les règlements éthiques se multiplient, on ne peut plus traiter de *la question éthique fondamentale*, de la question de savoir si c'est bien là le monde que nous voulons, un monde peuplé de robots; si ce mode de vie est bien celui que nous choisirions, un mode de vie fait d'interactions avec des cerveaux programmés; si cette société est bien celle que nous souhaiterions, une société où l'on abandonne les plus vulnérables – vieillards, enfants, malades – aux machines, parce qu'on n'a pas le temps de s'en occuper. Voilà donc une illustration spectaculaire du paradoxe éthique sous lequel nous vivons: dans le respect éthique des droits individuels, on nous prépare un monde qui est peut-être éthiquement détestable, socialement *pathologique*. Et ce paradoxe a quelque chose de tragique, dès lors qu'on nous présente l'avancée de ce monde technologique comme inéluctable.

Le problème que j'ai en vue, ce n'est donc pas celui de la rationalité technique en tant que telle, mais plutôt celui de la manière dont la rationalité technique *se reproduit* et *s'impose à nous*. Ce n'est pas la même chose. Habermas, mais aussi Heidegger, Ellul, Stiegler ou Hottois se sont penchés sur la rationalité technique en tant que telle, c'est-à-dire sur les caractéristiques de sa logique et de sa signification intrinsèque, en les opposant, comme chez Habermas, à d'autres types de rationalités possibles comme la rationalité communicationnelle. Leur question est une question de la *logique* des rationalités; ma question est plutôt une question *mécanique*, celle de savoir *comment*, par quels mécanismes se reproduit l'environnement technique qui nous domine.

Et la thèse que je défends sur cette question, c'est que l'éthique dominante aujourd'hui, à savoir l'éthique libérale des droits individuels, *est le facteur immatériel le plus important de la reproduction matérielle de nos sociétés*. Je pense même que les deux choses sont en rapport causal. C'est *parce qu'*on se focalise exclusivement sur l'éthique des droits individuels que les modes de vie (comme le mode de vie technique) peuvent s'imposer à nous aveuglément. Et si nous ne pouvons rien dire sur ces modes de vie et leur emprise, c'est parce que nous tenons strictement séparées les sphères privées et les sphères publiques. La sphère publique (l'œuvre du philosophe américain John Rawls est exemplaire à cet égard) est gouvernée par un *principe de neutralité*, qui empêche qu'on puisse *publiquement* imposer une certaine conception du bien. Le principe même du libéralisme est qu'on ne peut légiférer sur ce qu'il appelle la vie bonne; celle-ci est du domaine de la souveraineté individuelle (comme l'éthique pour Jeb Bush). Or, les modes de vie sont précisément quelque chose de global, de collectif, de commun ; nos choix de vie individuels ne peuvent les influencer. Il n'y a plus *d'éthique globale*, d'éthique du monde dans son ensemble, parce que l'éthique s'est restreinte à l'éthique des droits individuels. Ce que cette éthique libérale a perdu, c'est ce pouvoir critique *général* que le jeune Marx appelait de ses vœux, et que le Pape exerce sans restriction. Or, c'est le principe même du libéralisme qu'on ne peut pas imposer aux autres une vision éthique du monde. L'éthique s'est donc retirée du monde, comme je le disais. Par conséquent, l'éthique des droits individuels est *directement complice* de la reproduction aveugle du système, qui dès lors se déploie par-dessus la tête des individus. Au nom du respect des libertés individuelles et du pluralisme des convictions, le libéralisme se rend en réalité le complice dévoué de modes de vie qui nous sont unilatéralement imposés. En se retirant du cours du monde, le libéralisme l'épouse: il est donc objectivement solidaire des modes de vie que ce cours du monde nous impose.

L'éthique libérale accomplit donc l'exact inverse d'un projet critique – elle accomplit en réalité la *neutralisation éthique du monde*, en se désinvestissant de toutes les questions qui ne se formulent pas en termes de droits individuels. Au moment même où le monde se globalise, et requerrait pour cette raison même une éthique elle aussi globale, elle s'en retire au contraire, le laissant à son libre cours. Or, laisser le monde à son libre cours, cela veut dire dans les faits le laisser *tel que le veulent les autres*, ceux qui ont le pouvoir de nous imposer des modes de vie. Ainsi, le libéralisme politique nous condamne à une sorte de *schizophrénie démocratique*, qui n'est autre qu'une *aliénation par les modes de vie*: tandis que la société promeut les libertés individuelles de manière à ce que chacun puisse satisfaire ses préférences, les individus qui en sont porteurs sont sommés de se plier comme à un destin aux modes de vie *non voulus* qui en résultent; ils vivent dans la *tyrannie des modes de vie*. Captive de ses maigres principes, l'éthique devient ainsi un outil de collaboration avec ceux qui se soucient d'éthique comme un poisson d'une pomme.

Mon diagnostic est donc que sous couvert de défendre les libertés individuelles, le libéralisme, depuis deux-cents ans, laisse se déployer un système qui, en fait, contraint extraordinairement les libertés individuelles, et les nie même quant à nos modes de vie, c'est-à-dire à ce qui nous affecte le plus. Le grand défi consisterait donc à produire une éthique qui, partant de ce constat, se ressaisisse du monde – une éthique dont le monde, et non pas l'individu, serait l'horizon.

Certes, sur cette route, les obstacles sont innombrables. Il y a naturellement des obstacles théoriques (se saisir du monde ne doit pas vouloir dire *réenchanter* le monde, pour ne pas revenir à des figures théoriques du passé), et des obstacles systémiques, puisque nos sociétés capitalistes avancées et complexes ont la force d'inertie d'un supertanker. Mais le principal obstacle est celui qui est dans nos têtes, et qui consiste à avoir naturalisé nos modes de vie. En effet, cela fait partie de la logique anonyme du déploiement du système de nous faire croire que ce déploiement, et la direction qu'il prend sont naturels. Une des voies qu'il emprunte pour nous le faire passer comme naturel, c'est de nous le faire *aimer*: d'aller dans le sens du poil, si vous voulez, c'est-à-dire, pour parler avec Spinoza, de produire des affects joyeux. Il le fait notamment en façonnant des désirs que seul lui, le système, parvient à combler (il y a quelque chose de jouissif dans nos robots, dans nos objets technologiques et dans le confort qu'ils procurent). Mais ce façonnage, ce formatage, ce qu'en philosophie on appelle ces *modes de subjectivation*, se fait aujourd'hui au détriment de la réflexion. Je suis sur ce point très sensible aux thèses de Bernard Stiegler, qui parle de *société automatique*: tout est fait pour rendre nos désirs et leur satisfaction automatiques, c'est-à-dire non réfléchis, soustraits à toute délibération, intérieure ou publique. Tout cela contribue à étouffer toutes les alternatives, à étouffer les possibles, à faire taire ce que le philosophe Ernst Bloch appelait la «conscience anticipante»: imaginer autre chose que ce qui est, évoquer d'autres possibles, se référer à ce qui n'est pas encore.

C'est pourquoi je pense que la réponse au défi éthique que je mentionnais ne peut être que *politique*. Face à la force du système et aux modes de vie qu'il nous impose, toute réponse individuelle est fondamentalement inefficace. On peut certes renoncer à son smartphone, ne pas prendre l'avion ou adopter un style de vie frugal; mais en réalité, toutes ces attitudes relèvent de l'héroïsme moral, tout en laissant le système en l'état. D'une manière générale, le libéralisme, comme aux États-Unis, tolère tous ces *styles* de vie alternatifs, mais sur le mode zoologique: chacun dans son coin (les amishs par exemple, et toutes les communautés californiennes alternatives que l'on voudra). Elle les tolère, tant que le système dans son ensemble n'est pas affecté. Si l'on veut donc une vraie réponse à ce que j'appelle la tyrannie des modes de vie, il faut dépasser ce niveau individuel ou zoologique: il faut une réponse *politique*, c'est-à-dire institutionnelle, capable de cristalliser un agir commun. Il nous faut donc ce que j'appelle une *institution du commun* – Parlement, Forum, Agora, baptisons-la comme on voudra. Sans une institution de ce genre, par exemple virtuelle, aucun agir ne pourra prendre corps, toute indignation est condamnée à rester vaine imprécation, le système continuera à reproduire et amplifier les conditions de sa domination.

Il ne s'agit certes pas de sous-estimer les difficultés liées à de telles perspectives, et je ne le fais pas. Mais dans la fragmentation des rationalités qui est caractéristique du monde d'aujourd'hui, il faut voir ce qui est en jeu: l'effet ultime de cette fragmentation – un effet qui est aussi la volonté délibérée de certains –, c'est de mettre notre société en *pilote automatique*. Cela réaliserait, assurément, le rêve de certains économistes et ingénieurs, pour qui la société, ça n'existe pas – le rêve d'une société sans politique, ou épurée de toute politique. Ce que je crois, c'est qu'il ne faut pas leur laisser la victoire trop facile. Car leur rêve, c'est notre cauchemar.

Faculté de philosophie, arts et lettres
Institut Supérieur de Philosophie
Université catholique de Louvain
Place Cardinal Mercier 14/L.3.06.01
BE-1348 Louvain-la-Neuve
Belgique
mark.hunyadi@uclouvain.be

Mark HUNYADI

GENERAL CONCLUSIONS

SOME REFLECTIONS ON THEOLOGY, SCIENCE AND PHILOSOPHY AS MODES OF RATIONALITY

I. Multiple Rationalities and Methods

One thing is as sure as death and taxes: theology, philosophy and the sciences are all rational disciplines. They ask questions and try to answer them; they look for explanations; they are based on concepts, logic, and specific languages; they use established methodologies.

Yet, each is rational in its own way. I would like to distinguish between two types of discourse in this work. The first, the discourse of the sciences and technology, is usually formal, or can be formalized, and aims at establishing an operation-oriented description of the world, i.e. one that allows for others to act upon it. The second kind deals with art, religions, myths, etc.: it was present at the dawn of humanity and still maintains a role within our current technological age. Let us call this kind of discourse "meaningful discourse" because it conveys questions and reflections on the meaning of life, on humankind's place within the cosmos, and the reasons behind why certain events have occurred.

Scientific and technological discourses implement their own specific methodology, usually referred to as the "scientific method"; it implies scientific objectivity (the individual subject with his emotions and peculiarities is set aside for the sake of universality and axiological neutrality) and the studied object's determinate limits; each science investigates a field of its own and loses its relevance within other fields of reality. Science is also critical in that it uses argumentation to sustain its theses, which can then be rationally challenged by others in the future; objections have to be taken into account and addressed. Finally, as mentioned earlier, science's discourse aims at some kind of action upon reality.

Contrastingly, meaningful discourse is open to reality as a whole: asking for the meaning of things is to consider one's place within this reality; scientific objectivity is definitely irrelevant. There is also no need for critical arguments: meaningful discourse usually proceeds from simple assertions that are allegedly able to stand on their own and by the light they shed on certain complicated or difficult questions. Their aims are various: the creation of art works, the justification of rites and ethical habits, the elucidation of enigmatic situations, the arousal of emotions, etc.

II. Articulation of Both Kinds of Discourse: The Role of Philosophy

Today, the question has become: how to hold together and articulate these two distinct types of discourse, because, as we can see, they do not share many properties, except that they are both rational? Since the 18th century, scientific and technological discourses have predominated and, even now, in one sense, continue to maintain the upper hand. "Meaningful discourse", however very important for humankind, is always seeking answers to urgent existential issues.

Philosophy, in my opinion, is a mediating discipline that exists in the space between these two rival discourses because it possesses a critical nature, like scientific and technological discourse (philosophy has to justify its assertions through rational arguments), but it is open to reality as a whole, like meaningful discourse (philosophical questions deal with any issue and, more radically, with the problem of reality as such: why is there anything rather than nothing?). Philosophy uses its own methodology, which is neither the scientific method nor the usual means of meaningful discourse; its method might be called "reflexivity", which implies the ability to include oneself as a questioner in the issue considered. Far from putting the observer aside, as with the scientific method, the reflexive philosopher is always involved in his questioning stance.

III. The Philosophy's Reflexivity

The reflexive character of philosophy places some constraints on both philosophical discourse and declarations; the content of an assertion has to be compatible with the asserted fact in order to avoid performative contradictions. By saying, for example, "there is no truth," one becomes contradictory because whoever pronounces such a sentence thereby claims to be stating a truth. As such, philosophy must be rigorous in order to avoid not only explicit contradictions, i.e. contradictions of content, but also implicit or performative contradictions. Before putting any thesis forward, the philosopher must wonder whether it really applies to his or her own case. The point is particularly touchy if we recall that logical paradoxes are easily generated by reflexive stances. The barber paradox, the liar paradox, and Russell's paradox, for example, are all based on reflexivity. Gödel has shown how important reflexivity is in bringing to light the intrinsic limits of formal languages[1]. It is of an utmost importance to guarantee that the philosophical method be as rigorous and exacting as the scientific one, although it is not quite the same.

IV. Philosophy as a Mediation

The current need for philosophy as a method for mediation is particularly urgent because the confrontation between scientific and – in a word – religious discourses is getting tenser and can turn into a definite struggle, especially if no mediation seems available. Presently, a religious stance closed to all philosophical enlightenment is often accused of fideism or fundamentalism and likely deserves these charges. Similarly, a branch of science not making room for philosophical questions falls into mere scientism and starts to exclude other relationships to truth. Philosophy may explain, for instance, that the truth to which science and religion both refer is not the same: science longs for exactitude and accuracy, while religion instead has a significant message in mind, a truth giving human life its meaning – and that has little to do with exactitude.

Without philosophy, science and religion are left without any common language: with no substantial connection, these two worlds are doomed to mutual misunderstanding, ignorance of their alter ego, and a growing mutual hostility. Philosophy therefore plays a key role within society; we might refer to the discipline's civic role in the sense that it actively contributes to the unity of the social body by combining elements of a common language between the two main intellectual streams of human culture. It comes as no surprise that some countries, such as Belgium, speak of introducing philosophy into a few secondary school programs, where it has so far remained conspicuously absent.

V. A Status for Theology

From this perspective, theology may be considered the intersection between religious discourse and philosophy. Theology is therefore the critical state of religious belief, where it gains access to reflexivity and a rational analysis of its own contents and attitudes. Thus, theology's mission is to consider religion's message as addressed to the contemporary

1. See D.R. Hofstadter, *Gödel, Escher, Bach: An Eternal Golden Braid*, New York, Basic Books, 1979.

world: is it relevant? Is it sufficiently attuned to modern society? What is the image of God as conveyed by religious discourse? Does it provide a real incentive for one considering conversion? Does it give faith a reasonable look? These are the classical questions that often get addressed to one taking a theological perspective. In addition, theology should also consider the following contemporary challenge: is it true that we maintain contact with reality through religion? Art, language, and science are all symbolic forms that allow men and women to encounter the world, an important feature that justifies the existence of these great fields of human culture. Public opinion generally holds these disciplines in high esteem and considers them worthwhile. Yet, people are currently rather sceptical about religion: does it also connect us to the "real world"? Many would answer no. Modern theologians therefore face an important challenge in making themselves understood and convincing public opinion that religion, like the arts and sciences, puts us in touch with reality as a whole.

VI. Some Motion in the Landscape

The 20th century saw a great number of transitions. The arts, for example, became increasingly philosophical, with provocative works by artists such as Marcel Duchamp, Andy Warhol, and Pablo Picasso all conveying puzzling opinions about the essence and role of their work. The exposure of simple mass-produced objects as artistic masterpieces leads one to ask the question: what differentiates an art work from any ordinary object? Is it simply the human will considering it so or is there something else warranting its "artistic" quality? For example, Picasso painted different representations of the same object on the same picture, but from varying points of view – which are mutually incompatible – in an attempt to show us reality's hidden dimension. According to Picasso, art has the task of making us see the invisible, which he tried to achieve through cubism, and represents his attempt to revert back to earlier conceptions, but with an additional philosophical layer that challenged what was usual in artistic work. Hence, art is becoming increasingly philosophical.

Science has also become more philosophical. Physics entered the field of reflexivity when W. Heisenberg discovered his famous uncertainty principle: the physical observer can no longer set himself aside; his measures do influence the physical system he studies; and he is therefore obliged to include himself in the object he is studying. The appearance of cosmology as an accepted discipline represents another major revolution in scientific-philosophical thought. Studying the universe as a single – and unique – scientific object necessarily implies a reflexive stance: here, the scientist is necessarily included in his very object. Biology also entered the field of reflexivity with Darwin's theory of evolution. Claims for the large-scale evolution of all living forms and species compel us to seeing ourselves as products of that evolutionary process. Moreover, the human sciences have considerably expanded and the issue of reflexivity is quite central to all of them: if these sciences drop reflexivity, they lose their human character. Retaining it, however, places it at the core of their reflection. This means that they will have to develop another considerably different method than those already used by the natural sciences.

Thus, 20th-century philosophy represented an expanding universe and, in my opinion, it would not be an exaggeration to say that it is currently everywhere. Religious thinkers had understood the need to open itself to philosophy many centuries ago, but now art, as well as science, have had the same realization, with the resulting intellectual landscape undergoing significant change.

VII. Time and Freedom in Judging

Our colloquium has focused on two peculiar questions concerning time and freedom. I would like bring to light some existing links between both reflexivity and time and reflexivity and freedom.

Time seems to be at once both the enemy and friend of reflexivity. On the one hand, it makes reflexivity impossible (the mind never being able to grasp itself because of time) and, on the other, it turns out to be the condition of possibility for every form of reflexivity. We are faced with a real difficulty here.

According to Thomas Aquinas, all forms of human reflexivity are only possible with time; there is always a delay between the self as object and as knower; hence no real reflexivity can take place. Yet, there is one sole exception: judgement. Through judgement, the mind, while grasping a determinate object (the judgement's subject), grasps itself at the same time, and thus gains access to actual and true reflexivity[2].

In any judgement of the form S is P, the mind considers S and P as two distinct representations and declares that they are two distinct

2. F.-X. Puttallaz, *Le sens de la réflexion chez Thomas d'Aquin* (Études de Philosophie Médiévale, 66), Paris, Vrin, 1991. Thomas Aquinas, *De Veritate* I, 9; *Summa Theologiae* Ia q.16 a. 2.

representations of one and the same object; asserting itself as the origin of the duplication of perspectives, it gives its real unity and identity back to the object and thereby knows itself as doing so. Thus, reflexivity is achieved.

This point has been highlighted by John Austin, a contemporary philosopher, in his well-known theory of speech acts[3]. He has shown that in every assertion, one can presuppose a pragmatic operator, who is mostly implicit, but who commonly expresses the speaker's involvement. The judgement "The sky is blue" can be analysed by using this form: "(I believe, I claim, I say that) The sky is blue". The implicit (but actual) presence of the pragmatic operator is the sign that the mind is seizing itself. It is quite similar to Thomas Aquinas' conception of judgement, but is considered from a very different perspective.

The fact that the human mind does have the ability to reflect implies that it actually belongs to the sphere of intellects[4]: all true intellects are capable of a perfect return on themselves, as argued by the famous *Liber de Causis*[5] and Proclus's *Elements of Theology*[6]. While pure intellects, like God or the angels, are immediately reflexive, the human intellect must first turn to material objects in order to get actualized. Insofar as it opens itself to otherness through the material objects it meets, it is able to return on itself. Therefore, the human being, as an incarnate intellect, has quite a particular status: as a body among others, it is linked to all other bodies and is open to their influences; as an intellect, it is able to withdraw itself from "sensible stuff" and grasp itself as a thinking being. These two essential human features are to be thought of as articulated to one another: immanence and transcendence, with respect to "material stuff", are both sides of a unique human relationship to the world that can be called existential location: a being-within-the-world, as certain existentialists have described it.

Thomas Aquinas spoke of the human soul as a horizon[7] between spirit and matter, or, in other words, between time and eternity. The horizon is

3. J.L. AUSTIN, *How to Do Things with Words* (The William James Lectures, 1), Cambridge, MA, Harvard University Press, ²1975.

4. See on this topic K. RAHNER, *Spirit in the World*, London – Oxford – New York, Bloomsbury Academic, 1994.

5. *Le liber de Causis: Edition établie à l'aide de 90 manuscrits avec introduction et notes* par A. PATTIN, in *Tijdschrift voor Filosofie* 28 (1966) 90-203. Cf. prop.12: *Omnis intelligentia intelligit essentiam suam* and 14: *Omnis sciens qui scit essentiam suam est rediens ad essentiam suam reditione completa*, pp. 74-79.

6. PROCLUS, *The Elements of Theology*. A revised text by E.R. DODDS, Oxford, Clarendon, ²1963. See prop. 15: All that is capable of reverting upon itself is incorporeal.

7. THOMAS AQUINAS, *Summa contra Gentiles* II, 68.

a line which simultaneously divides and unites two different fields, like the earth and heaven; as regards the horizon of the soul, it implies the human soul as a kind of *copula mundi* (copula of the world) i.e. a connection making the world one and unique, despite its multiple parts and levels of being.

The fact that man is capable of reflexivity has some striking consequences. According to Aquinas, for example, it implies that the brain is not the organ of thought. As a matter of fact, thought can have no organ, or else that material organ would hinder the perfect return of the mind on itself, a return which truly exists. This thesis seems quite provocative when considered from a modern neurophysiological perspective: currently, thinking requires material support and the idea of a thought separate from any material subject sounds a bit weird, making one question what it might actually mean. An interesting idea would be this: the brain is not the organ of thought because thought is able to shape its own brain to some extent, therefore exceeding the status of any simple organ. Thus, the brain would not be an organ *stricto sensu*, but would nevertheless be a material support for thinking.

A last point concerning freedom: there are a lot of conceptions of freedom, but only one of them is particularly significant in the present context: freedom as the ability to wrench oneself free from the world and gain access to one's own inner good. Freedom, as understood in this manner, is a condition of possibility for every judgement, which, as a matter of fact, requires both immersion in the world and transcendence with respect to it. Thus, freedom, judgement, time, reflexivity, philosophy, science, and theology have made up a set of meaningful concepts in which each term takes on an identity and sense. The present configuration is different from past versions, but what really matters is that all the elements remain linked together, while keeping a singular meaningful identity.

Faculté de philosophie, arts et lettres
Institut supérieur de philosophie
Université catholique de Louvain
Place Cardinal Mercier 14/L3.06.01
BE-1348 Louvain-la-Neuve
Belgium
jean-michel.counet@uclouvain.be

Jean-Michel COUNET

A THEOLOGICAL PERSPECTIVE ON THE CONFERENCE

I. Some Preliminary Remarks

Being a systematic theologian, I'll look back on this conference through a theological lens. My take is that this conference made a lot of important points. In fact, visualized on a sheet of paper they would look like a whole wealth of dots. And I am grateful to Susan Ross for explicitly attempting to connect the dots in her paper *Freedom from a Theological Perspective*. It is a difficult task to take up some of the treads and lines and try to establish links between them. I understand my task in this conclusion as trying to put numbers to these dots so that when we connect them, a more or less coherent picture might be the outcome. You certainly are familiar with the principle of this from children's drawings.

When I talked about this allegory of my task to some of you during the conference, Peter Verdée spontaneously asked: "Is the outcome an elephant?". And indeed, it is, because a story which is quite popular among theologians, the story of the blind men and the elephant came to my mind. As you know, all of the blind men touch different parts of the elephant and accordingly their description of what they discover varies even to the point of contradiction. Their problem, of course, is that none of them sees the whole! And my suspicion is that at times we are suffering from the same problem.

II. The Question of the Subject-Matter of Investigation

This brings us to the question of the subject-matter of investigation – in other words: Does this one big elephant exist at all? Or rather, is it not different tiny elephants that we are touching in our respective disciplines? My suspicion is that sciences are at times quite content to limit themselves to the tiny elephants they chose. Yet both theology and philosophy are asking questions about the whole of reality; or as Daniel J. McKaughan put it in the words of Wilfrid Sellars: They ask "how things in the broadest possible sense of the term hang together in the broadest possible sense of the term"[1]. Theology asks about the whole of reality

1. W. Sellars, *Philosophy and the Scientific Image of Man*, in R. Colodny (ed.), *Frontiers of Science and Philosophy*, Pittsburgh, PA, University of Pittsburgh Press, 1962,

"*sub ratione Dei*"[2] – which means all things are treated under the aspect of God. Yet is this whole of reality really still a feasible subject-matter under modern or, more concretely, under postmodern or even post-post-modern conditions? Can theology still maintain the claim to be dealing with the whole of reality? John McCarthy tried to answer this question by pointing out that theology is the thinking that thinks God while God in this definition is not a thing or an object. Yet if theology these days generally is perceived as not being up to this task, can philosophy deal with the whole of reality instead? Can any of the sciences still aspire to that? If we can agree that there is one reality, all that we can say about the attempts of the different disciplines is that they try an asymptotic approximation at comprehending it and dealing with it.

III. The Shifting of Concepts, Methods, and Paradigms

Furthermore, my impression is that in our drawing of the elephant the majority of the dots could be connected in several ways so that the outcome would be a different picture each time, depending on the point of view of the specific academic discipline one chooses. Thus the question becomes unavoidable: Do all our disciplines have their own individual concepts of rationality? In other words, do they all have different concepts of what it means to be an academic discipline?

Thierry Magnin pointed out to us that each discipline is looking at reality in a variety of different ways. Thus even within one discipline different concepts can be necessary in order to do justice to the phenomena. He referred to the prominent example of classical and quantum physics combined.

We had a closer look at the different methods which are employed: The scientific method characterized by striving for objectivity has been identified by Nancy Tuchman during the conference as "the formally defined and accepted process by which empirical knowledge about the natural world is acquired". Observation leads to an "educated guess" and the forming of a hypothesis which is tested by changing one or more variables in the experimental set-up. "Hypothesis testing is an ongoing iterative process that leads to a better understanding of a phenomenon, not proof. All research results are subject to further testing under different

35-78; reprinted in W. Sellars, *Science, Perception and Reality*, London, Routledge & Kegan Paul Ltd., 1963, 1-40, p. 1.

2. Thomas Aquinas, *Summa Theologiae* I q.1. a.7 co.

seasons, climates, geographic regions, to be built upon, or in some cases, invalidated". This is what contributing to new knowledge and theory building means. "Theories are derived only when hypotheses have been tested and retested over time, and multiple lines of evidence all lead to the same conclusion". Only thus we reach the greatest level of confidence in the explanation of a natural phenomenon.

The theological method has been identified by John McCarthy as a double direction of critical questioning: From faith towards reason – *fides quaerens intellectum* – in order to make statements of faith rationally comprehensible and traceable; and from reason in the direction of faith – *intellectus quaerens Deum* – thinking seeking God, a method which also safeguards against superstition, idolatry, or self-made gods. Both together constitute the preferred paradigm ever since Christianity opted for reflection instead of glossolalia! Reason, therefore, is the only instrument theology can use. Benoît Bourgine added the differentiation between the primary language of experience and the secondary language of theological reflection to this pattern.

Daniel J. McKaughan presented us four approaches to deal with the question of rationality or reasonableness of faith within the relativity of human history – decision theory and utilitarianism are just one of the options.

Once the field was mapped out like this, we moved on to discovering the astonishing traits of inaccurateness and inconsistency that I already mentioned in connection with the example of classical and quantum physics. Similarly shocking observations can be made in the case of mathematics. When I listened to Peter Verdée's *The Limitations of Formal Methods: From Ladrière's Views to Pragmatic Foundations*, I felt very much reminded of what the German writer Hans Magnus Enzensberger describes in his German-English essay *Drawbridge Up* (1998)[3]. There the relation between society and mathematicians sitting in a castle, cut off by a moat, and the effect this seclusion has on mathematics are described. But it is also depicted how the drawbridge is lowered more and more by alternative visions and ideas. For Enzensberger here the nonacademic public and the wider society come into play. For us, nonexperts in mathematics, like myself, were the addressees of such reflections.

If through Gödel's incompleteness theorems the conviction is established that the axiomatic method will never be sufficient for founding any

3. H.M. ENZENSBERGER, *Zugbrücke außer Betrieb: Die Mathematik im Jenseits der Kultur. Eine Außenansicht / Drawbridge Up: Mathematics – A Cultural Anathema*, transl. T. ARTIN, Natick, MA, A.K. Peters Ltd., 2001 [1998].

mathematical or scientific knowledge (we saw this formulated in *Les limitations internes des formalismes* by Ladrière)[4], then we must conclude that, although the epistemological power of formalism remains relevant and this does not entail the inapplicability and uselessness of precise logical methods for the foundation of science, nevertheless there are new alternative formal techniques, such as non-standard reverse mathematics, category theory and non-classical logics, that can develop into dynamic approaches to logic becoming the foundations of creative mathematical and scientific thinking. "Dynamic approaches to logic" are quite a surprising concept for a theologian, I have to admit. Despite the fact that formal methods are still very promising for attaining a solid philosophical view on mathematical and scientific knowledge, due to their limitations the axiomatic method will never suffice. There are no formal methods that will once and for all ground all practices and knowledge in mathematics. Thus what is needed is an awareness of the presuppositions when doing non-empirical research. In light of this the development of proof theories is marked by incompleteness, inconsistency, and limitations that result in defeasible reasoning.

In the realm of physics, Thierry Magnin pointed into a similar direction, showing that the measuring procedure has a fundamental influence on the outcome and that instead of "neither-nor" alternatives a "both-and" attitude that bespeaks a concept of complementarity (Bohr) is the new paradigm in physics. Thus the experience of incompleteness and unpredictability is a striking feature of what he named "veiled reality", referring to something that is beyond our knowledge, something of the order of origin.

Is therefore the limitation of rationality opening up the way for a dialogue between science and theology? To what extent can we proceed from Gödel's theorem and the incompleteness of rationality to holding different rationalities? Already the mere fact of a variety of paradigms excludes any apodictic approach, but leads – again with Daniel J. McKaughan – to an approach that advocates plausibility. It also indicates a powerful shift of paradigms.

IV. Which Preconceptions Do We Have?

Natural science today is *the* paradigm par excellence. This is connected to a certain set of preconceptions. One of them is the exactness

4. J. Ladrière, *Les limitations internes des formalismes: Étude sur la signification du théorème de Gödel et des théorèmes apparentés dans la théorie des fondements des mathématiques*, Leuven, Nauwelaerts; Paris, Gauthier-Villars, 1957.

and consistency of the scientific method. Another one seems the prejudice, mentioned by a few of us, e.g. by Benoît Bourgine, that theology is regarded these days as mere piety instead of logical thinking, which – as he showed in one of his slides with theology at the very bottom – results in an inferior position and consequently in an inferiority complex of theology. In our discussions it became quite clear that philosophy is still much more trusted to be able to give relevant answers to the big questions of humanity than theology. This brings me to the question of what our common task could be.

V. What Could Be Our Common Tasks?

What kind of problems and issues would call for interaction between science, philosophy, and theology? Is it really about (metaphorically) building together a Boeing 747, as John McCarthy pointed out? We clearly identified those issues and problems as being related to the big questions that touch upon the survival of the human race or on the survival of the world as such. Nancy Tuchman showed as one striking example the issue of global warming.

The criterion for being heard as an academic discipline by a wider public seems to be whether one can contribute to the solution of one of these questions, or in the words of Nancy Tuchman: "If one's way of knowing can be applied to addressing the crises in our world, this needs to be heard"[5].

Since it might be hard to become a real expert in each other's domains, topics that are neutral ground should be identified. Yet are time and freedom really such neutral topics? I would rather say that they are polyvalent topics to which each discipline can make a significant contribution. As we have seen in the course of our conference it is important to see not only the convergences, but also to be aware of the divergences and of the contradictions. Yet in many cases there are signs of hope that the mutual exclusiveness is not an apodictic one. The role of language in opening up a sideway for an element that might ultimately lead to the concept of freedom in decision-making was for instance an iterating element in the presentation of Bernard Feltz. It was clearly linked to the phenomenon of relationality – a point that Susan Ross has stressed time and again in her presentation of the theological notion of free will.

We could go on relating our findings to the alleged potential of violence in the world religions. At least the question has been raised more than once

5. Thus N. TUCHMAN in the round table discussion on 7 Oct. 2015.

whether theology in the shape of, or rather (hardly) disguised as an academic discipline is in charge of the potential of violence of monotheism[6].

VI. Some Critical Questions

We were asking ourselves during this conference whether and how the results of our discussions might be integrated into our own teaching and research? The general tenor seemed to be that there should be no hastened integration. First of all, this might not do justice to the complexity of the underlying concepts and the realities behind them.

Secondly, there also is a history of past, or perhaps not so past, competitions to be overcome. We theologians have been quite bad in this regard. Concerning the relation with science the case of Galileo has been mentioned several times. Yet also towards our sister discipline, philosophy, there were tendencies of "hybris". Peter Damian (†1072) for instance asked "*Quis enim accendit lucernam, ut videat solem?*"[7] – "Who would light a lantern in order to see the sun?" talking about the relation between theology (the sun) and philosophy (the lantern). Today this attitude can be transferred to the natural sciences: Who would use theology (and even philosophy) when investigating reality? Immanuel Kant (†1804) in his *Streit der Fakultäten / The Conflict of the Faculties* made a quite interesting remark countering this attitude:

> We can also grant the theology faculty's proud claim that the philosophy faculty is its handmaid (though the question remains, whether the servant is the mistress's *torchbearer* or *trainbearer*), provided it is not driven away or silenced[8].

Can philosophy and theology become the "torchbearers" of natural science?

Another critical question that has been raised in our discussions is whether we do speak the same language or not. And if not, how can we translate our respective languages? This was what we attempted by dedicating a day each to our cross-disciplinary topics of *time* and *freedom*[9].

6. See P. Sloterdijk, *Gottes Eifer: Vom Kampf der drei Monotheismen*, Frankfurt am Main, Suhrkamp, 2007.

7. Petrus Damianus, *De sancta simplicitate scientiae inflanti anteponenda* VIII (Patrologia Latina, 145), Montrouge, Migne, 1853, col. 701.

8. I. Kant, *The Conflict of the Faculties*, Lincoln, NE – London, University of Nebraska Press, 1992, p. 45.

9. About time or temporality, Geert Van Oyen (*Some Reflections on Time in the Bible*), Alexandre Guay (*La philosophie de la physique sans le temps*), and Dennis D. McCarthy

If we fail in translating our respective languages, do we then face the problem of the Tower of Babel? An irreconcilable difference in languages and discourses? Or do we just use distinct ways of knowing? And are we asking different questions? Thus we would not face the problem of the Tower of Babel, but would be talking of different towers which would mean that with this question we would be back again to the issue of the many tiny elephants instead of one big elephant.

There is yet another question which can be quite disconcerting for a theologian and that has to be raised in view of the methodological divergences, inconsistencies, and alternatives which actually seem to open up a leeway for dialogue among our respective disciplines. For if within one discipline contradictory concepts and methods can be advocated and actually the counter-concepts are those that bring us closer to each other, the question arises: Can there be more than one truth? Would two truths not be no truth at all?

VII. Nevertheless Some Convergences

Nevertheless I would like to conclude with some convergences that seem to appear on the horizon of our respective disciplines. I prefer to speak of convergences rather than agreements.

In view of the pressing big questions, all our disciplines are in search of a wider public in front of the forum of reason. A very promising starting point, that is what our discussions during this conference revealed, is from *experience*! In theology this means that we are required to bring two lines of thought to a point of intersection, the transmitted good message of faith in a caring God whose care can be perceived in different historical constellations and situations *and* the experience of people today. Thus the experience of former times and of today need to intersect. Benoît Bourgine points this out clearly:

> Theology is placed inside an antecedent history, the covenant of the God of Israel with his people, and by proclaiming assumes the decisive fulfilment in the resurrection of the Crucified and the gift of the Holy Spirit. At the time of the collapse or clash of rationalities, theology is, within the studies of religions, in search of a rational expression of faith that is coordinated with multiple

(*Astronomy and Temporality*) were the three intervenors. At the intersection of temporality and freedom, we had the public lecture of Denis Forest (*Who Am I? Questions for Contemporary Psychology and Brain Science*). Then four papers were dedicated to freedom: besides *Freedom from a Theological Perspective* (Susan Ross) and *Neural Plasticity and Free Will* (Bernard Feltz), already referred to, *Bio-Inspired Robotics: From Rehabilitation to Human Augmentation* (Renaud Ronsse – Philippe Lefevre) and *Confrontation ou fragmentation des rationalités?* (Mark Hunyadi).

languages in use. The elaboration of theological concepts is achieved by and works through the reception of the first-order language of the confession of faith (Scripture, Tradition, liturgy, spirituality) and culminates in trying to normatively formulate a certain knowledge and an ethos (my synthesis of pp. 8 ff.).

To me this seems a point of convergence with a philosophical approach as Daniel J. McKaughan, *Science and Stance Refinement from within a Tradition: Common Sense Realism, Empiricism, Physicalism, and Undogmatic Faith* presented it during the conference:

> We must start from where we are. [...] empiricism has itself evolved [...] and disagreement persists concerning how we should think about the relationship between beliefs grounded in immediate perceptual experience, ordinary common sense, and our latest and best scientific theories. [...] Common sense realism [...] remains open to revision in the light of *experience*.

Also for natural sciences the scientific method is the formally defined and accepted process by which *empirical* knowledge about the natural world is acquired. And, as Bernard Feltz pointed out, we may be treating different topics, but we are having a similar kind of rationality in the background. Thus we might be closer than we think.

With regard to the confrontation of rationalities, to me our situation today still seems quite similar to what Immanuel Kant describes in the first sentence of his preface to the first edition of the *Critique of Pure Reason* (1781):

> Human reason, in one sphere of its cognition, is called upon to consider questions, which it cannot decline, as they are presented by its own nature, but which it cannot answer, as they transcend every faculty of the mind. [Kant goes on to explain this sentence – most of you will be familiar with this – using quite a few keywords of my description of our convergences above:] It falls into this difficulty without any fault of its own. It begins with principles, which cannot be dispensed within the field of experience, and the truth and sufficiency of which are, at the same time, insured by experience. With these principles it rises, in obedience to the laws of its own nature, to ever higher and more remote conditions. But it quickly discovers that, in this way, its labours must remain ever incomplete, because new questions never cease to present themselves; and thus it finds itself compelled to have recourse to principles which transcend the region of experience, while they are regarded by common sense without distrust. It thus falls into confusion and contradictions, from which it conjectures the presence of latent errors, which, however, it is unable to discover, because the principles it employs, transcending the limits of experience, cannot be tested by that criterion. The arena of these endless contests is called Metaphysic[10].

10. I. KANT, *Critique of Pure Reason*, transl. J.M.D. MEIKLEJOHN, London – New York, Colonial Press, 1900: http://www.gutenberg.org/files/4280/4280-h/4280-h.htm (accessed 15/09/2017).

This last conclusion not all of us would still draw.

Nevertheless, the fundamental questions that bring us to reflect on the fundamental epistemologies of theology, philosophy, and science make the assumption plausible that even in this (post-) postmodern era still a sense of a reintegration of knowledge seems to be desirable in order to serve a global world. I think there is a growing awareness (and the very theme of this conference testifies to this) that the divergent models of knowledge in our different disciplines might to some extent, which needs to be determined in each case, be complementary rather than mutually exclusive and thus point to a need for more inter-connectedness.

Thus my daring conclusion would be: Theology as thinking God, philosophy (or if you want to be even broader in scope, humanities) as thinking the human being, and natural science as thinking the natural world need each other! There is currently a global search for a new integral model of epistemology under way.

Faculty of Theology and
Religious Studies
St.-Michielsstraat 4/3101
BE-3000 Leuven
Belgium
annemarie.mayer@kuleuven.be

Annemarie C. MAYER

POSTFACE

L'articulation des rationalités contemporaines constitue un défi redoutable qui appelle à dépasser une simple juxtaposition de discours aussi bien que la quête d'un discours synthétique qui saisirait de manière totalisante le champ de la raison et son sens ultime. Le colloque dont les contributions sont ici présentées – en se proposant l'exercice d'articuler science, philosophie et théologie autour des thèmes du «temps» et de la «liberté» –, appelle à un changement de paradigme concernant l'articulation des pratiques rationnelles en lesquelles se décline la raison. D'une articulation multidisciplinaire autour d'une question qui essayerait de parvenir à un discours unifié et consensuel, il faut passer à une démarche formelle et épistémologique en vue tout d'abord d'établir les conditions nécessaires à un dialogue entre rationalités ainsi que les attitudes fondamentales d'une telle articulation.

Le champ des rationalités contemporaines apparait au premier abord fragmenté, par les difficultés évidentes d'un consensus par rapport au concept de vérité et à ses critères, aussi bien que par l'émergence d'antinomies à première vue insurmontables à l'intérieur même des domaines qui se réclament d'une formalisation rigoureuse, comme la logique. La diversification des formes de rationalité régies par des normativités internes spécifiques conduit à renoncer à l'idée d'une synthèse actuelle ou d'un discours totalisant, voire d'un métadiscours qui serait en mesure d'apporter sa preuve et de poser son propre fondement. En effet, il faut prendre acte de la dissolution d'une épistémologie générale qui prétendrait s'ériger en juge de toute forme de rationalité. Chaque rationalité doit finalement prendre à son propre compte la question de ses conditions de possibilité et de justification de sa particulière intelligibilité du réel.

Le constat de la pluralité de rationalités et de discours, d'ordres de réalité et d'ordres de vérité qui découle de l'effort critique – un acquis fondamental de l'épistémologie contemporaine –, ne s'arrête pas à l'apparence d'une diversité insurmontable, mais ouvre l'attente d'une unité des savoirs qui surmonterait l'inévitable processus de diversification et lui accorderait un sens ultime. Dans ce but, le chemin à suivre est définitivement celui d'un dialogue fécond entre rationalités, ayant comme point de départ l'autocompréhension que chaque forme de rationalité porte sur la normativité interne de ses pratiques rationnelles.

Les développements contemporains de l'épistémologie critique placent précisément le point de départ du dialogue entre rationalités dans l'autocompréhension que chacune d'elles atteint de sa propre normativité, effort qui se traduit pour chacune dans une épistémologie «régionale». Chaque rationalité, par une réflexion critique sur ses pratiques, est en mesure, à partir de ses propres ressources, d'élaborer un discours où se traduisent son autocompréhension et l'idée inspiratrice de son déploiement historique. Il s'agit d'une autocompréhension qui surmonte la fragmentation et la diversification à l'intérieur même d'un champ du savoir. La science, la philosophie et la théologie ne se déclinent-elles pas au pluriel? Or, la diversité de visées et de projets sous-jacents à une rationalité constitue un obstacle majeur à l'articulation des rationalités, par l'absence d'un discours unique qui rende compte d'une compréhension unifiée de chaque pratique rationnelle.

Le développement de l'épistémologie critique au XXe siècle conduit la science, la philosophie et la théologie à élucider le type d'intelligibilité du réel auquel chacune donne accès, à expliciter leurs modes de conceptualisation et les mécanismes de signification de leurs langages, à redéfinir leurs méthodes, à repréciser les théories de la vérité implicites à leurs démarches, à définir une critériologie et des procédures de mise à l'épreuve de leurs propositions. L'articulation suppose, pour chaque forme de rationalité, de constituer un métadiscours qui exprime d'une manière systématique et unifiée son autocompréhension, une condition nécessaire, certes, mais insuffisante pour une adéquate articulation des rationalités. Car l'articulation suppose encore de saisir chaque rationalité à partir de son discours explicite propre et de la visée qui sous-tend ce même discours et qui opère intensément en arrière-plan, ce qui revient finalement à entrer dans l'autocompréhension de l'«autre», à comprendre avec l'«autre» et à partir de l'«autre». Cette entrée dans l'autocompréhension de l'«autre» implique un champ commun de référence, une instance de médiation et la constitution d'un langage commun.

Attendu que l'élément commun aux diverses formes de rationalité est la présence de critères et de procédures de justification, l'articulation des rationalités pourrait s'étayer sur l'idée de «justification», c'est-à-dire sur cette possibilité pour chaque forme de rationalité de rendre compte de sa normativité interne. Une telle conception de la rationalité n'est pas sans effets sur le dialogue même entre les différentes figures de la raison, car elle évite toute prééminence d'une rationalité sur les autres et elle redonne légitimité à des formes de rationalité reléguées à la périphérie, sous l'impérialisme d'une épistémologie positiviste et scientiste qui tend à renfermer tout le logos dans le domaine du rationnel opératoire.

L'articulation se déploie aussi comme interrogation sur les limites et sur l'au-delà des limites des rationalités. La raison, dans l'expérience de sa propre «crise», en s'interrogeant sur ses possibilités, remet en question une certaine conception de son autonomie et de son universalité, essentiellement forgée à l'époque moderne, pour s'ouvrir à une critique de ses fondements et à la reconnaissance de ses limites et de son incomplétude foncière. Le constat de l'incomplétude et des limites internes à toute forme de rationalité – c'est-à-dire la portée limitée des représentations, des modèles, des généralisations, des démonstrations, voire des fondements –, renvoie cependant chacune au-delà de ses limites: le champ du vérifiable (science) s'ouvre au champ du transcendantal (philosophie) et celui-ci s'ouvre à son tour au champ du révélable (théologie). En effet, le réductionnisme méthodologique de la démarche scientifique appelle à une inscription de la rationalité scientifique dans un logos plus large, où la question du sens véritable et de la signification existentielle profonde de la démarche de la science puisse se poser et trouver une proposition de réponse. Les limites du discours philosophique, que la philosophie analytique et la philosophie critique mettent davantage en évidence, ouvrent à un au-delà du champ transcendantal, à la possibilité d'un surplus de sens que le champ du révélé propose ultimement.

Mais l'analyse des limitations et des contours du champ de la rationalité fait émerger l'interrogation légitime qui porte sur le sens et l'unité du projet de la raison. Il y a une ouverture essentielle de la raison à partir de son propre dynamisme et des limitations internes qui se manifestent dans le devenir historique des pratiques rationnelles. Ce dont il est question c'est le sens, voire un surplus de sens, de ce qui est vécu dans le devenir historique de la raison. C'est dans l'articulation des rationalités que la question du sens se pose, surtout comme interrogation sur la visée même de l'articulation. Ce questionnement sur le sens, qui concerne toute forme de rationalité, ne peut pas être mené à partir des seules ressources internes d'un type de rationalité. L'autocompréhension caractéristique de chaque type de rationalité est un appel à une inscription dans une compréhension élargie qui articule finalement la pluralité des rationalités et leur accorde une unité de visée. Il s'agit de prolonger le mouvement de l'interrogation sur le sens, et même de le susciter, précisément là où la normativité interne des rationalités contemporaines en déterminait l'arrêt ou en empêchait manifestement l'émergence.

L'appel à l'unité de la raison et à l'horizon du sens se fait déjà entendre en des échos multipliés dans le champ du vérifiable (science), dans le champ du transcendantal (philosophie) et dans le champ du révélé (théologie). Du point de vue de la rationalité scientifique, l'unité s'annonce déjà dans la diversité même des disciplines particulières qui, au-delà de leurs différences, réalisent de manière analogique une certaine idée de rationalité. Du point de vue de la philosophie, le désir d'unité résonne dans l'effort d'une démarche radicale de questionnement et dans une visée de vérité qui traversent tout le champ philosophique. Enfin, du point de vue de la rationalité théologique, l'unité de la raison n'est pas de l'ordre d'une synthèse actuelle, mais elle est plutôt une réalité ultime qui ne peut être atteinte que par la grâce d'un don venant d'en Haut. Dans l'*eschaton* de la foi seraient finalement manifestes l'Originaire et l'Ultime d'où vient, à la pluralité des formes de rationalité, leur dynamisme le plus profond. Ce que la théologie propose à cet égard est l'espérance et la promesse de l'unité. Le vœu que porte la raison ne serait-il pas l'avènement du sens de son devenir historique? La venue dans la visibilité de ce qui soutient souterrainement son mouvement? La possibilité de s'égaler à l'exigence qui la sollicite ultimement?

Interroger le champ de la rationalité, c'est poser la question de l'unité, de la vérité et du sens ultime de la raison et des figures particulières en lesquelles elle s'instaure historiquement, ce qui exige d'inscrire finalement la raison dans un champ plus large que la compréhension à laquelle elle prétend ouvrir. N'y a-t-il pas à cet égard une requête d'un «surplus de sens» que la seule immanence ne pourrait pas remplir? La dynamique de la raison s'inscrit en définitive dans la «dynamique du sens», mouvement qui se déploie sous l'impulsion d'une source originante vers un horizon qui ne cesse pas de l'aimanter. L'«articulation des rationalités» n'appelle-t-elle pas finalement à l'«articulation du sens»?

Paulo RODRIGUES

Faculté de théologie
Institut de recherche RSCS
Université catholique de Louvain
Grand-Place 45 / L3.01.01
BE-1348 Louvain-la-Neuve
Belgique

Faculté de médecine et de maïeutique
Université catholique de Lille
ETHICS EA7446 - Centre d'éthique médicale -
56, rue du Port
FR-59046 Lille Cedex
France

paulo.rodrigues@uclouvain.be
paulo.rodrigues@univ-catholille.fr

INDEX OF NAMES

BIBLIOTHECA EPHEMERIDUM THEOLOGICARUM LOVANIENSIUM

SERIES III

131. C.M. TUCKETT (ed.), *The Scriptures in the Gospels*, 1997. XXIV-721 p. 60 €
132. J. VAN RUITEN & M. VERVENNE (eds.), *Studies in the Book of Isaiah. Festschrift Willem A.M. Beuken*, 1997. XX-540 p. 75 €
133. M. VERVENNE & J. LUST (eds.), *Deuteronomy and Deuteronomic Literature. Festschrift C.H.W. Brekelmans*, 1997. XI-637 p. 75 €
134. G. VAN BELLE (ed.), *Index Generalis ETL / BETL 1982-1997*, 1999. IX-337 p. 40 €
135. G. DE SCHRIJVER, *Liberation Theologies on Shifting Grounds. A Clash of Socio-Economic and Cultural Paradigms*, 1998. XI-453 p. 53 €
136. A. SCHOORS (ed.), *Qohelet in the Context of Wisdom*, 1998. XI-528 p. 60 €
137. W.A. BIENERT & U. KÜHNEWEG (eds.), *Origeniana Septima. Origenes in den Auseinandersetzungen des 4. Jahrhunderts*, 1999. XXV-848 p. 95 €
138. É. GAZIAUX, *L'autonomie en morale: au croisement de la philosophie et de la théologie*, 1998. XVI-760 p. 75 €
139. J. GROOTAERS, *Actes et acteurs à Vatican II*, 1998. XXIV-602 p. 75 €
140. F. NEIRYNCK, J. VERHEYDEN & R. CORSTJENS, *The Gospel of Matthew and the Sayings Source Q: A Cumulative Bibliography 1950-1995*, 1998. 2 vols., VII-1000-420* p. 95 €
141. E. BRITO, *Heidegger et l'hymne du sacré*, 1999. XV-800 p. 90 €
142. J. VERHEYDEN (ed.), *The Unity of Luke-Acts*, 1999. XXV-828 p. 60 €
143. N. CALDUCH-BENAGES & J. VERMEYLEN (eds.), *Treasures of Wisdom. Studies in Ben Sira and the Book of Wisdom. Festschrift M. Gilbert*, 1999. XXVII-463 p. 75 €
144. J.-M. AUWERS & A. WÉNIN (eds.), *Lectures et relectures de la Bible. Festschrift P.-M. Bogaert*, 1999. XLII-482 p. 75 €
145. C. BEGG, *Josephus' Story of the Later Monarchy (*AJ *9,1–10,185)*, 2000. X-650 p. 75 €
146. J.M. ASGEIRSSON, K. DE TROYER & M.W. MEYER (eds.), *From Quest to Q. Festschrift James M. Robinson*, 2000. XLIV-346 p. 60 €
147. T. RÖMER (ed.), *The Future of the Deuteronomistic History*, 2000. XII-265 p. 75 €
148. F.D. VANSINA, *Paul Ricœur: Bibliographie primaire et secondaire - Primary and Secondary Bibliography 1935-2000*, 2000. XXVI-544 p. 75 €
149. G.J. BROOKE & J.-D. KAESTLI (eds.), *Narrativity in Biblical and Related Texts*, 2000. XXI-307 p. 75 €
150. F. NEIRYNCK, *Evangelica III: 1992-2000. Collected Essays*, 2001. XVII-666 p. 60 €

151. B. DOYLE, *The Apocalypse of Isaiah Metaphorically Speaking. A Study of the Use, Function and Significance of Metaphors in Isaiah 24-27*, 2000. XII-453 p. 75 €
152. T. MERRIGAN & J. HAERS (eds.), *The Myriad Christ. Plurality and the Quest for Unity in Contemporary Christology*, 2000. XIV-593 p. 75 €
153. M. SIMON, *Le catéchisme de Jean-Paul II. Genèse et évaluation de son commentaire du Symbole des apôtres*, 2000. XVI-688 p. 75 €
154. J. VERMEYLEN, *La loi du plus fort. Histoire de la rédaction des récits davidiques de 1 Samuel 8 à 1 Rois 2*, 2000. XIII-746 p. 80 €
155. A. WÉNIN (ed.), *Studies in the Book of Genesis. Literature, Redaction and History*, 2001. XXX-643 p. 60 €
156. F. LEDEGANG, *Mysterium Ecclesiae. Images of the Church and its Members in Origen*, 2001. XVII-848 p. 84 €
157. J.S. BOSWELL, F.P. MCHUGH & J. VERSTRAETEN (eds.), *Catholic Social Thought: Twilight of Renaissance,* 2000. XXII-307 p. 60 €
158. A. LINDEMANN (ed.), *The Sayings Source Q and the Historical Jesus*, 2001. XXII-776 p. 60 €
159. C. HEMPEL, A. LANGE & H. LICHTENBERGER (eds.), *The Wisdom Texts from Qumran and the Development of Sapiential Thought*, 2002. XII-502 p. 80 €
160. L. BOEVE & L. LEIJSSEN (eds.), *Sacramental Presence in a Postmodern Context*, 2001. XVI-382 p. 60 €
161. A. DENAUX (ed.), *New Testament Textual Criticism and Exegesis. Festschrift J. Delobel*, 2002. XVIII-391 p. 60 €
162. U. BUSSE, *Das Johannesevangelium. Bildlichkeit, Diskurs und Ritual. Mit einer Bibliographie über den Zeitraum 1986-1998*, 2002. XIII-572 p. 70 €
163. J.-M. AUWERS & H.J. DE JONGE (eds.), *The Biblical Canons*, 2003. LXXXVIII-718 p. 60 €
164. L. PERRONE (ed.), *Origeniana Octava. Origen and the Alexandrian Tradition*, 2003. XXV-X-1406 p. 180 €
165. R. BIERINGER, V. KOPERSKI & B. LATAIRE (eds.), *Resurrection in the New Testament. Festschrift J. Lambrecht*, 2002. XXXI-551 p. 70 €
166. M. LAMBERIGTS & L. KENIS (eds.), *Vatican II and Its Legacy*, 2002. XII-512 p. 65 €
167. P. DIEUDONNÉ, *La Paix clémentine. Défaite et victoire du premier jansénisme français sous le pontificat de Clément IX (1667-1669)*, 2003. XXXIX-302 p. 70 €
168. F. GARCÍA MARTÍNEZ, *Wisdom and Apocalypticism in the Dead Sea Scrolls and in the Biblical Tradition*, 2003. XXXIV-491 p. 60 €
169. D. OGLIARI, *Gratia et Certamen: The Relationship between Grace and Free Will in the Discussion of Augustine with the So-Called Semipelagians*, 2003. LVII-468 p. 75 €
170. G. COOMAN, M. VAN STIPHOUT & B. WAUTERS (eds.), *Zeger-Bernard Van Espen at the Crossroads of Canon Law, History, Theology and Church-State Relations*, 2003. XX-530 p. 80 €
171. B. BOURGINE, *L'herméneutique théologique de Karl Barth. Exégèse et dogmatique dans le quatrième volume de la Kirchliche Dogmatik*, 2003. XXII-548 p. 75 €
172. J. HAERS & P. DE MEY (eds.), *Theology and Conversation: Towards a Relational Theology*, 2003. XIII-923 p. 90 €

173. M.J.J. MENKEN, *Matthew's Bible: The Old Testament Text of the Evangelist*, 2004. XII-336 p. 60 €
174. J.-P. DELVILLE, *L'Europe de l'exégèse au XVIe siècle. Interprétations de la parabole des ouvriers à la vigne (Matthieu 20,1-16)*, 2004. XLII-775 p. 70 €
175. E. BRITO, *J.G. Fichte et la transformation du christianisme*, 2004. XVI-808 p. 90 €
176. J. SCHLOSSER (ed.), *The Catholic Epistles and the Tradition*, 2004. XXIV-569 p. 60 €
177. R. FAESEN (ed.), *Albert Deblaere, S.J. (1916-1994): Essays on Mystical Literature – Essais sur la littérature mystique – Saggi sulla letteratura mistica*, 2004. XX-473 p. 70 €
178. J. LUST, *Messianism and the Septuagint: Collected Essays*. Edited by K. HAUSPIE, 2004. XIV-247 p. 60 €
179. H. GIESEN, *Jesu Heilsbotschaft und die Kirche. Studien zur Eschatologie und Ekklesiologie bei den Synoptikern und im ersten Petrusbrief*, 2004. XX-578 p. 70 €
180. H. LOMBAERTS & D. POLLEFEYT (eds.), *Hermeneutics and Religious Education*, 2004. XIII-427 p. 70 €
181. D. DONNELLY, A. DENAUX & J. FAMERÉE (eds.), *The Holy Spirit, the Church, and Christian Unity. Proceedings of the Consultation Held at the Monastery of Bose, Italy (14-20 October 2002)*, 2005. XII-417 p. 70 €
182. R. BIERINGER, G. VAN BELLE & J. VERHEYDEN (eds.), *Luke and His Readers. Festschrift A. Denaux*, 2005. XXVIII-470 p. 65 €
183. D.F. PILARIO, *Back to the Rough Grounds of Praxis: Exploring Theological Method with Pierre Bourdieu*, 2005. XXXII-584 p. 80 €
184. G. VAN BELLE, J.G. VAN DER WATT & P. MARITZ (eds.), *Theology and Christology in the Fourth Gospel: Essays by the Members of the SNTS Johannine Writings Seminar*, 2005. XII-561 p. 70 €
185. D. LUCIANI, *Sainteté et pardon*. Vol. 1: *Structure littéraire du Lévitique*. Vol. 2: *Guide technique*, 2005. XIV-VII-656 p. 120 €
186. R.A. DERRENBACKER, JR., *Ancient Compositional Practices and the Synoptic Problem*, 2005. XXVIII-290 p. 80 €
187. P. VAN HECKE (ed.), *Metaphor in the Hebrew Bible*, 2005. X-308 p. 65 €
188. L. BOEVE, Y. DEMAESENEER & S. VAN DEN BOSSCHE (eds.), *Religious Experience and Contemporary Theological Epistemology*, 2005. X-335 p. 50 €
189. J.M. ROBINSON, *The Sayings Gospel Q. Collected Essays*, 2005. XVIII-888 p. 90 €
190. C.W. STRÜDER, *Paulus und die Gesinnung Christi. Identität und Entscheidungsfindung aus der Mitte von 1Kor 1-4*, 2005. LII-522 p. 80 €
191. C. FOCANT & A. WÉNIN (eds.), *Analyse narrative et Bible. Deuxième colloque international du RRENAB, Louvain-la-Neuve, avril 2004*, 2005. XVI-593 p. 75 €
192. F. GARCÍA MARTÍNEZ & M. VERVENNE (eds.), in collaboration with B. DOYLE, *Interpreting Translation: Studies on the LXX and Ezekiel in Honour of Johan Lust*, 2005. XVI-464 p. 70 €
193. F. MIES, *L'espérance de Job*, 2006. XXIV-653 p. 87 €
194. C. FOCANT, *Marc, un évangile étonnant*, 2006. XV-402 p. 60 €
195. M.A. KNIBB (ed.), *The Septuagint and Messianism*, 2006. XXXI-560 p. 60 €

196. M. SIMON, *La célébration du mystère chrétien dans le catéchisme de Jean-Paul II*, 2006. XIV-638 p. 85 €
197. A.Y. THOMASSET, *L'ecclésiologie de J.H. Newman Anglican*, 2006. XXX-748 p. 80 €
198. M. LAMBERIGTS – A.A. DEN HOLLANDER (eds.), *Lay Bibles in Europe 1450-1800*, 2006. XI-360 p. 79 €
199. J.Z. SKIRA – M.S. ATTRIDGE, *In God's Hands. Essays on the Church and Ecumenism in Honour of Michael A. Fahey S.J.*, 2006. XXX-314 p. 90 €
200. G. VAN BELLE (ed.), *The Death of Jesus in the Fourth Gospel*, 2007. XXXI-1003 p. 70 €
201. D. POLLEFEYT (ed.), *Interreligious Learning*, 2007. XXV-340 p. 80 €
202. M. LAMBERIGTS – L. BOEVE – T. MERRIGAN, in collaboration with D. CLAES (eds.), *Theology and the Quest for Truth: Historical- and Systematic-Theological Studies*, 2007. X-305 p. 55 €
203. T. RÖMER – K. SCHMID (eds.), *Les dernières rédactions du Pentateuque, de l'Hexateuque et de l'Ennéateuque*, 2007. X-276 p. 65 €
204. J.-M. VAN CANGH, *Les sources judaïques du Nouveau Testament*, 2008. XIV-718 p. 84 €
205. B. DEHANDSCHUTTER, *Polycarpiana: Studies on Martyrdom and Persecution in Early Christianity. Collected Essays*. Edited by J. LEEMANS, 2007. XVI-286 p. 74 €
206. É. GAZIAUX, *Philosophie et Théologie. Festschrift Emilio Brito*, 2007. LVIII-588 p. 84 €
207. G.J. BROOKE – T. RÖMER (eds.), *Ancient and Modern Scriptural Historiography. L'historiographie biblique, ancienne et moderne*, 2007. XXXVIII-372 p. 75 €
208. J. VERSTRAETEN, *Scrutinizing the Signs of the Times in the Light of the Gospel*, 2007. X-334 p. 74 €
209. H. GEYBELS, *Cognitio Dei experimentalis. A Theological Genealogy of Christian Religious Experience*, 2007. LII-457 p. 80 €
210. A.A. DEN HOLLANDER, *Virtuelle Vergangenheit: Die Textrekonstruktion einer verlorenen mittelniederländischen Evangelienharmonie. Die Handschrift Utrecht Universitätsbibliothek 1009*, 2007. XII-168 p. 58 €
211. R. GRYSON, *Scientiam Salutis: Quarante années de recherches sur l'Antiquité Chrétienne. Recueil d'essais*, 2008. XLVI-879 p. 88 €
212. T. VAN DEN DRIESSCHE, *L'altérité, fondement de la personne humaine dans l'œuvre d'Edith Stein*, 2008. XXII-626 p. 85 €
213. H. AUSLOOS – J. COOK – F. GARCÍA MARTÍNEZ – B. LEMMELIJN – M. VERVENNE (eds.), *Translating a Translation: The LXX and its Modern Translations in the Context of Early Judaism*, 2008. X-317 p. 80 €
214. A.C. OSUJI, *Where is the Truth? Narrative Exegesis and the Question of True and False Prophecy in Jer 26–29 (MT)*, 2010. XX-465 p. 76 €
215. T. RÖMER, *The Books of Leviticus and Numbers*, 2008. XXVII-742 p. 85 €
216. D. DONNELLY – J. FAMERÉE – M. LAMBERIGTS – K. SCHELKENS (eds.), *The Belgian Contribution to the Second Vatican Council: International Research Conference at Mechelen, Leuven and Louvain-la-Neuve (September 12-16, 2005)*, 2008. XII-716 p. 85 €
217. J. DE TAVERNIER – J.A. SELLING – J. VERSTRAETEN – P. SCHOTSMANS (eds.), *Responsibility, God and Society. Theological Ethics in Dialogue. Festschrift Roger Burggraeve*, 2008. XLVI-413 p. 75 €

218. G. VAN BELLE – J.G. VAN DER WATT – J. VERHEYDEN (eds.), *Miracles and Imagery in Luke and John. Festschrift Ulrich Busse*, 2008. XVIII-287 p. 78 €
219. L. BOEVE – M. LAMBERIGTS – M. WISSE (eds.), *Augustine and Postmodern Thought: A New Alliance against Modernity?*, 2009. XVIII-277 p. 80 €
220. T. VICTORIA, *Un livre de feu dans un siècle de fer: Les lectures de l'Apocalypse dans la littérature française de la Renaissance*, 2009. XXX-609 p. 85 €
221. A.A. DEN HOLLANDER – W. FRANÇOIS (eds.), *Infant Milk or Hardy Nourishment? The Bible for Lay People and Theologians in the Early Modern Period*, 2009. XVIII-488 p. 80 €
222. F.D. VANSINA, *Paul Ricœur. Bibliographie primaire et secondaire. Primary and Secundary Bibliography 1935-2008*, Compiled and updated in collaboration with P. VANDECASTEELE, 2008. XXX-621 p. 80 €
223. G. VAN BELLE – M. LABAHN – P. MARITZ (eds.), *Repetitions and Variations in the Fourth Gospel: Style, Text, Interpretation*, 2009. XII-712 p. 85 €
224. H. AUSLOOS – B. LEMMELIJN – M. VERVENNE (eds.), *Florilegium Lovaniense: Studies in Septuagint and Textual Criticism in Honour of Florentino García Martínez*, 2008. XVI-564 p. 80 €
225. E. BRITO, *Philosophie moderne et christianisme*, 2010. 2 vol., VIII-1514 p. 130 €
226. U. SCHNELLE (ed.), *The Letter to the Romans*, 2009. XVIII-894 p. 85 €
227. M. LAMBERIGTS – L. BOEVE – T. MERRIGAN in collaboration with D. CLAES – M. WISSE (eds.), *Orthodoxy, Process and Product*, 2009. X-416 p. 74 €
228. G. HEIDL – R. SOMOS (eds.), *Origeniana Nona: Origen and the Religious Practice of His Time*, 2009. XIV-752 p. 95 €
229. D. MARGUERAT (ed.), *Reception of Paulinism in Acts – Réception du paulinisme dans les Actes des Apôtres*, 2009. VIII-340 p. 74 €
230. A. DILLEN – D. POLLEFEYT (eds.), *Children's Voices: Children's Perspectives in Ethics, Theology and Religious Education*, 2010. X-450 p. 72 €
231. P. VAN HECKE – A. LABAHN (eds.), *Metaphors in the Psalms*, 2010. XXXIV-363 p. 76 €
232. G. AULD – E. EYNIKEL (eds.), *For and Against David: Story and History in the Books of Samuel*, 2010. X-397 p. 76 €
233. C. VIALLE, *Une analyse comparée d'Esther TM et LXX: Regard sur deux récits d'une même histoire*, 2010. LVIII-406 p. 76 €
234. T. MERRIGAN – F. GLORIEUX (eds.), *"Godhead Here in Hiding": Incarnation and the History of Human Suffering*, 2012. X-327 p. 76 €
235. M. SIMON, *La vie dans le Christ dans le catéchisme de Jean-Paul II*, 2010. XX-651 p. 84 €
236. G. DE SCHRIJVER, *The Political Ethics of Jean-François Lyotard and Jacques Derrida*, 2010. XXX-422 p. 80 €
237. A. PASQUIER – D. MARGUERAT – A. WÉNIN (eds.), *L'intrigue dans le récit biblique. Quatrième colloque international du RRENAB, Université Laval, Québec, 29 mai – 1er juin 2008*, 2010. XXX-479 p. 68 €
238. E. ZENGER (ed.), *The Composition of the Book of Psalms*, 2010. XII-826 p. 90 €
239. P. FOSTER – A. GREGORY – J.S. KLOPPENBORG – J. VERHEYDEN (eds.), *New Studies in the Synoptic Problem: Oxford Conference, April 2008*, 2011. XXIV-828 p. 85 €

240. J. VERHEYDEN – T.L. HETTEMA – P. VANDECASTEELE (eds.), *Paul Ricœur: Poetics and Religion*, 2011. XX-534 p. 79 €
241. J. LEEMANS (ed.), *Martyrdom and Persecution in Late Ancient Christianity. Festschrift Boudewijn Dehandschutter*, 2010. XXXIV-430 p. 78 €
242. C. CLIVAZ – J. ZUMSTEIN (eds.), *Reading New Testament Papyri in Context – Lire les papyrus du Nouveau Testament dans leur contexte*, 2011. XIV-446 p. 80 €
243. D. SENIOR (ed.), *The Gospel of Matthew at the Crossroads of Early Christianity*, 2011. XXVIII-781 p. 88 €
244. H. PIETRAS – S. KACZMAREK (eds.), *Origeniana Decima: Origen as Writer*, 2011. XVIII-1039 p. 105 €
245. M. SIMON, *La prière chrétienne dans le catéchisme de Jean-Paul II*, 2012. XVI-290 p. 70 €
246. H. AUSLOOS – B. LEMMELIJN – J. TREBOLLE-BARRERA (eds.), *After Qumran: Old and Modern Editions of the Biblical Texts – The Historical Books*, 2012. XIV-319 p. 84 €
247. G. VAN OYEN – A. WÉNIN (eds.), *La surprise dans la Bible. Festschrift Camille Focant*, 2012. XLII-474 p. 80 €
248. C. CLIVAZ – C. COMBET-GALLAND – J.-D. MACCHI – C. NIHAN (eds.), *Écritures et réécritures: la reprise interprétative des traditions fondatrices par la littérature biblique et extra-biblique. Cinquième colloque international du RRENAB, Universités de Genève et Lausanne, 10-12 juin 2010*, 2012. XXIV-648 p. 90 €
249. G. VAN OYEN – T. SHEPHERD (eds.), *Resurrection of the Dead: Biblical Traditions in Dialogue*, 2012. XVI-632 p. 85 €
250. E. NOORT (ed.), *The Book of Joshua*, 2012. XIV-698 p. 90 €
251. R. FAESEN – L. KENIS (eds.), *The Jesuits of the Low Countries: Identity and Impact (1540-1773). Proceedings of the International Congress at the Faculty of Theology and Religious Studies, KU Leuven (3-5 December 2009)*, 2012. X-295 p. 65 €
252. A. DAMM, *Ancient Rhetoric and the Synoptic Problem: Clarifying Markan Priority*, 2013. XXXVIII-396 p. 85 €
253. A. DENAUX – P. DE MEY (eds.), *The Ecumenical Legacy of Johannes Cardinal Willebrands (1909-2006)*, 2012. XIV-376 p. 79 €
254. T. KNIEPS-PORT LE ROI – G. MANNION – P. DE MEY (eds.), *The Household of God and Local Households: Revisiting the Domestic Church*, 2013. XI-407 p. 82 €
255. L. KENIS – E. VAN DER WALL (eds.), *Religious Modernism of the Low Countries*, 2013. X-271 p. 75 €
256. P. IDE, *Une Théo-logique du Don: Le Don dans la* Trilogie *de Hans Urs von Balthasar*, 2013. XXX-759 p. 98 €
257. W. FRANÇOIS – A. DEN HOLLANDER (eds.), *"Wading Lambs and Swimming Elephants": The Bible for the Laity and Theologians in the Late Medieval and Early Modern Era*, 2012. XVI-406 p. 84 €
258. A. LIÉGOIS – R. BURGGRAEVE – M. RIEMSLAGH – J. CORVELEYN (eds.), *"After You!": Dialogical Ethics and the Pastoral Counselling Process*, 2013. XXII-279 p. 79 €
259. C. KALONJI NKOKESHA, *Penser la tradition avec Walter Kasper: Pertinence d'une catholicité historiquement et culturellement ouverte*, 2013. XXIV-320 p. 79 €

260. J. SCHRÖTER (ed.), *The Apocryphal Gospels within the Context of Early Christian Theology*, 2013. XII-804 p. 90 €
261. P. DE MEY – P. DE WITTE – G. MANNION (eds.), *Believing in Community: Ecumenical Reflections on the Church*, 2013. XIV-608 p. 90 €
262. F. DEPOORTERE – J. HAERS (eds.), *To Discern Creation in a Scattering World*, 2013. XII-597 p. 90 €
263. L. BOEVE – T. MERRIGAN, in collaboration with C. DICKINSON (eds.), *Tradition and the Normativity of History*, 2013. X-215 p. 55 €
264. M. GILBERT, *Ben Sira. Recueil d'études – Collected Essays*, 2014. XIV-402 p. 87 €
265. J. VERHEYDEN – G. VAN OYEN – M. LABAHN – R. BIERINGER (eds.), *Studies in the Gospel of John and Its Christology. Festschrift Gilbert Van Belle*, 2014. XXXVI-656 p. 94 €
266. W. DE PRIL, *Theological Renewal and the Resurgence of Integrism: The René Draguet Case (1942) in Its Context*, 2016. XLIV-333 p. 85 €
267. L.O. JIMÉNEZ-RODRÍGUEZ, *The Articulation between Natural Sciences and Systematic Theology: A Philosophical Mediation Based on Contributions of Jean Ladrière and Xavier Zubiri*, 2015. XXIV-541 p. 94 €
268. E. BIRNBAUM – L. SCHWIENHORST-SCHÖNBERGER (eds.), *Hieronymus als Exeget und Theologe: Interdisziplinäre Zugänge zum Koheletkommentar des Hieronymus*, 2014. XVIII-333 p. 80 €
269. H. AUSLOOS – B. LEMMELIJN (eds.), *A Pillar of Cloud to Guide: Text-critical, Redactional, and Linguistic Perspectives on the Old Testament in Honour of Marc Vervenne*, 2014. XXVIII-636 p. 90 €
270. E. TIGCHELAAR (ed.), *Old Testament Pseudepigrapha and the Scriptures*, 2014. XXVI-526 p. 95 €
271. E. BRITO, *Sur l'homme: Une traversée de la question anthropologique*, 2015. XVI-2045 p. (2 vol.) 215 €
272. P. WATINE CHRISTORY, *Dialogue et Communion: L'itinéraire œcuménique de Jean-Marie R. Tillard*, 2015. XXIV-773 p. 98 €
273. R. BURNET – D. LUCIANI – G. VAN OYEN (eds.), *Le lecteur: Sixième Colloque International du RRENAB, Université Catholique de Louvain, 24-26 mai 2012*, 2015. XIV-530 p. 85 €
274. G.B. BAZZANA, *Kingdom of Bureaucracy: The Political Theology of Village Scribes in the Sayings Gospel Q*, 2015. XII-383 p. 85 €
275. J.-P. GALLEZ, *La théologie comme science herméneutique de la tradition de foi: Une lecture de «Dieu qui vient à l'homme» de Joseph Moingt*, 2015. XIX-476 p. 94 €
276. J. VERMEYLEN, *Métamorphoses: Les rédactions successives du livre de Job*, 2015. XVI-410 p. 84 €
277. C. BREYTENBACH (ed.), *Paul's Graeco-Roman Context*, 2015. XXII-751 p. 94 €
278. J. GELDHOF (ed.), *Mediating Mysteries, Understanding Liturgies: On Bridging the Gap between Liturgy and Systematic Theology*, 2015. X-256 p. 78 €
279. A.-C. JACOBSEN (ed.), *Origeniana Undecima: Origen and Origenism in the History of Western Thought*, 2016. XVI-978 p. 125 €
280. F. WILK – P. GEMEINHARDT (eds.), *Transmission and Interpretation of the Book of Isaiah in the Context of Intra- and Interreligious Debates*, 2016. XII-490 p. 95 €
281. J.-M. SEVRIN, *Le quatrième évangile. Recueil d'études*. Édité par G. VAN BELLE, 2016. XIV-281 p. 86 €

282. L. BOEVE – M. LAMBERIGTS – T. MERRIGAN (eds.), *The Normativity of History: Theological Truth and Tradition in the Tension between Church History and Systematic Theology*, 2016. XII-273 p. 78 €
283. R. BIERINGER – B. BAERT – K. DEMASURE (eds.), Noli me tangere *in Interdisciplinary Perspective: Textual, Iconographic and Contemporary Interpretations*, 2016. XXII-508 p. 89 €
284. W. DIETRICH (ed.), *The Books of Samuel: Stories – History – Reception History*, 2016. XXIV-650 p. 96 €
285. W.E. ARNAL – R.S. ASCOUGH – R.A. DERRENBACKER, JR. – P.A. HARLAND (eds.), *Scribal Practices and Social Structures among Jesus Adherents: Essays in Honour of John S. Kloppenborg*, 2016. XXIV-630 p. 115 €
286. C.E. WOLFTEICH – A. DILLEN (eds.), *Catholic Approaches in Practical Theology: International and Interdisciplinary Perspectives*, 2016. X-290 p. 85 €
287. W. FRANÇOIS – A.A. DEN HOLLANDER (eds.), *Vernacular Bible and Religious Reform in the Middle Ages and Early Modern Era*, 2017. VIII-305 p. 94 €
288. P. RODRIGUES, *C'est ta face que je cherche ... La rationalité de la théologie selon Jean Ladrière*, 2017. XIV-453 p. 92 €
289. J. FAMERÉE, *Ecclésiologie et œcuménisme. Recueil d'études*, 2017. XVIII-668 p. 94 €
290. P. COOPER – S. KIKUCHI, *Commitments to Medieval Mysticism within Contemporary Contexts*, 2017. XVI-382 p. 79 €
291. A. YARBRO COLLINS (ed.), *New Perspectives on the Book of Revelation*, 2017. X-644 p. 98 €

PRINTED ON PERMANENT PAPER • IMPRIME SUR PAPIER PERMANENT • GEDRUKT OP DUURZAAM PAPIER - ISO 9706

N.V. PEETERS S.A., WAROTSTRAAT 50, B-3020 HERENT